高职高专"十三五"规划教材

供配电系统
运行与维护

第二版

李小雄　主编　曾令琴　副主编

化学工业出版社

·北京·

本书为高职高专类电气自动化技术专业的核心教材之一，内容按照供配电系统实用项目编写，包括供配电系统认知、一次设备的运行与维护、电气主接线的运行分析、二次系统的调试与运行维护、电气主接线的倒闸操作、供配电系统的方案设计共计6个学习项目。全书对供配电系统的基本知识、基本理论、运行维护及工程实践进行了详尽的论述，并配有实际工程的例题解析及应用举例。为了将理论和实践相结合，每个任务后都设有与知识相呼应的技能训练。全书知识内容全面、先进，突出了实用性，技能训练题目注重了针对性和应用性。

本书编写语言通俗易懂，知识体系深浅适度，可作为应用型高等学校、高职高专院校等电气自动化类专业的教材，也可作为电视大学、函授学院学生，以及其他从事供配电工作的工程技术人员学习参考。

图书在版编目（CIP）数据

供配电系统运行与维护/李小雄主编. —2 版. —北京：
化学工业出版社，2018.8（2025.1重印）
高职高专"十三五"规划教材
ISBN 978-7-122-32157-2

Ⅰ.①供…　Ⅱ.①李…　Ⅲ.①供电系统-高等职业教
育-教材②配电系统-高等职业教育-教材　Ⅳ.①TM72

中国版本图书馆 CIP 数据核字（2018）第 096785 号

责任编辑：王听讲　　　　　　　　　　装帧设计：韩　飞
责任校对：边　涛

出版发行：化学工业出版社（北京市东城区青年湖南街 13 号　邮政编码 100011）
印　　装：北京科印技术咨询服务有限公司数码印刷分部
787mm×1092mm　1/16　印张 15　字数 368 千字　2025 年 1 月北京第 2 版第 6 次印刷

购书咨询：010-64518888　　　　　　　售后服务：010-64518899
网　　址：http://www.cip.com.cn
凡购买本书，如有缺损质量问题，本社销售中心负责调换。

定　　价：45.00 元

前　言

本书是在《供配电系统运行与维护》第一版的基础上修订而成的，具有实践性强、应用性广的特点。

本书在修改之前召开了修订座谈会，征求了任课教师和电气工程技术人员对课程建设的意见，根据供电公司、变电所、工厂变电室、电力工程的工作过程、成套电气装置制造企业的生产过程，以适用为度，增加了许多设备图片、现场实景和工程实践案例，删除了部分陈旧知识，使教材更具有实用性。

全书共 6 个学习项目：供配电系统认知、一次设备的运行与维护、电气主接线的运行分析、二次系统的调试与运行维护、电气主接线的倒闸操作、供配电系统的方案设计。本教材以"掌握概念、强化应用、培养技能"为重点，以"精选内容、降低理论、突出应用"为编写原则，坚持基本知识点的学习，在相关知识的学习中结合设备操作、电气试验、装置检测、供配电系统设计等训练任务，培养学生的实践技能及创新能力。

我们将为使用本书的教师免费提供电子教案等教学资源，需要者可以到化学工业出版社教学资源网站 http：//www.cipedu.com.cn 免费下载使用。

本书由黄河水利职业技术学院李小雄担任主编，黄河水利职业技术学院曾令琴担任副主编。李小雄、增令琴编写了项目一，项目四和项目六；李瑞工程师（开封供电公司）编写了项目二；黄河水利职业技术学院李杰编写了项目三；黄河水利职业技术学院刘金浦编写了项目五，全书由李小雄统稿，华北水利水电大学高庆敏教授担任主审。

由于编者实践经验有限，编写过程中难免出现疏漏和不妥，恳请广大读者和供配电方面专家提出宝贵意见，使我们在今后能够对本教材不断完善和补充。

编　者
2018 年 4 月

目　录

项目一　供配电系统认知

任务　认识供配电系统

【任务概述】

电力系统是将发电厂、变电站、电力线路和用电设备联系在一起组成的一个发电、输电、变电、配电和用电的整体。为建立电力系统的整体概念，本次任务组织学生到学校周边地区的火电厂、变电所、大型工厂企业配电室、开关厂、学院配电房等现场参观，以便对电力系统的发电、变电、配电、用电等不同环节有一个感性认识，熟悉供配电系统的组成、额定电压、中性点的运行方式，了解供配电系统的基本概念和基本要求，区分供配电系统的电气一、二次设备，为后面课程的开展奠定基础。要求学生在参观过程中做好参观记录，参观结束后提交一份参观总结报告。

【相关知识】

当前我国经济建设飞速发展，作为先行工业的电力系统，其建设步伐异常迅猛。随着三峡电厂的建成，我国电网将以三峡为中心，连接华中、华东、川渝的大规模中部电网；初步形成以华北电网为中心，包括西北、东北、山东的大规模北部电网；南方电网也将随着龙滩、小湾水电站及贵州煤电基地的开发，进一步加强我国南部电网的结构，增加云南外送的电力，最终形成全国统一的特大规模电网。作为电力系统从业技术人员，通过对供配电系统基础知识的学习，要求了解国内外供配电技术的发展概况及电力系统的组成，熟悉电力系统的相关基本概念，了解电力系统的运行特点，熟悉供电质量及其改善措施，掌握电力用户供配电电压的选择，熟悉工厂供配电系统的基本结构组成。

一、我国电力工业发展概况及电力系统的组成

1. 我国电力工业发展概况

众所周知，电能已广泛用于现代工业、农业、交通运输、科学技术、国防建设及社会生活等方方面面，人们的工作和生活离不开电能。电力工业作为电能生产和建设行业，在国民经济中具有极其重要的地位。电力工业是先行工业和基础工业，国家发展必须优先发展电力工业。电力工业的发展水平是国家经济发展水平的标志，是衡量一个国家综合国力强弱的重要尺码。

1949 年以来，我国发电工业取得了快速发展，取得了辉煌的成就：目前全国已有东北、华北、华东、华中、西北、南方、川渝等多个跨省电网，全国总装机容量达到 25.6 亿千瓦，年发电量达 10 万亿千瓦时，居世界第一位，已远超美国。现在，我国已经进入了大机组、大电厂、大电网、超高压、远距离输电发展的新时期，先进的计算机技术、网络技术、控制技术和通信技术已普遍应用于电力系统，输变电设备正在向数字化、智能化、信息化、自动化方向发展。

然而，由于我国大部分能源资源分布在西部地区，而东部沿海地区经济发达，电力负荷

增长迅速，电力供需矛盾突出，所以在新形势下，加强电网建设、拓展电力市场、提高电力工业的整体效益刻不容缓。另外，由于能源危机日益紧迫，在能源开发方面，必须由化石能源发电逐步向开发新能源发电方向转变，这是新时代的历史使命。

2. 电力系统的结构和组成

电能是由发电厂生产的，但发电厂往往距离城市和工业中心很远，因此电能必须经过线路才能输送到城市和工业企业。为了减少输电的电能损耗，输送电能时要升压，采用高压输电线路将电能输送给用户，同时为了满足用户对电压的要求，输送到用户之后不但要经过降压，而且还要合理地将电能分配到用户的各个用电设备。

为了提高供电的可靠性和经济性，将分散于各地的众多发电厂用电力网连接起来并联工作，以期实现大容量、远距离的输送电能。这种将发电机、升压变电站、高压输电网、降压变电站、高压配电网和用户连接在一起构成的统一整体就是电力系统，用于实现完整的发电、输电、变电、配电和用电。如图 1-1 所示为电力系统组成示意图，如图 1-2 所示为电力系统结构图。

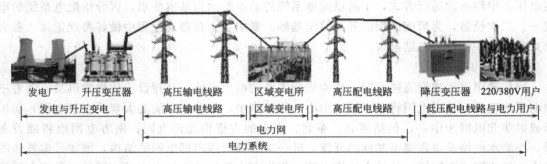

图 1-1　电力系统组成示意图

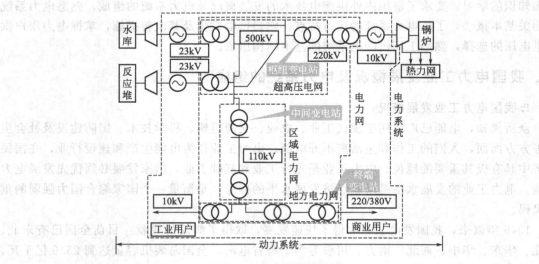

图 1-2　电力系统结构图

由电力系统加上发电厂动力装置构成的整体称作动力系统。其中，由各类升压变电所、输电线路、降压变电所组成的电能传输和分配的网络称为电力网。电力网按其功能的不同可分为输电网和配电网：输电网的电压等级一般在 110kV 以上，是输送电能的通道；配电网的电压等级一般在 110kV 及以下，是分配电能的通道。随着电力系统规模的扩大，配电网的电压等级将逐步相应地提高。按供电范围的大小和电压等级的高低，电力网还可分为地方电力网、区域电力网和超高压输电网3种类型。一般情况下，地方电力网的电压不超过35kV，区域电力网的电压为110～220kV，电压为330kV及以上的为超高压远距离输电网。

3. 电力系统运行的特点

电力系统是一个有机的整体，电力系统中任何一个主要设备运行情况的改变，都将影响整个电力系统的正常运行。

发电厂发出的交流电不能直接储存，决定了电能的生产、输送、分配和使用必须同时进行，而且要保持动态平衡。由于能量的转换是以功率的形式表现出来的，所以要时刻保持电力系统有功功率和无功功率的平衡。

有功功率平衡：发电厂发出的有功功率，扣除厂用电和网损之后，要与用户消耗的有功功率完全相等。如果发出的有功功率多了，系统的频率就会升高；反之就会降低。我国规定频率标准为50Hz、装机容量在3GW以上的电网，频率偏差不得超过±0.2Hz。

无功功率平衡：无功功率产生于"容性装置"中（如发电机、调相机、电力电容器及高压输电线路的充电电容），消耗在"感性装置"中（异步电动机、电抗器、输电线路的电抗等）。无功功率的平衡体现在电压水平上，无功过剩电压升高，无功不足电压降低。电压过高、过低都会对电气设备和电力系统自身的安全产生很大的危害。无功严重不足时还能造成"电压崩溃"使局部电网瓦解。

电力系统的运行状态是不断变化的动态，除了设备的计划停送电外，异常和事故对系统的冲击是随机的；正常情况下电力系统的负荷和机组功率的变化也是随机的。

电力系统负荷变化的随机性：电力系统的总负荷是由千千万万个电能用户的用电负荷叠加起来构成的。在高峰（上午和晚上）和低谷（中午和夜间）之间，负荷之差可达最大负荷的30%～50%。

发电机的功率不是固定不变的，有时需要人为调整。当频率波动时机组在调整器的作用下功率会有摆动，在主机异常或辅机故障时机组功率也会出现大幅度下降等。

由于电力系统的上述随机变化，电力系统要求各级调度部门必须运用一切手段不断进行调节和控制，以维持电力系统的电力平衡，保证电力系统的频率和中枢点电压合格。

二、发电厂、变电所的类型

1. 发电厂的类型

电能是由一次能源转换而得到的，所以发电厂的类型一般根据一次能源来分类，主要有以下几种。

（1）火电厂

火电厂是以煤、石油、天然气为燃料，燃料燃烧时的化学能被转换成热能，再借助汽轮机等热力机械将热能转换成机械能，再由同轴连接的发电机将机械能转换成电能。

火电厂又分为凝汽式电厂和热电厂两种类型。凝汽式电厂仅向用户供出电能。我国多数凝汽式电厂一般建在各煤矿、煤炭基地及附近，或建在铁路交通便利的地方，这类火电厂发出来的电能，通过高压输电线路送到负荷中心。

热电厂不仅向用户供电，同时还向用户供热。由于供热距离不宜太远，所以热电厂多建在城市和用户附近。热电机组的发电功率与热力用户的用热有关，用热量多时热电机组相应多发电，用热少时热电机组发出的电能相应减少。

（2）水电厂

水力发电厂简称水电厂，也称水电站，是将水的位能和势能转变为电能的工厂。水电厂的生产过程是：用拦河大坝拦截水流形成高水位，再用压力水管将水流引入水轮机蜗壳，推动水轮机转动，将水的位能转换为机械能，由水轮机带动发电机旋转，于是机械能就可转换成电能，做过功的水，经过尾水管再往下游排泄。

（3）核电厂

核电厂是利用核能发电的工厂，其发电过程与火电厂发电过程相似，它利用原子能反应堆代替火电厂的锅炉，原子反应堆中的核燃料不断发生裂变产生热能，利用这种热能产生高温、高压蒸汽，蒸汽被送到汽轮机中，推动与汽轮机同轴的发电机运转发出电能。

核电站的主要优点是：可以大量节省煤炭、石油、天然气等燃料，有利于减少二氧化硫及灰尘等有害物质对城市的污染。

（4）其他发电厂

除了以上三种主要的能源用于发电外，还有其他形式的一次能源被用来发电，如风力发电、太阳能发电、潮汐发电、地热发电等，这些统称为新能源，目前正在广泛开发中。

图 1-3 所示为几种典型的发电厂。

火电厂　　　　　　　　　　　　　　核电站

水力发电站　　　　　　　　　　　　风力发电站

图 1-3　典型发电厂的外貌

2. 变电所的类型

发电厂通常建立在距离一次能源丰富或传输便利的地域，与电能用户有一定的距离。为了经济、可靠、快速地把电能从发电厂输送至用户，必须经过变电所升高电压，因此，升压变电所一般安装在发电厂中，不另设变电所。由于高压危险，距离用户较近时还必须把传送的高压降低，电网中的降压变电所的作用就是在传递电能的同时降低电压。所以，变电所是汇集电源、升降电压和分配电力的场所，是联系发电厂和用户的中间环节，如图 1-4 所示。

电力网中的变电所除了有升压、降压的分类方法外，还可按它们在电力系统的地位和作

图 1-4 变电所

用分为系统枢纽变电所、地区变电所、工厂企业变电所以及终端变电所等。

（1）枢纽变电所

枢纽变电所位于电力系统的枢纽点，汇集多个大电源和多条重要线路，在电力系统中具有极其重要的地位。高压侧多为 330kV 以上，变电容量大；全站停电后将造成大面积停电，或系统瓦解，枢纽变电所对电力系统运行的稳定性和可靠性起着重要作用。

（2）地区变电所

地区变电所是供电给一个地区的主要供电点。一般从 2～3 个输电线路受电，受电电压通常为 110～220kV，供电给中低压下一级变电所。

（3）工厂企业变电所

工厂企业变电所是专供电给某工厂企业用电的降压变电所，受电电压可以是 220kV、110kV 或 35kV 及 10kV，因工厂企业大小而异。

（4）终端变电所

为了提高系统的供电质量，终端变电所一般建设在负荷中心，尽可能靠近用电多的地方，高压侧引入线 10～110kV 经降压后向用户供电。

三、电力系统中性点运行方式

电力系统的中心点是指三相绕组做星形连接的变压器和发电机的中性点。电力系统中性点与大地之间的电气连接方式，称为电力系统中性点运行方式。在电力系统中，中性点的运行方式有：中性点不接地、中性点经消弧线圈接地和中性点直接接地 3 种。前两种接地系统称为小接地系统，后一种接地系统又称为大接地系统。

1. 中性点不接地的三相系统

（1）正常运行情况

中性点不接地系统正常运行时，电力系统的三相导线之间及各相对地之间，沿导线全长都分布有电容，这些电容在电压作用下将有附加的电容电流通过。为了便于分析，可认为三相系统是对称的，对地电容电流可用集中于线路中央的电容来代替，相间电容可不予考虑。

系统正常运行时，电源三相相电压分别为 $\dot{U}_A$、$\dot{U}_B$、$\dot{U}_C$，是对称的，如图 1-5 所示。此时各相对地分布电压为相电压，三相对地电容电流分别为 $\dot{I}_{AC}$、$\dot{I}_{BC}$、$\dot{I}_{CC}$ 也是对称的，中性点 N 点的电位为零。

（2）单相接地故障

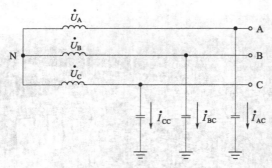

图 1-5　中性点不接地系统正常运行

　　当中性点不接地系统由于绝缘损坏发生单相接地故障时，各相对地电压和电容电流的情况将发生明显变化。下面以金属性接地故障为例进行分析，中性点不接地系统单相接地情况如图 1-6 所示。

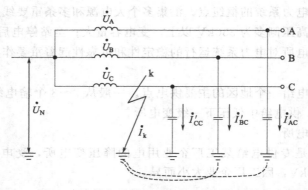

图 1-6　中性点不接地系统发生单相接地故障

　　金属性接地又称完全接地。设 C 相在 k 点发生单相接地，此时 C 相对地电压为零。而中性点对地电压不再为零。

$$\dot{U}'_{\mathrm{N}} = -\dot{U}_{\mathrm{C}}$$ (1-1)

A 相对地电压为

$$\dot{U}'_{\mathrm{A}} = \dot{U}_{\mathrm{A}} - \dot{U}_{\mathrm{C}} = \dot{U}_{\mathrm{AC}}$$ (1-2)

B 相对地电压为

$$\dot{U}'_{\mathrm{B}} = \dot{U}_{\mathrm{B}} - \dot{U}_{\mathrm{C}} = \dot{U}_{\mathrm{BC}}$$ (1-3)

　　经分析可知，中性点不接地系统发生单相接地故障时，系统的 3 个线电压无论其相位和大小均保持不变，系统中所有设备仍可照常运行，故允许其继续运行 2h。

　　而非故障相对地电压升高到原来相电压的 $\sqrt{3}$ 倍，变为线电压，因此这种系统的设备相绝缘，不能只按相电压来考虑，而要按线电压来考虑。

　　另外，非故障相对地电压的升高，又造成对地电容电流相应增大，各相对地电容电流分别升至为 $\dot{I}'_{\mathrm{AC}}$、$\dot{I}'_{\mathrm{BC}}$、$\dot{I}'_{\mathrm{CC}}$，C 相在 k 点的对地短路电流为 $\dot{I}_{\mathrm{k}}$，C 相的线路阻抗为 X_{c}，而 $\dot{I}'_{\mathrm{CC}} = 0$，则

$$\dot{I}_k = -\ (\dot{I}'_{AC} + \dot{I}'_{BC}) \tag{1-4}$$

$$\dot{I}'_{AC} = \frac{U'_A}{X_C} = \frac{\sqrt{3}U_A}{X_C} = \sqrt{3}\ \dot{I}_{AC} \tag{1-5}$$

$$\dot{I}_k = \sqrt{3}\ \dot{I}'_{AC} = 3\ \dot{I}_{AC} \tag{1-6}$$

结论：单相接地时流过接地点的电流为正常运行的每相对地电容电流的 3 倍，会引起电弧，此电弧的强弱与接地电流的大小成正比。

（3）适用范围

当线路不长，电压不高时，接地点的电流数值较小，电弧一般能自动熄灭。特别是在 35kV 及以下的系统中，绝缘方面的投资增加不多，而供电可靠性较高的优点比较突出，中性点宜采用不接地方式。

目前，我国中性点不接地系统的适用范围有以下几种。

① 电压等级在 500V 以下的三相三线制系统；

② 3～10kV 系统接地电流小于或等于 30A 时；

③ 20～35kV 系统接地电流小于或等于 10A 时；

④ 与发电机有直接电气联系的 3～20kV 系统，如要求发电机带单相接地故障运行，则接地电流小于或等于 5A 时。

2. 中性点经消弧线圈接地方式的三相系统

在中性点不接地系统中发生单相接地时，如果接地电流较大，将会在接地点产生断续电弧，这就可能使线路发生谐振过电压现象。为了克服这个缺点，可将电力系统的中性点经消弧线圈单相接地，如图 1-7 所示。

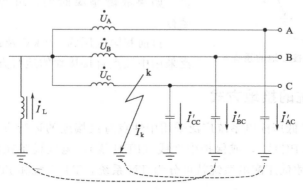

图 1-7　中性点经消弧线圈接地系统单相接地

消弧线圈实际上是一种带有铁芯的电感线圈，其电阻很小，感抗很大，其铁芯柱有很多间隙，以避免磁饱和，使消弧线圈有一个稳定的电抗值。系统正常运行时，中性点电位为零，没有电流流过消弧线圈。

当系统发生单相接地（设 C 相）短路故障时，C 相对短路电流为 $\dot{I}_k$，流过消弧线圈的电流为 $\dot{I}_L$，且

$$\dot{I}_k + \dot{I}'_{AC} + \dot{I}'_{BC} - \dot{I}_L = 0$$

因此

$$\dot{I}_k = \dot{I}_L - (\dot{I}'_{AC} + \dot{I}'_{BC})$$

由此可知，单相接地短路电流是电感电流与其他两相对地电容电流之差，选择适当大小消弧线圈电感 L，可使 $\dot{I}_k$ 值减小。

中性点采用经消弧线圈接地方式，就是在系统发生单相接地故障时，消弧线圈产生的电感电流补偿单相接地电容电流，以使通过接地点电流减少能自动灭弧。消弧线圈接地方式在技术上不仅拥有了中性点不接地系统的所有优点，而且还避免了单相故障可能发展为两相或多相故障，产生过电压损坏电气设备绝缘和烧毁电压互感器等危害。

在各级电压网络中，当单相接地故障时，通过故障点的总的电容电流超过下列数值时，必须尽快安装消弧线圈。

① 对 3～6kV 电网，故障点总电容电流超过 30A；

② 对 10kV 电网，故障点总电容电流超过 20A；

③ 对 22～66kV 电网，故障点总电容电流超过 10A。

3. 中性点直接接地的三相系统

中性点直接接地的系统称为大接地电流系统，如图 1-8 所示。

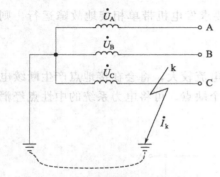

图 1-8　中性点直接接地的系统

这种系统正常运行时，由于三相系统对称，中性点的电压为零，中性点没有电流流过。当发生单相接地时，由于接地相直接通过大地与电源构成单相回路，故称这种故障为单相短路。单相短路电流 I_k 非常大，必须通过继电保护装置立即动作，使断路器断开，切除故障部分，以防止 I_k 造成更大的伤害。如果故障是瞬时的，可利用重合闸恢复正常运行。

目前我国电压为 110kV 及以上的电力系统，广泛采用中性点直接接地的运行方式。

四、低压配电系统的接地方式

我国 380V/220V 低压配电系统广泛采用中性点直接接地的运行方式，而且引出有中性线（N 线），保护线（PE 线），或保护中性线（PEN 线）。电气设备在使用时必须采用接地或接零的保护措施，故低压配电系统就可分为 TN 系统，TT 系统和 IT 系统。

1. TN 系统

TN 系统的中性点直接接地，所有设备的外露可导电部分均接公共的保护线（PE 线）或保护中性线（PEN 线），这种保护方式称为"保护接零"。TN 系统又分为 TN-C 系统（N 线与 PE 线全部合并）、TN-S 系统（N 线与 PE 线全部分开）、TN-C-S 系统（N 线与 PE 线前一部分合并，后一部分分开），如图 1-9 所示。

2. TT 系统

TT 系统中所有设备的外露可导电部分，均各自经 PE 线单独接地，如图 1-10 所示。

3. IT 系统

IT 系统中所有设备的外露可导电部分，也都各自经 PE 线单独接地，如图 1-11 所示。它与 TT 系统不同的是，其电源中性点不接地或经高阻抗接地，且通常不引出中性线。

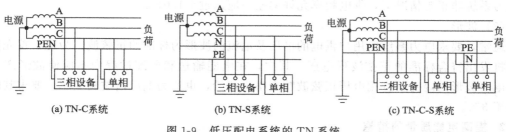

图 1-9 低压配电系统的 TN 系统

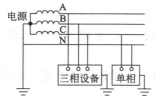

图 1-10 低压配电的 TT 系统

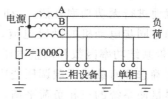

图 1-11 低压配电的 IT 系统

五、电力系统的供电质量及其改进措施

1. 供配电的电能质量

供电电能的质量是以电压、频率和波形来衡量的。

（1）电压

电力系统要求电压稳定在其额定电压下。这是因为，如果电网电压偏差过大，不仅影响电力系统的正常运行，而且对用电设备的危害也很大。对照明负荷来说，白炽灯对电压的变化是敏感的。当电压降低时，白炽灯的发光效率会急剧下降；当电压上升时，白炽灯的使用寿命将大为缩短。对异步电动机而言，最大转矩与其端电压的平方成正比。当端电压下降时，转矩急剧减小，以致转差率增大，从而使得定子、转子电流都显著增大，引起电动机的温度上升，加速绝缘的老化，甚至可能烧毁电动机。同时，转矩减小会使电动机转速降低，甚至停转，导致工厂产生废品，甚至导致重大事故。

电压偏差：以电压实际值与额定值之差 ΔU 对额定电压的百分值 $\Delta U\%$ 来表示的，即

$$\Delta U\% = \frac{U - U_N}{U_N} \times 100\% \tag{1-7}$$

在电力系统正常情况下，供电企业供到用户受电端的供电电压允许偏差见表 1-1。

表 1-1 电压的允许变化范围

线路额定电压	正常运行电压允许变化范围
35kV 及以上	$\pm 5\% U_e$
10kV 及以下	$\pm 7\% U_e$
低压照明及农业用电	$(-10\% \sim +5\%) U_e$

（2）频率

我国规定的电力系统的额定频率为 50Hz，电网装机容量为 300 万千瓦以上时，供电频率允许偏差为 ± 0.2Hz；电网装机容量为 300 万千瓦以下时，供电频率允许偏差为 ± 0.5Hz；

在电力系统非正常情况下，供电频率允许偏差不应超过±1.0Hz。

（3）波形

通常，要求电力系统给用户供电的电压及电流的波形为标准的正弦波。为此，首先要求发电机发出符合标准的正弦波形电压。其次，在电能输送和分配过程中不应使波形产生畸变。电压波形的畸变程度用电压正弦波畸变率来衡量，也称为电压谐波畸变率，要求其畸变率小于3%。

2. 提高电能质量的措施

电能质量的改善，在工矿企业中通常采用以下措施。

① 就地进行无功功率补偿，及时调整无功功率补偿量。

② 调整同步电动机的励磁电流，使其超前或滞后运行，产生超前或滞后的无功功率，以达到改善系统功率因数和调整电压偏差的目的。

③ 正确选择有载或无载调压变压器的分接头（开关），以保证设备端电压稳定。

④ 尽量使系统的三相负荷平衡，以降低电压偏差。

⑤ 采用电抗值最小的高低压配电线路方案。架空线路的电抗约为0.4Ω/km；电缆线路的电抗约为0.08Ω/km。条件许可下，应尽量优先采用电缆线路供电。

六、供配电电压的选择

工厂供配电电压的高低，对电能质量及降低电能损耗均有重大的影响。在输送功率一定的情况下，若提高供电电压，就能减少电能损耗，提高用户端电压质量。但从另一方面讲，电压等级越高，对设备的绝缘性能要求随之增高，投资费用相应增加。因此，供配电电压的选择主要取决于用电负荷的大小和供电距离的长短。各级电压电力网的经济输送距离的参考值见表1-2。

表1-2　各级电压电力网的经济输送容量与输送距离

额定电压/kV	传输方式	输送功率/kW	输送距离/km
0.38	架空线路	≤100	≤0.25
0.38	电缆线路	≤175	≤0.35
6	架空线路	≤2000	3～10
6	电缆线路	≤3000	≤8
10	架空线路	≤3000	5～15
10	电缆线路	≤5000	≤10
35	架空线路	2000～100000	20～50
66	架空线路	3500～30000	30～100
110	架空线路	10000～50000	50～150
220	架空线路	100000～500000	200～300

1. 供配电系统电力变压器的额定电压

① 电力变压器连接于线路上时，其一次绕组的额定电压应与配电网的额定电压相同，高于供电电网额定电压5%。

② 电力变压器的二次绕组额定电压是指变压器的一次绕组施加额定电压，而二次绕组开路时的空载电压。考虑到变压器在满载运行时，二次绕组内约有5%的电压降，另外二次侧供电线路较长等原因，变压器的二次绕组端电压应高于供电电网电压10%，其中5%用来补偿变压器峰荷时绕组内部的压降，另外的5%用于补偿变压器二次绕组连接的配电线路的电压损耗。

2. 电压等级划分及适用范围

（1）高、低压的划分

我国现在统一以1000V为界限将电压划分为低压和高压2种电压等级。

低压——指额定电压在1000V以下者；

高压——指额定电压在1000V以上者。

另外，也可划分为低压、中压、高压、超高压、特高压5种电压等级。

低压——指额定电压在1000V以下者；

中压——指额定电压在1000V～10kV者；

高压——指额定电压在35～220kV者；

超高压——指额定电压在330～500kV者；

特高压——指额定电压在1000kV以上者。

（2）电压的适用范围

220kV及其以上电压为输电电压，用来完成电能的远距离输送。

110kV及以下电压，一般为配电电压，完成对电能进行降压处理并按一定的方式分配至电能用户。35～110kV配电网为高压配电网，10～35kV配电网为中压配电网，1kV以下为低压配电网。3kV、6kV、10kV是工矿企业高压电气设备的供电电压。

供配电系统中的所有设备，都是在一定的电压和频率下工作的，为使供配电设备实现生产标准化、系列化，供配电系统中的电力变压器、电力线路及各种供配电设备，均按规定的额定电压进行设计和制造，电气设备长期在额定电压下运行，其技术与经济指标最佳。

3. 企业对配电电压的选择

工矿企业的生产、国民经济建设发展使用的电能，一般都取自于电力网输送来的电能，经过配电设备后，馈电分布给各个用户。因此，配电所或配电设置实际上起着电力"转运站"的作用，它上连电源，下接成千上万的电能用户，起着承上启下的枢纽作用。

我国大型工矿企业供配电系统的配电电压应根据用电容量、用电设备特性、供电距离、供电线路的回路数、当地公共电网现状及发展规划等因素，经技术经济比较后确定。用户对配电电压的选择，一般规律是用户所需的功率大，供配电电压等级应相应提高；输电线路越长，供配电电压等级要求也越高，以降低线路电压损耗；供电线路的回路数多，通常考虑降低供配电电压等级；用电设备中若波动负荷多，宜由容量大的电网供电，以提高配电电压等级。这些规律仅是从用户配电角度考虑的，权衡这些规律选择配电电压等级，还要看用户所在地的电网能否方便和经济地提供用户所需要的电压。

工矿企业用户的供配电电压有高压和低压两种，高压供电通常指6～10kV及以上的电压等级。中、小型企业通常采用6～10kV的电压等级，当6kV用电设备的总容量较大，选用6kV就比较经济合理；对大型工厂，宜采用35～110kV电压等级，以节约电能和投资。低压供配电是指采用1kV及以下的电压等级。大多数低压用户采用380V/220V的电压等级，在某些特殊场合，例如矿井下，因用电负荷往往离变配电所较远，为保证远端负荷的电压水平，要采用660V电压等级。

目前提倡提高低压供配电的电压等级，目的是减少线路的电压损耗，保证远端负荷的电压水平，减小导线截面积和线路投资，增大供配电半径，减少变配电点，简化供配电系统。因此，提高低压供配电的电压等级有其明显的经济效益，也是节电的一项有效措施，在世界上已经成为一种发展趋势。

七、工厂供配电系统的构成及布置

工厂供配电系统是指企业所需的电力能源从进入企业到分配至所有用电设备终端的整个电路组成。工厂供配电系统一般包括工厂总降压变电所、高压配电线路、车间变配电所、低压配电线路及用电设备等环节，如图 1-12 所示。

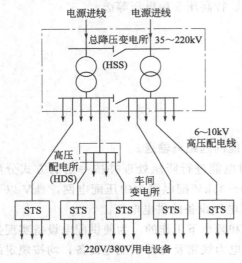

图 1-12 工厂供配电系统

根据用户对供配电系统的基本要求，合理选择和布置工厂供配电系统的电气设备、继电保护、控制方式和测量仪表，可最大限度地提高供配电系统运行的经济性和可靠性。

1. 工厂供配电系统的构成

（1）工厂供配电系统的负荷

供配电系统的负荷，按其对供电可靠性的要求，通常分为Ⅰ、Ⅱ、Ⅲ三类负荷。

Ⅰ类负荷：若对此类负荷停电，将会造成人身伤亡、重大设备损坏等严重事故，破坏生产秩序，给国民经济带来极大损失或造成重大的政治影响。因此要求Ⅰ类负荷由两个独立的电源供电，而对特别重要的Ⅰ类负荷，应由两个独立的电源点供电。

Ⅱ类负荷：若对此类负荷停电，将会造成工厂生产机器部分停止运转，或生产流程紊乱且难以恢复，致使产品大量减产，工厂内部交通停顿，造成一定的经济损失，或使城市居民的正常生活受到影响。Ⅱ类负荷在工矿企业中占有的比例最大，因此应由两个回路供电，也可以由一回专用架空线路供电。

Ⅲ类负荷：指短时停电不会造成严重后果的用户，一般所有不属于Ⅰ、Ⅱ类负荷的其他负荷均属于Ⅲ类负荷。通常Ⅲ类负荷对供电无特殊要求，较长时间停电也不会直接造成用户的经济损失，因此，Ⅲ类负荷可采用间单回路供电。例如工厂附属车间和居民用电等。

大、中型工厂中的Ⅰ类、Ⅱ类负荷往往占到总负荷的 60%～80%，因此，即便是短时停电也会造成企业相当可观的经济损失。学习供配电技术，就是要掌握工厂的负荷分类及其对供电可靠性的要求，在设计新建或改造企业供电系统时，按照实际情况进行方案的拟定和分析比较，使确定的供电方案在技术、经济上最合理。

（2）企业供配电系统的设备组成

供配电系统一般由电力变压器、配电装置、保护装置、操作机构、自动装置、测量仪表及附属设备构成。

电力变压器：在供配电系统中的作用是，将一种电压的电能转变为另一种或几种电压的电能供给用电单位。变电所或配电房中的电力变压器，通常是将高压电能转变为低压电能，馈电给用电设备。

配电装置：其作用是接受和分配电能，配电装置包括母线、开关、断路器、操作机构、自动装置、测量仪表以及仪用互感器等。供配电系统中的保护装置也属于配电装置，按其工作电压的不同又可分为高压配电装置和低压配电装置。

2. 工厂供配电系统布置

供配电系统的设备一般包括开关设备、互感器、避雷器、熔断器、连接母线等，并按照一定的顺序连接、布置而成。

大多工矿企业用电单位的供配电系统分有户内式和户外式两种。目前中小型企业 6～10kV 变配电所多采用户内式结构。户内式变配电所主要由三部分组成：高压配电室、变压器室、低压配电室。此外，有的还设有高压电容器室和值班室。与户内变配电室相边的户外电气设备安装在屋外，一般用于 35kV 及以通电压级，如图 1-13 所示。

（1）供配电系统布置的总体要求

① 便于运行维护和检修：值班室一般应尽量靠近高低压配电室，特别是靠近高压配电室，且有直通门或与走廊相通。

② 运行要安全：变压器室的大门应向外开并避开露天仓库，以利于在紧急情况下人员出入和处理事故。门最好朝北开，不要朝西开，以防"西晒"。

③ 进出线方便：如果是架空线进线，则高压配电室宜位于进线侧。户内供配电的变压器一般宜靠近低压配电室。

④ 节约占地面积和建筑费用：当供配电场所有低压配电室时，值班室可与其合并。但这时低压电屏的正面或侧面离墙不得小于 3m。

⑤ 高压电力电容器组应装设在单独的高压电容器室内，该室一般临近高压配电室，两室之间砌防火墙。低压电力电容器柜装在低压配电室内。

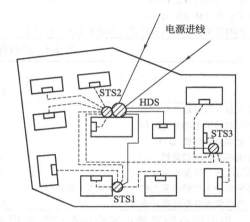

图例说明

◎ 高压配电所（HDS）　　◎ 车间变电所（STS）

▭ 控制屏、配电屏　　—→ 高压电源进线

—— 高压配电线　　------ 低压配电线

图 1-13　工厂供电系统的平面布置示意图

⑥ 留有发展余地，且不妨碍车间和工厂的发展。在确定供配电场所的总体布置方案时应因地制宜，合理设计，通过几个方案的技术经济比较，力求获得最优方案。

（2）供配电装置和各设备间距离的要求

为保证供配电系统运行中电气设备及人员的安全和检修维护工作及搬运的方便，供配电装置中的带电导体的相间、导体相对地面之间都应有一定的距离，以保证设备运行或过电压时空气绝缘不会被击穿，这个距离称为电气间距。

由于户外供配电装置受环境的影响，电气间距比户内供配电装置要大。表 1-3 和表 1-4 分别表示户外、户内供配电装置的最小安全净距。即表中的 A_1 和 A_2，其中 A_1 为最基本电气间距。其余各值是在 A_1 和 A_2 的基础上考虑运行维护、检修和搬运工具等活动范围计算而得。

例如表 1-4 中 B_1 表示户内带电部分到栅栏的净距，要防止运行人员手臂误入栅栏时发生的触电事故，运行人员的手臂长度一般不大于 750mm，当电压为 35kV 时

$$B_1 = A_1 + 750 = 300 + 750 = 1050 \text{（mm）}$$

又如表 1-4 中 C 值，是指无遮栏裸导体至地面的高度，要使运行人员举手时不发生触电事故，一般运行人员举手时高度不超过 2300mm，当电压为 35kV 时，为保证安全，则

$$C = A_1 + 2300 = 300 + 2300 = 2600 \ \text{(mm)}$$

表 1-3　户外配电装置最小安全净距　　　　　　　　　　mm

名　称	额定电压/kV			
	1～10	35	110	220
带电部分至接地部分(A_1)	200	400	900	1800
不同相的带电部分之间(A_2)	200	400	1000	2000
带电部分到栅栏(B_1)	950	1150	1650	2550
带电部分到网状遮栏(B_2)	300	500	1000	1900
无遮栏裸导体至地面(C)	2700	2900	3400	4300
不同时停电检修的无遮栏裸导体间水平距离(D)	2200	2400	2900	3800

表 1-4　户内配电装置最小安全净距　　　　　　　　　　mm

名　称	额定电压/kV				
	1～3	6	10	35	110
带电部分至接地部分(A_1)	75	100	125	300	850
不同相的带电部分之间(A_2)	75	100	125	300	900
带电部分到栅栏(B_1)	825	850	875	1050	1600
带电部分到网状遮栏(B_2)	175	200	225	400	950
无遮栏裸导体至地面(C)	375	2400	2425	2600	3150
不同时停电检修的无遮栏裸导体间水平距离(D)	1875	1900	1925	2100	2650
出线套管至户外通道路面(E)	4000	4000	2900	4000	5000

　　户内配电装置最小安全净距的校验图如图 1-14 所示，户外配电装置最小安全净距的校验图如图 1-15 所示。

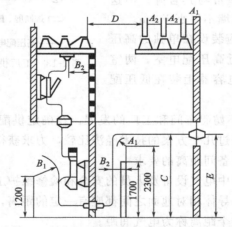

图 1-14　户内配电装置最小安全净距的校验图

【技能训练】

参观发电厂，了解供配电系统

1. 参观准备

联系参观单位，安排电气技术人员为学生介绍参观内容，组织学生集中行动，发放安全帽，提出参观要求和安全注意事项。

2. 参观了解供配电系统

（1）参观目的

通过参观，使学生初步了解发电厂的发电、变电及输送电过程，了解厂变或工厂变、配

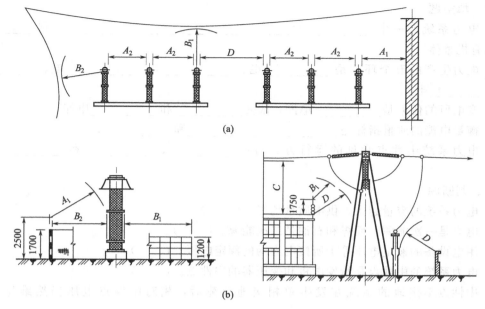

图 1-15　户外配电装置最小安全净距的校验图

电所的结构及布置，辨识发电厂和变、配电所电气设备的外形和名称，对供配电系统形成初步的感性认识。

（2）参观内容

① 参观火电厂的发电机主厂房、主控制室、配电装置、主变压器室；参观变电所户内配电装置和户外配电装置。由电厂或变、配电所电气工程师或技术人员介绍发、配电过程或变、配电所的整体布置情况及电气一次系统图，电气一次设备实际布置和连接情况。

② 参观工厂企业配电室的高压开关柜和低压配电屏运行情况；参观开关厂生产的高、低压开关柜柜内开关电气设备及其连接方式。由企业电气工程师或技术人员介绍高压配电室、低压配电室、变压器室及高压开关设备等供配电系统一次设备的工作情况、倒闸操作过程、运行维护内容以及故障处理措施。

（3）注意事项

参观时一定要服从指挥注意安全，未经许可不得进入禁区，不允许随便触摸任何电气按钮，以防发生意外。

【思考与练习】

一、问答题

1. 何谓电力系统？何谓电力网？

2. 某发电厂的发电机总发电量可高达 3GW，所带负荷仅为 2.4GW。问：余下的 0.6GW 电能到哪儿去了？

3. 电力系统为什么要求"无功功率平衡"？如果不平衡，会出现什么情况？

4. 电力系统中性点接地方式有哪几种？采用中性点不接地系统有何优缺点？

5. 中性点不接地系统若发生单相接地故障时，其非故障相对地电压等于多少？此时接地点的短路电流是正常运行时单相对地电容电流的多少倍？

二、填空题

1. 电力系统是一个_____及_____、_____、_____到_____组成的有机整体。

2. 电力生产的五个环节是_____电、_____电、_____电、_____电和_____电。

3. 变电所的任务是_____电能，改变_____和_____电能。

4. 衡量电能的质量指标是_____、_____和_____。

5. 电力系统中性点常见的运行方式有：_____、_____和_____三种形式。

三、判断题

1. 电力系统的容量越大，供电质量越好。（　　）

2. 电力是一次能源，而煤和石油是二次能源。（　　）

3. 用电设备的额定电压等于所接电力网的额定电压。（　　）

4. 电力系统的中性点是指发电机和变压器的中性点。（　　）

5. 中性点不接地的系统在发生单相接地故障后，相对中性点电压仍然维持不变。（　　）

四、计算题

如图 1-16 所示电力系统，线路额定电压已知，试求发电机、双绕组变压器 T_1、T_3 两侧的额定电压。

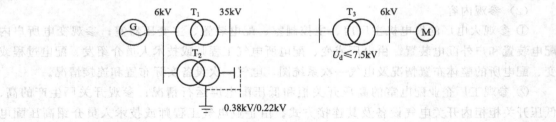

图 1-16　电力系统

项目二 一次设备的运行与维护

任务一 电力变压器的运行监视与故障处理

【任务概述】

在电力系统中，为了能经济有效地输送电能，以满足用户对电能的需求，应安装有电力变压器，使得发电机发出的电能经升压变压器升压，变为输电线路上电压较高、电流较小的电能，高压电能在被传输至负荷区时，需再经变电所降压变压器降压，变为用电设备所需要的电压较低的电能，然后经配电装置和配电线路将电能送至各个用户。本任务要求学生熟悉变压器的结构和作用，理解变压器的工作原理，了解变压器的分类；学会做变压器投运前的各项检查；熟悉变压器的常见故障现象，能分析故障产生的原因，学会处理几种常见故障。

【相关知识】

一、电力变压器的结构及各部件的功能

1. 电力变压器及其分类

电力变压器是变电所中最关键的一次电气设备，其作用主要有：升降电压、改变电流、传输电能。在电力系统中，变压器占有极其重要的地位，无论在发电厂还是在变电所，都可以看到各种形式和不同容量的变压器。

按变压器的相数来分，可分有单相变压器和三相变压器。按绕组数目来分，变压器又可分为双绕组和三绕组变压器，其中在一相铁芯上套 2 个绕组的变压器称为双绕组变压器，具有两种电压等级；三绕组变压器的每一个铁芯上缠绕 3 个绕组，具有 3 种不同的电压等级。按冷却介质来分，变压器可分为油浸式变压器、干式变压器以及水冷式变压器，其中油浸式变压器常用于电压较高、容量较大的场所，电力变压器大多采用油浸式变压器。按调压方式来分，变压器可分为有载调压变压器和无载调压变压器两种。

2. 电力变压器的结构组成

电力变压器主要由铁芯、线圈、油箱、油枕以及绝缘套管、分接开关和气体继电器等组成，如图 2-1 所示。

3. 电力变压器各部件功能

① 铁芯：铁芯是变压器最基本的组成部分之一。铁芯是用导磁性能很好的硅钢片叠压制成的闭合磁路，变压器的一次绕组和二次绕组都绕在铁芯上。

② 绕组：绕组也是变压器的基本部件。变压器的一次绕组和二次绕组都是用铜线或铝线绕成圆筒形的多层线圈，压放在铁芯柱上，绕组的匝与匝之间、层与层之间，绕组与绕组之间、绕组与铁芯之间均相互绝缘。

③ 油箱：油箱是变压器的外壳，油箱内充满了绝缘性能良好的变压器油，铁芯和绕组安装和浸放在油箱内，纯净的变压器油对铁芯和绕组起绝缘和散热作用。

④ 油枕：当变压器油的体积随着油温的变化膨胀或缩小时，油枕起着储油及补油的作

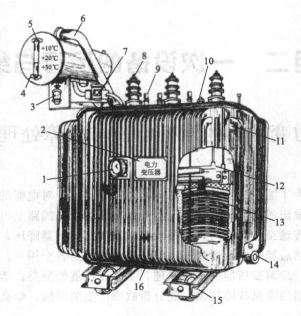

图 2-1　油浸式三相电力变压器

1—温度计；2—铭牌；3—吸湿器；4—油枕；5—油标；6—安全气道；7—气体继电器；8—高压套管；
9—低压套管；10—分接开关；11—油箱；12—铁芯；13—绕组；14—放油阀；15—小车；16—接地端子

用，以保证油箱内充满变压器油。油枕的侧面还装有一个油位计，从油位计中可以监视油位的变化。

⑤ 吸湿器：吸湿器由一根铁管和玻璃容器组成，内装硅胶等干燥剂。当油枕内的空气随变压器油的体积膨胀或缩小时，排出或吸入的空气都经过吸湿器，吸湿器内的干燥剂吸收空气中的水分，对空气起过滤作用，从而保持变压器油的清洁。

⑥ 防爆管：防爆管又称喷油管，装于变压器的顶盖上，喇叭形的管子与油枕或大气连通，管口由薄膜封住。当变压器内部有故障时，油温升高，油剧烈分解产生大量气体，使油箱内的压力剧增。这时防爆管薄膜破碎、油及气体由管口喷出，防止变压器的油箱爆炸或变形。

⑦ 绝缘套管：变压器的各侧绕组引出线必须采用绝缘套管，以便于连接各侧引线。

⑧ 散热器：散热器又称冷却器，其型式有瓦楞形、扇形、圆形和排管等。当变压器上层油温与下层油温产生温差时，通过散热器形成油的对流，经散热器冷却后流回油箱，起到降低变压器温度的作用。为提高变压器油的冷却效果，常采用风冷、强油风冷和强油水冷等措施。散热器的散热面积越大，散热效果越好。

⑨ 分接开关：分接开关是调整电压比的装置。双绕组变压器的一次绕组及三绕组变压器的一、二次绕组一般都有 3～5 个分接头位置，操作部分装于变压器顶部，经传动杆伸入变压器的油箱。3 个分接头的中间分接头为额定电压的位置，相邻分接头的额定电压值相差±5%；多分接头的变压器相邻分接头的额定电压值相差±2.5%，根据系统运行的需要，按照指示的标记，来选择分接头的位置。

由于变压器高压绕组的电流比低压绕组的电流小，其导线截面也小，绕制绕组时抽抽头比较容易。同时额定电流小的分接开关结构比较简单，容易制造和安装。变压器的高压绕组又在外面，很方便引出抽头引线。对于降压变压器，当电网电压变动时，在高压绕组进行调压就可以适应电网电压的变动,对变压器运行十分有利。调压方式包括无载调压和有载调压两种。无载调压是指切换分接头时,必须在变压器停电的情况下进行;有载调压则是在保证不中断负荷电流的情况下进行电压调整,使系统电压在正常范围内运行。一般都在变压器高压绕组上改变匝数进行调压。

⑩ 气体继电器:气体继电器是变压器的主要保护装置,装在变压器的油箱和油枕的连接管上。当变压器的内部故障时,气体继电器的上接点接信号回路,下接点接开关的跳闸回路。

除上述部分外,变压器还有温度计、热虹吸、吊装环、人孔支架等附件。

另外,在小型工厂变电所,常常使用干式变压器。这种变压器没有变压器油,采用自然冷却方式,具有温度控制功能,通常安装在户内。

二、电力变压器的连接组别

1. 电力变压器的极性

变压器铁芯中的主磁通,在一、二次绕组中产生的感应电动势是交变电动势,并没有固定的极性,这里所说的变压器绕组极性,是指一、二次绕组的相对极性。即当一次绕组的某一端在某一瞬间的电位为正时,二次绕组也在同一个瞬间有一个电位为正的对应端,这时就把这两个对应端称为变压器绕组的同极性端或同名端。

变压器的同极性端取决于绕组的绕向,绕向改变,极性就改变。极性是变压器并联运行的主要条件之一。如果并联运行的变压器极性一旦接反,在并联变压器的绕组中将会出现很大的短路电流,甚至把变压器烧坏。

2. 电力变压器绕组的连接方式

电力变压器的每一个电压侧都有 3 个绕组,高压侧绕组用 A-X、B-Y、C-Z 作线端标志,低压侧绕组用 a-x、b-y、c-z 作线端标志,若为三绕组变压器,则中压侧绕组用 A_m-X_m、B_m-Y_m、C_m-Z_m 作线端标志。其中短横杠前面为绕组的首端标号,横杠后面为绕组的尾端标号。

电力变压器的高、低压侧三相绕组,均可以接成星形和三角形两种连接方式,这样电力变压器便可构成很多种连接方式,例如高压侧和低压侧绕组都接成星形时,就构成了 Y,y 连接;若电力变压器的高压侧绕组接成三角形,低压侧绕组接成星形,就构成了 D,y 连接;当高压侧绕组和低压侧绕组都接成三角形时,构成的连接方式为 D,d;当高压侧绕组接成星形,低压侧绕组接成三角形,则构成 Y,d 连接。

3. 电力变压器的连接组别

电力变压器绕组的不同引线端用不同的符号表示,还可以用一种特别规定的符号来表示,即时钟表示法。所谓时钟表示法,就是把高压侧和低压侧的电压相量分别视为时钟的长针和短针,针头为首端,把长针固定在 12 点的位置上,再看短针所指的位置,并以短针所指示的钟点数作为变压器的连接组别标号。我国国家标准规定只生产下列 5 种标准连接组别的电力变压器,即 Yd11、Yyn0、YNd11、YNy0、Yy0。其中前 3 种最为常用,其主要用途如下。

① Yd11:这种连接组别通常用于低压侧电压高于 400V,高压侧电压为 35kV 及以下的输配电系统中。

② Yyn0:这种连接组别一般用在低压侧电压为 400V/230V 的配电变压器中,供电给

动力和照明混合负载。三相动力负载用 400V 线电压，单相照明负载用 230V 相电压。yn0 表示星形连接的中心点引至变压器箱壳的外面再与"地"相接，如图 2-2 所示。

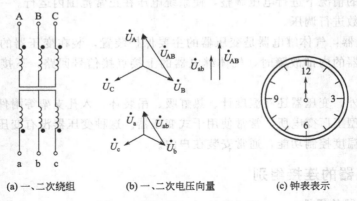

(a) 一、二次绕组　　　　　(b) 一、二次电压向量　　　　　(c) 钟表表示

图 2-2　变压器 Yyn0 连接组别

③ YNd11：这种连接组别常用在高压侧需要中心点接地的发输电系统中，例如 110kV 及 220kV 等超高压系统中。此外也可以用在低压侧电压高于 400V、高压侧电压为 35kV 及以下的输配电系统中，如图 2-3 所示。

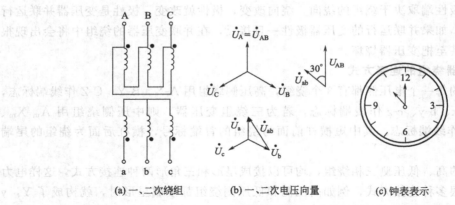

(a) 一、二次绕组　　　　　(b) 一、二次电压向量　　　　　(c) 钟表表示

图 2-3　变压器 YNd11 连接组别

三、电力变压器台数的选择、容量的确定及过负荷能力

1. 变压器台数的选择

在选择电力变压器时，应选用低损耗节能型变压器，如 S12 系列或 S13 系列。对于安装在户内的电力变压器，通常选择干式变压器；如果变压器安装在多尘或有腐蚀性气体严重影响的场所，一般需选择密闭型变压器或防腐型变压器。其台数的选择应考虑下列原则。

① 应满足用电负荷对可靠性的要求。大型变电所所带负荷较大，且所带一、二类负荷较多，宜选择 2～4 台主变压器；中型变电所一般选择 2 台主变压器；小型变电所，其负荷常为Ⅲ类负荷，一般选择 1 台主变压器。

② 当昼夜负荷变化较大时，可考虑采用 2 台主变压器。

③ 在选择变电所主变压器台数时，还应适当考虑负荷的发展，留有扩建增容的余地。

2. 变压器容量的确定

（1）单台变压器容量的确定

单台变压器的额定容量 S_N 应能满足全部用电设备的计算负荷 S_e，留有裕量，并考虑变压器的经济运行，即

$$S_N = （1.15\sim1.4）S_e \tag{2-1}$$

（2）2 台主变压器容量的确定

装有 2 台主变压器时，每台主变压器的额定容量 S_N 应同时满足以下两个条件。

① 当任一台变压器单独运行时，应满足总计算负荷的 60%～70% 的要求，即

$$S_N \geqslant （0.6\sim0.7）S_e \tag{2-2}$$

② 任一台变压器单独运行时，应能满足全部Ⅰ、Ⅱ类负荷总容量的需求，即

$$S_N \geqslant S_{Ⅰe} + S_{Ⅱe} \tag{2-3}$$

式中　$S_{Ⅰe}$——Ⅰ类负荷总容量；

　　　$S_{Ⅱe}$——Ⅱ类负荷总容量。

（3）单台变压器容量的限制

单台主变压器的容量选择一般不宜大于 1250kV·A；对居民小区变电所，单台油浸式变压器容量不宜大于 630kV·A。工厂车间变电所中，单台变压器容量不宜超过 1000kV·A，对装设在二层楼以上的干式变压器，其容量不宜大于 630kV·A。

例 2-1　某车间（10kV/0.4kV）变电所总计算负荷为 1350kV·A，其中Ⅰ、Ⅱ类负荷量为 680kV·A，试确定主变压器台数和单台变压器容量。

解：由于车间变电所具有Ⅰ、Ⅱ类负荷，所以应选用 2 台变压器。根据式（2-2）式（2-3）可知，任一台变压器单独运行时均要满足 60%～70% 的总负荷量，即

$$S_N \geqslant （0.6\sim0.7）×1350 = 810\sim945　（kV·A）$$

且任一台变压器均应满足　$S_N \geqslant S_{Ⅰe} + S_{Ⅱe} \geqslant 680kV·A$

一般变压器在运行时不允许过负荷，所以可选择 2 台容量均为 1000kV·A 的电力变压器，具体型号为 S9-1000/10。

3. 电力变压器的过负荷能力

变压器为满足某种运行需要而在某些时间内允许超过其额定容量运行的能力称为过负荷能力。变压器的过负荷通常可分为正常过负荷和事故过负荷两种。

（1）变压器的正常过负荷能力

电力变压器运行时的负荷是经常变化的，日常负荷曲线的峰谷差可能很大。根据等值老化原则，电力变压器可以在一小段时间内允许超过额定负荷运行。

变压器的正常过负荷能力，是以不牺牲变压器正常使用寿命为原则来制定的，同时还规定过负荷期间，负荷和各部分温度不得超过规定的最高限值。我国的限值为：绕组最热点温度不得超过 140℃；自然油循环变压器负荷不得超过额定负荷的 1.3 倍，强迫油循环变压器负荷不得超过额定负荷的 1.2 倍。

（2）变压器的事故过负荷

对油浸式自然循环冷却或强迫油循环冷却变压器事故过负荷运行时间允许值的规定见表

2-1 和表 2-2。

表 2-1　油浸式自然循环冷却变压器事故过负荷运行时间允许值

过负荷倍数	环境温度/℃				
	0	10	20	30	40
1.1	24h	24h	24h	19h	7h
1.2	24h	24h	13h	5h50min	2h45min
1.3	23h	10h	5h30min	3h	1h30min
1.4	8h30min	5h10min	3h10min	1h45min	55min
1.5	4h45min	3h	2h	1h10min	35min
1.6	3h	2h5min	1h20min	45min	18min
1.7	2h5min	1h25min	55min	25min	9min
1.8	1h30min	1h	30min	13min	6min
1.9	1h	35min	18min	9min	5min
2.0	40min	22min	11min	6min	＋

注：＋表示不允许运行。

事故过负荷又称为短时急救过负荷。当电力系统发生事故时，保证不间断供电是首要任务，加速变压器绝缘老化是次要的考虑。所以，事故过负荷和正常过负荷不同，它是以牺牲变压器的使用寿命为代价的。事故过负荷时，绝缘老化率允许比正常过负荷时高得多，即允许较大的过负荷，但我国规定绕组最热点的温度不得超过 140℃。

表 2-2　油浸式强迫油循环冷却电力变压器事故过负荷运行时间允许值

过负荷倍数	环境温度/℃				
	0	10	20	30	40
1.1	24h	24h	24h	19h	7h
1.2	24h	24h	13h	5h50min	2h45min
1.3	23h	10h	5h30min	3h	1h30min
1.4	8h30min	5h10min	3h10min	1h45min	55min
1.5	4h45min	3h	2h	1h10min	35min
1.6	3h	2h5min	1h20min	45min	18min
1.7	2h5min	1h25min	55min	25min	9min

考虑到夏季变压器的典型负荷曲线，其最高负荷低于变压器的额定容量时，每低 1℃ 可允许过负荷 1％，但以过负荷 15％ 为限。正常过负荷最高不得超过额定容量的 20％。

四、电力变压器的并联运行条件

1. 变压器并联运行的目的

供配电技术中常常采用变压器的并联运行方式，目的是提高供电的可靠性和变压器运行的经济性。

例如：某工厂变电所采用 2 台变压器并联运行时，如果其中一台变压器发生故障或检修时，只要将其从电网中切除，另一台变压器仍能正常供电，从而提高了供电的可靠性。

电力负荷的变动是经常性的。根据负荷的变动，及时调整投入运行的变压器台数，以减少变压器本身的能量损耗，无疑能够提高供电效率，达到经济运行的目的。

2. 变压器并联运行的条件

为了保证并联运行的变压器在空载时并联回路没有环流，负载运行时各变压器负荷分配与容量成正比，并联运行的变压器必须满足以下条件。

① 并联各变压器的连接组别标号相同；

② 并联各变压器的变比相同（允许有±0.5％的差值）；

③ 并联各变压器的短路电压相等（允许有±10％的差值）。

④ 并联运行的变压器的容量比一般不宜超过 3：1。

如果并联变压器的连接组别标号不同，就会在并联运行的回路中产生环流，而且此环流通常是额定电流的几倍，这么大的电流将很快烧坏变压器。因此，连接组别标号不同的变压器绝不能并联运行。

若将变比不同的变压器并联运行，二次侧电压将造成不平衡，空载时就会因电压差而出现环流，变比相差越大，环流也越大，从而影响到变压器容量的合理分配，因此并联运行的变压器，其变比不允许超过±0.5％。

如果并联运行的变压器短路电压不同，由于负载电流与短路电压成反比，就会造成负载分配不合理，因此，短路电流差值不允许超过±10％。

【技能训练】

变压器的运行与维护

1. 变压器运行前的检查事项

变压器在检修后送电前，必须完成下列工作。

（1）检查试验合格证（绝缘性能、直流电阻、介损、吸收比等）。

（2）收回有关工作票，拆除检修安全措施，恢复常设遮栏。

（3）对变压器进行下列检查

① 油枕、套管内油色、油位应正常，温度计指示正确，防爆膜完整，呼吸器硅胶颜色为正常蓝色。

② 变压器及套管应清洁、完整、无漏油。

③ 外壳接地栓应紧固完整。

④ 油枕及变压器至冷却器的蝴蝶阀门应在全开位置。

⑤ 变压器各部接头应牢固完整。

⑥ 变压器分接头在规定位置。

⑦ 试验冷却装置运行正常，油泵及风扇旋转轻便、方向正确。

⑧ 干式变压器外罩应完整。

（4）变压器继电保护装置完整。

（5）变压器各侧开关、刀闸在断开位置。

2. 变压器的运行与维护

值班人员对运行中的变压器应进行定期和机动性的检查。

（1）各变压器每班至少检查两次。

（2）新安装的变压器或检修后的变压器应进行机动性检查。

（3）每班前夜班在负荷高峰期进行一次熄灯检查。

（4）每次系统冲击故障后，应进行外部检查。

（5）恶劣天气时，应对变压器进行机动性检查。

3. 变压器运行中的检查项目

（1）变压器各组成部分是否有渗漏油现象，油色、油位是否正常。

（2）散热器温度是否均匀，温度计指示是否正确。

（3）声音是否均匀、有无异常响声。

（4）瓷质部分是否清洁，有无破损、裂纹及放电等现象。

（5）主导流结点有无发热现象。

（6）气体继电器内是否充满油，无气体存在。

（7）防爆管隔膜是否完整，呼吸器是否堵塞，干燥剂是否失效（变色不超过 2/3）。

（8）风扇电动机的运转是否正常。

（9）接地装置是否良好。

（10）各控制箱和二次端子箱、机构箱应关严，无受潮，温控装置工作正常。

4. 变压器的常见故障及处理

按变压器故障原因，一般可分为磁路故障和电路故障。磁路故障一般指铁芯、轭铁及夹件间发生的故障。常见的有硅钢片短路、穿心螺栓及铁轭夹紧件与铁芯之间的绝缘损坏以及铁芯接地不良引起的放电等。电路故障主要指绕组和引线故障，常见的有线圈的绝缘老化、受潮、切换器接触不良、材料质量及制造工艺不良、过电压冲击及二次系统短路引起的故障等（表 2-3）。

表 2-3　变压器常见故障的种类、现象、产生原因及处理办法

故障种类	故障现象	故障原因	处理办法
绕组相间或层间短路绕组接地	①变压器异常发热 ②油温升高 ③变压器声音异常 ④电源侧电流增大 ⑤气体继电器动作	①变压器绕组绝缘老化 ②绕组绝缘局部受损 ③过电压击穿绕组绝缘	更换或修复绕组
铁芯多点接地或接地不良	①高压熔断器熔断 ②油温升高、油色变黑 ③气体继电器动作 ④硅钢片局部烧熔	①铁芯与穿心螺杆间的绝缘老化，引起铁芯多点接地 ②铁芯接地片断开 ③铁芯接地片松动	①更换穿心螺杆 ②更换接地片或接地片压紧
套管闪络放电	①高压熔断器熔断 ②套管表面有放电痕迹	①套管表面有积灰和脏污 ②套管有裂纹或破损 ③套管密封不严，绝缘受损	①清除套管积灰和脏污 ②更换套管 ③更换封垫
分接开关烧损	①高压熔断器熔断 ②油温升高 ③触点表面产生放电声 ④变压器油发出"咕嘟"声	①弹簧压力不够 ②开关接触不良 ③连接螺栓松动	①更换或修复触头接触面 ②重新装配并进行调整 ③紧固松动的螺栓 ④更换绝缘板
变压器油变劣	油色变暗	①变压器故障 ②变压器油长期受热氧化	对变压器油过滤或换新油

5. 电力变压器的故障分析方法

直观法：变压器控制屏上一般装有监测仪表，容量在 560kV•A 以上的还装有气体继电器、差动保护继电器、过电流保护等装置。这些仪表和保护装置可以准确地反映变压器的工作状态，及时发现故障。

试验法：发生匝间短路、内部绕组放电或击穿、绕组与绕组之间的绝缘被击穿等故障时，变压器外表特征不明显，因此不能完全靠外部直观法来判断，必须结合直观法进行试验测量，以正确判断故障的性质和部位。变压器故障试验的常用方法有两种。

① 测绝缘电阻。用 2500V 的绝缘电阻表测量绕组之间和绕组对地绝缘电阻，若其值为零，则说明绕组之间和绕组对地可能有击穿现象。

② 绕组的直流电阻试验。如果变压器的分接开关置于不同分接位置，测得的直流电阻值相差很大，可能是分接开关接触不良或触点有污垢等；若测得的低压侧相电阻

与三相电阻平均值之比超过 4‰，或线电阻与三线电阻平均值之比超过 2‰，说明匝间可能发生短路或引线与套管的导管间接触不良；若测得一次侧电阻极大，表明高压绕组断路或分接开关损坏；若二次侧三相电阻测量误差很大，则可能是引线铜皮与绝缘子导管断开或接触不良。

【思考与练习】

一、问答题

1. 电力变压器主要由哪几部分组成？变压器在供配电技术中起什么用途？

2. 变压器并联运行的条件有哪些？其中哪一条应严格执行？

3. 确定单台变压器容量的主要依据是什么？若装有 2 台主变压器，容量又应如何确定？

二、填空题

1. 升压变压器高压侧额定电压通常应比系统额定电压等级高_____。

2. 降压变压器低压侧额定电压通常应比系统额定电压等级高_____。

3. 变压器使用环境最高气温不超过_____，最高年平均气温不超过_____。

4. 变压器_____是一种的变换装置。

5. 电力系统采用变压器之后，就可以将_____三个环节非常协调地联系在一起。

6. 运行中的变压器，由于_____的作用，以及铁芯是由许多薄的硅钢片组成的特点，变化的磁通会促使钢片发生震动而发出"嗡嗡"的响声。

7. 箱式变电站是一种把_____、_____和_____按一定接线方式组成一体的配电设备。

8. 变压器的_____接触不良时，有"吱吱"的响声。

三、判断题

1. 变压器的额定电压与所在电力网的额定电压等级是相等的。（　　）

2. 变压器的额定电流系指变压器的最大允许工作电流。（　　）

3. 变压器是一种静止的电气设备，它只能传递电能，而不能生产电能。（　　）

4. 变压器铭牌上没有标明功率因数值，是因为变压器的功率因数与其本身无关。（　　）

5. 变比为 35kV/6.3kV 的变压器是升压变压器。（　　）

6. 变压器内部发生故障时，会产生大量气体，而使防爆管的薄膜破裂。（　　）

四、选择题

1. 110kV 的降压变电所，低压侧电力网为 10kV 电压等级，应选用_____的双绕组变压器。

A. 110kV/11kV　　　　　B. 38.5kV/6.3kV　　　　C. 121kV/38.5kV/6.3kV

D. 110kV/38.5/11kV　　　E. 121kV/6.3kV　　　　　F. 121kV/10.5kV

2. 110kV 的降压变电所，低压侧电力网分别为 35kV 和 10kV 等级，应选用_____的三绕组变压器。

A. 35kV/11kV　　　　　B. 38.5kV/6.3kV　　　　C. 121kV/38.5kV/6.3kV

D. 110kV/38.5/11kV　　　E. 121kV/6.3kV　　　　　F. 121kV/10.5kV

3. _____为升压变压器的额定电压比。

A. 35kV/11kV　　　　　　　　　B. 38.5kV/6.3kV

C. 121kV/38.5kV/6.3kV　D. 110kV/38.5kV/11kV

4. _____为降压变压器的额定电压比。

A. 35kV/11kV　　　　　B. 38.5kV/6.3kV

C. 121kV/38.5kV/6.3kVD. 110kV/38.5kV/11kV

5. 某低压配电室电源进线断路器两侧都装有隔离开关，在送电操作时，首先应合上_____。

A. 电源进线断路器　　　B. 电源侧隔离开关

C. 负荷侧隔离开关　　　D. 无顺序要求

任务二　高压电气设备的运行与维护

【任务概述】

电力系统中担负输送、变换和分配电能任务的电路称为一次电路，一次电路中所有的电气设备称为一次设备。高压一次设备主要包括电力变压器、高压熔断器、高压隔离开关、高压负荷开关、高压断路器、电压和电流互感器等。本次任务学习和掌握高压电气一次设备的结构和功能，学会使用和维护电气一次设备，为从事供配电系统运行、维护和设计工作打下基础。

【相关知识】

一、电弧的产生及灭弧的方法

1. 电弧及其危害

当开关通断时，只要动、静触点之间的电压不小于 10～20V，它们行将接触或者开始分断时就会在间隙内产生放电现象。如果电流小，就会发生火花放电；如果电流大于 80～100mA，就会发生弧光放电，即电弧。

开关断开过程中电弧是这样形成的。触头刚分离时突然解除接触压力，阴极表面立即出现高温炽热点，产生热电子发射；同时，触头的间隙很小，使得电压强度很高，产生强电场发射。从阴极表面逸出的电子在强电场的作用下，加速向阳极运动，发生碰撞游离，导致触头间隙中带电粒子急剧增加，温度骤然升高，产生热游离并且成为游离的主要因素，此时，在外加电压的作用下，间隙被击穿，形成电弧。

电弧是电气设备运行中经常发生的一种物理现象，其特点是光亮很强和温度很高。电弧对供配电系统的威胁极大，主要表现在以下几个方面。

① 电弧延长了开关电器切断电路的时间。如果电弧是短路电流产生的，电弧的存在就意味着短路电流的存在，从而使短路电流危害的时间延长。

② 电弧产生的高温可烧坏触点，烧毁电气设备及导线、电缆，还可能引起弧光短路，甚至引起火灾和爆炸事故。

③ 强烈的弧光可能损伤人的视力。

因此，在供配电系统中，各种开关电器采用了一定的灭弧措施，保证电弧能迅速熄灭。

2. 常用的灭弧方法

开关电器在分断电流时之所以会产生电弧，其根本原因是触点本身和触头周围的介质中含有大量可被游离的电子。要使电弧熄灭，就必须使触点中的去游离率大于游离率，即离子消失的速率大于离子产生的速率。

根据去游离理论，常用的灭弧方法有以下几种。

① 速拉灭弧法：在切断电路时，迅速拉长电弧，使触点间的电场强度骤降，使带电质子的复合速度加快，从而加速电弧的熄灭。这种灭弧方法是开关电器中普遍采用的最基本的灭弧方法，如高压开关中装的速断弹簧。

② 冷却灭弧法：降低电弧的温度，可使电弧的电场减弱，导致带电质子的复合增强，有助于电弧的熄灭。这种灭弧方法在开关电器中的应用比较普遍。

③ 吹弧灭弧法：利用外力来吹动电弧，使电弧加速冷却，同时拉长电弧，迅速降低电弧中的电场强度，从而加速电弧熄灭。按吹弧的方向分有横吹和纵吹；按外力的性质分有气吹、油吹、电动力吹、磁吹等，如图 2-4 所示。

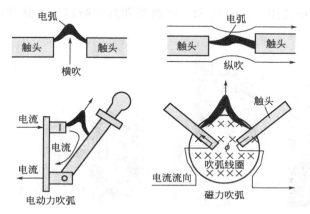

图 2-4　灭弧方式示意图

④ 短弧灭弧法：利用金属栅片把电弧分割成若干个相互串联的短弧，以提高电弧电压，使触点间的电压不足以击穿所有栅片间的气隙而使电弧熄灭。

⑤ 狭沟灭弧法：将电弧与固体介质所形成的狭沟接触，使电弧冷却而灭弧。由于电弧在固体中，其冷却条件加强，同时电弧在狭缝中燃烧产生气体，使内部压力增大，去游离作用加强，有利于电弧的熄灭。如在熔断器的熔管内充填石英砂和用绝缘栅的方法，都是利用此原理。

⑥ 真空灭弧法：由于真空具有较强的绝缘强度，不存在气体游离的问题，因此处于真空中的触点间的电弧在电流过零时就能立即熄灭而不致复燃。真空断路器就是利用真空灭弧法。

⑦ 六氟化硫灭弧法：六氟化硫具有优良的绝缘性能和灭弧性能，其绝缘强度为空气的 3 倍，介质恢复速度是空气的 100 倍，使灭弧能力大大提高。六氟化硫断路器就是利用六氟化硫灭弧法。

电气设备的灭弧装置可以采用一种灭弧方法，也可以综合采用几种灭弧方法，以达到提高灭弧能力的目的。

二、高压断路器

1. 高压断路器的用途

高压断路器是电力系统中最重要的控制和保护电器。无论被控电路处在何种工作状态，例如空载、负载或短路故障状态，高压断路器都应可靠地动作。高压断路器在电网中起的作用有 2 个：一是控制作用，根据电网运行的需要，将一部分电力设备或线路投入或退出运行；二是保护作用，即在电力设备或线路发生故障时，通过继电保护装置使断路器跳闸，将故障部分从电网中迅速切除，保证电网无故障部分的正常运行。

2. 高压断路器的类型

高压断路器可分为户外和户内两种，根据断路器采用的灭弧介质不同，又可分为油断路器、压缩空气断路器、六氟化硫断路器、真空断路器等。

油断路器又有多油和少油之分，其区别是多油断路器的油既起灭弧作用又起绝缘作用，因而多油断路器的用油量较多，所以体积和重量都大，现已被淘汰；少油断路器用油少、体积小，爆炸时火灾小，曾经应用很广，但目前基本上不再生产少油断路器。

目前供配电技术中应用最多的是 SF₆ 断路器和真空断路器，其高压断路器产品实物如图 2-5 所示。

   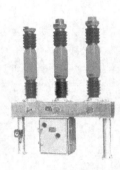

(a) 少油高压断路器　　　　　(b) 真空高压断路器　　　　　(c) 六氟化硫断路器

图 2-5　高压断路器产品实物图

3. 高压断路器的主要参数

(1) 额定电压 U_e。额定电压是指高压断路器正常工作时所能承受的电压等级，它决定了高压断路器的绝缘水平，它表明的是高压断路器耐压能力。供配电系统中常用的高压断路器的额定电压等级为 10、35、110（kV）等。

(2) 额定电流 I_e。额定电流指在规定的环境温度下，高压断路器长期允许通过的最大工作电流（有效值），反映了高压断路器的载流能力。常用高压断路器的额定电流等级为 200、400、630、1000、1250、1600、2000、3150、4000、5000、6300、8000、10000、12500（A）等。

(3) 额定开断电流 I_{ekd}。额定开断电流是指在额定电压下高压断路器能够可靠开断的最大短路电流值，它是表明高压断路器灭弧能力的技术参数。

(4) 动稳定电流 i_{dw}。表示高压断路器在冲击短路电流作用下，承受电动力的能力。

(5) 热稳定电流 I_r。表明高压断路器承受短路电流热效应的能力。

(6) 开断时间 t_{kd}。从操作机构跳闸线圈接通跳闸脉冲起，到三相电弧完全熄灭时止的一段时间称为高压断路器开断时间。

4. 高压断路器的型号含义

高压断路器的型号含义如图 2-6 所示。

例如：ZN28-10/600 型断路器，表示该高压断路器为户内真空断路器，设计序号为 28，额定电压为 10kV，额定电流为 600A。

5. 真空断路器

真空断路器是利用"真空"灭弧的一种断路器，具有体积小、重量轻、噪声小、维护工

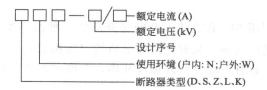

图 2-6 高压断路器的型号及含义

作量小等突出的优点，目前已广泛应用在 $3\sim10kV$ 电压等级的户内配电装置中。如图 2-7 所示是真空断路器的外形图，它主要由真空灭弧室、操作机构、框架三部分组成。

图 2-7 真空断路器的外形图

　　真空灭弧室是真空断路器的核心元件，是一个真空的密闭容器，具有开断、导电和绝缘的功能，主要由绝缘外壳、动静触头、波纹管、屏蔽罩等组成，如图 2-8 所示。其中，绝缘外壳主要由玻璃和陶瓷材料制作，它的作用是支撑动静触头和屏蔽罩等金属部件，与端盖气密地焊接在一起，以确保灭弧室内的高真空度。

　　触头材料对真空断路器的灭弧性能影响很大，通常要求它具有导电好、耐弧性好、导热性好、机械强度高和加工方便等特点，常用的触头材料是铜铬合金、铜合金等。动静触头分别焊接在动、静导电杆上，用波纹管实现密封。动触头位于灭弧室的下部，在机构驱动力的作用下，能在灭弧室内沿轴向移动，完成分、合闸。

　　屏蔽罩是包围在触头周围用金属材料制成的圆筒，它的主要作用是吸附电弧燃烧时释放出的金属蒸气，提高弧隙的击穿电压，并防止弧隙的金属喷溅动绝缘外壳内壁上，降低外壳的绝缘强度。

　　波纹管能保证动触头在一定行程范围内运动时，不破坏灭弧室的密封状态。波纹管通常采用不锈钢制成，有液压成型和膜片焊接两种。真空断路器的触头每分合一次，波纹管便产生一次机械变形，长期频繁和剧烈的变形容易使波纹管因材料疲劳而损坏，导致灭弧室漏气而无法使用。波纹管是真空灭弧室中最容易损坏的部件，其金属的疲劳强度决定了真空灭弧室的机械寿命。

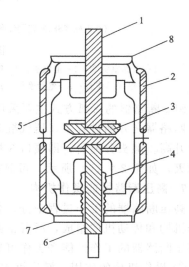

图 2-8 真空灭弧室

1—静导电杆；2—绝缘外壳；3—触头；

4—波纹管；5—屏蔽罩；6—动导电杆；

7—下端盖；8—上端盖

6. SF₆断路器

六氟化硫断路器是利用 SF₆ 作为灭弧和绝缘介质的一种断路器。SF₆ 气体是一种无色、无味、无毒、不可燃的惰性气体，具有极强的电负性（吸附自由电子的能力），是一种优良的灭弧介质和绝缘介质。这种断路器的外形尺寸小，占地面积少，开断能力强，运行期内基本无需维修。

SF₆ 断路器在结构上可分为支柱式和罐式两种。支柱式在 6kV 及以上的高压电路中广泛使用，如图 2-9（a）所示。罐式的特点是设备重心低，结构稳固、抗展性能好，可以加装电流互感器，但它耗材量大，制造工艺要求高，系列化产品少，所以它的应用范围受到限制。

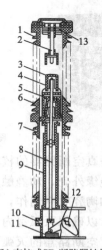

(a) 支柱式SF₆断路器外形　　　　　　　　(b) 支柱式SF₆断路器结构

图 2-9　支柱式 SF₆ 断路器

1—灭弧室瓷套；2—静触头；3—喷口；4—动触头；5—压气缸；6—压气活塞；7—支柱绝缘子；
8—绝缘操作杆；9—绝缘套筒；10—充放气孔；11—缓冲定位装置；12—联动轴；13—过滤器

SF₆ 断路器的灭弧方式主要采用压气式灭弧，压气式灭弧装置中装有一定压力的 SF₆ 气体，断路器在开断过程中，压气缸 5 和动触头 4 同时运动，将压气缸内的 SF₆ 气体压缩而使压力升高。触头分离后，即喷口 3 被打开，高压力气体由喷口处向外排出，实现纵吹而将电弧熄灭，如图 2-9（b）所示。目前在 110kV 及以上的电力系统中广泛使用这种灭弧装置。

7. 高压断路器的操作机构

高压断路器的工作过程中分、合闸动作是由操作系统来完成的。操作系统由相互联系的操作机构和传动机构组成，后者常归入高压断路器的组成部分。操作机构的工作性能和质量对高压断路器的工作性能和工作可靠性起着重要作用。

① 操作机构的作用。操作机构的主要任务是将其他形式的能量转换成机械能，使高压断路器准确地进行分、合闸操作。因此，要求其具有合闸操作、保持合闸、分闸操作、防跳跃、复位、闭锁等功能。

② 操作机构的分类。高压断路器的操作机构种类很多，按其操作能源来分主要有手动型（S）、电磁型（D）、液压型（Y）、气压型（Q）、弹簧型（T）5 种类型。

③ 操作机构的型号。一种操作机构可配用多种不同型号的高压断路器，同样一种高压

断路器也可选用不用型号的操作机构，由于操作机构与高压断路器之间的多配性，为方便起见，操动机构有自己独立的型号。

操作机构的型号及含义如图 2-10 所示。

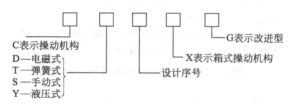

图 2-10　操动机构的型号及含义

例如：CD2 为电磁式操作机构，设计序号为 2；CY3 为液压式操作机构，设计序号为 3。CT19 为弹簧式操作机构，设计序号为 19，通常与 10kV 真空断路器配套使用，如图 2-11 所示。

图 2-11　CT19 弹簧式操作机构

三、高压隔离开关

高压隔离开关的作用主要用于隔离电源、倒闸操作、拉合小电流电路。高压隔离开关的结构特点是断开后有明显可见的断开间隙，而且断开间隙的绝缘及相间绝缘都是足够可靠的，能充分保障其他设备和线路在检修时工作人员的人身和设备的安全。但是高压隔离开关没有专门的灭弧装置，因此它不允许带负荷操作，为此，在高压隔离开关之前，必须先检查与之串联的断路器，应确实在断开位置。也就是说，高压隔离开关的操作必须遵守"先通后断"的原则，即在线路送电时要先合上高压隔离开关后再合上断路器，线路停电时要先断开断路器后再拉开高压隔离开关。

高压隔离开关按安装地点来分可分为户内式和户外式；按支柱绝缘来分可分为单柱式、双柱式和三柱式；按有无接地刀闸来分可分为带接地刀闸和不带接地刀闸；按刀闸运动方式来可分为水平旋转式、垂直旋转式和插入式。

高压隔离开关的型号及含义如图 2-12 所示。

例如：GN8-10/600 型高压隔离开关，其中第 1 个字符 G 表示隔离开关，第 2 个字符 N 表示户内式（户外式为 W），第 3 个数字表示设计序号，第 4 个数字表示额定电压 10kV，最后一个数字表示额定电流为 600A。

如图 2-13 所示为高压隔离开关产品实物图。

如图 2-13（a）所示的 GN19 系列为户内式高压隔离开关，通常配用拐动机构进行操作，

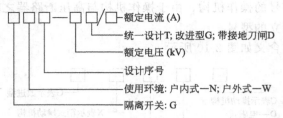

图 2-12 高压隔离开关的型号及含义

(a) GN19型户内式高压隔离开关　　　(b) GW5型户外式高压隔离开关

(c) GW46型剪刀式高压隔离开关　　　(d) GW4型户外式高压隔离开关

图 2-13 高压隔离开关产品实物图

用于有电压而无负载的情况下分、合电路。常用操动机构为 CS 系列和 CJ2 系列。其中 CS6、CS8、CS11、CS15、CS16 型为手动杠杆操动机构，CJ2 为电动机操动机构。

如图 2-13（b）所示的 GW5 系列高压隔离开关由 3 个单极组成，每极主要由底架、支柱绝缘子、左右触点、接地闸刀等部分组成。2 个支柱绝缘子分别安装在底座的转动轴承上。呈 V 形布置。轴线交角为 50°，两轴承座下为伞齿轮啮合，左、右触点安装在支柱绝缘子上部，由轴承座的转动带动支柱绝缘子同步转动，实现 2 个触点的断开和闭合，3 个单极由连动拉杆实现三极联动。

如图 2-13（c）所示为 GW46 型剪刀式高压隔离开关。GW46 型剪刀式高压隔离开关适合用于垂直断口管母线或软母线的场合，而且该产品具有通流能力强、绝缘水平高、防腐能力好、机械寿命长、钳夹范围大、外形美观等特点。

四、高压熔断器

高压熔断器是用来防止高压电气设备发生短路和长期过载的保护元件，是一种结构简单，应用范围最广泛的保护电器。一般由熔管、金属熔体、灭弧装置、静触座等构成。

在供配电系统中，对容量小而且不太重要的负载，广泛使用高压熔断器，作为输电、配电线路及电力变压器的短路及过载保护。高压熔断器按使用场所的不同可分为户内式和户外式两大类，如图 2-14 所示。

如图 2-14（a）所示为 RW4 型户外跌落式高压熔断器，通常用于 6～10kV 交流电力线路及设备的过负荷及短路保护，也可起高压隔离开关的作用，还可用于 12kV、50～60Hz

(a) RW4型户外跌落式高压熔断器   (b) PRW型喷射式高压熔断器   (c) PN型户内高压熔断器   (d) RN型户内高压熔断器

图 2-14   高压熔断器实物图

配电线路和电力变压器的过载和短路保护。

户外跌落式高压熔断器的结构特点是熔断器熔管内衬以消弧管，熔丝在过负荷或短路时，熔断器依靠电弧燃烧使产气管分解产生气体来熄灭电弧。熔丝一旦熔断，熔管靠自身重量绕下端的轴自行跌落，造成明显可见的断开间隙。因户外跌落式高压熔断器具有明显可见的分断间隙，所以也可以作为高压隔离开关使用。这种高压熔断器由于没有专门的灭弧装置，其灭弧能力不强，灭弧速度不快，不能在短路电流到达冲击值前熄灭电弧，因此，这类熔断器属于"非限流"型熔断器。

如图 2-14（b）所示为 PRW 型喷射式高压熔断器，通常用于 35kV 及 35kV 以下配电线路、变压器的过负载和短路保护以及用于隔离电源，PRW 系列喷射式高压熔断器采用防污瓷瓶，防污等级高，熔管采用逐级排气式。开断大电流时，熔管上端的泄压片被冲开，形成双端排气；开断小电流时，该泄压片不动作，形成单端排气；开断更小电流时，靠纽扣式熔丝上套装的辅助灭弧管吹灭电弧，从而解决了开断大、小电流的矛盾，是高压跌落式熔断器的新型换代产品。

如图 2-14（c）所示为 PN 型户内高压熔断器，属于"限流"型熔断器。其中 PN1 型通常用于高压电力线路及其设备的短路保护；PN2 型则只能用作电压互感器的短路保护，其额定电流仅有 0.5A 一种规格。PN 型户内高压熔断器的熔体中焊有低熔点的小锡球，当过负荷时，锡球受热熔化而包围铜熔丝，铜锡合金的熔点较铜低，使铜丝在较低的温度下熔断，称为"冶金效应"。

RN 型户内高压熔断器适用于电压互感器的过载和短路保护，其断流容量为 1000MV·A，如图 2-14（d）所示。

五、高压负荷开关

高压负荷开关是一种功能介于高压断路器和高压隔离开关之间的电器，常用于 35kV 以下配电系统中，用于接通或断开负荷电流。高压负荷开关具有简单的灭弧装置，但灭弧能力较弱，因此只能通断一定的负荷电流，但是它不能断开短路电流，所以一般情况下，高压负荷开关与高压熔断器串联使用，由熔断器来进行短路保护。

高压负荷开关按使用场所分类，可分为户内式和户外式；按灭弧方式分类，可分为油浸式、产气式、压气式、真空式和六氟化硫负荷开关。

高压负荷开关的型号及含义如图 2-15 所示。

如图 2-16 所示为不同型号高压负荷开关产品实物图。

FN12-12D/630-20 户内高压负荷开关的结构示意图如图 2-17 所示。

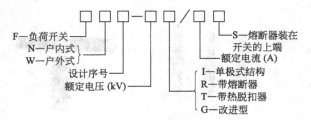

图 2-15　高压负荷开关的型号及含义

(a) FN5型户内高压负荷开关　(b) FN7型户内高压负荷开关　(c) FN12型真空高压负荷开关

图 2-16　高压负荷开关产品实物图

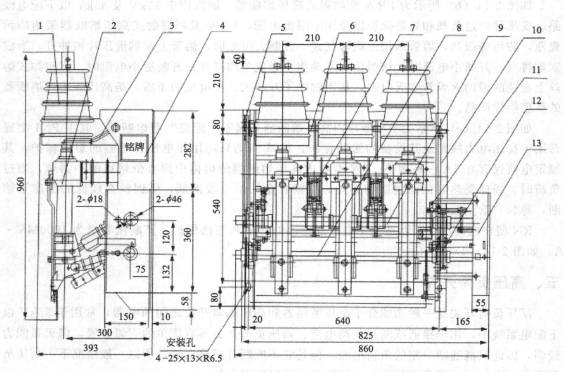

图 2-17　FN12-12D/630-20 户内高压负荷开关的结构示意图

1—静触头；2—动触头；3—绝缘活门；4—铭牌；5—活门联动机构；
6—活门轴；7—操作机构；8—地刀轴；9—主轴；10—机架；
11—加冲器；12—联锁机构；13—操作面板

　　高压负荷开关在断开电路的过程中，利用分闸时主轴带动活塞压缩空气，使压缩了的空气由喷嘴中高速喷出而吹灭电弧。

六、电压、电流互感器

互感器属于一种特殊变压器，分电压互感器和电流互感器两大类，它们是供配电系统中测量和保护用的重要设备。电压互感器是将系统的一次侧的高电压改变为二次侧标准的低电压 100V；电流互感器是将高压一次系统中的电流和低压系统的大电流改变为二次侧标准的低电压小电流 5A（或 1A）。互感器接线图如图 2-18 所示。

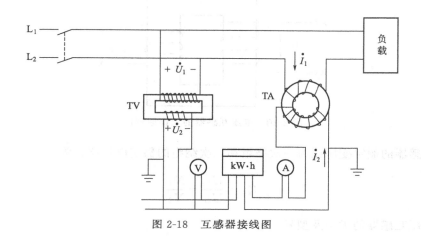

图 2-18　互感器接线图

图 2-18 中的 TV 为电压互感器，其一次绕组与一次侧电网相并联，二次绕组与二次测量仪表或继电器的电压线圈相连接；图 2-18 中的 TA 是电流互感器，其一次绕组串联于被测量电路中，二次绕组与二次测量仪表和继电器的电流线圈相串联。

1. 电压互感器

电压互感器是一种把高压变为低压并在相位上与原来保持一定关系的仪器。电压互感器能够可靠地隔离高电压，保证测量人员、仪表及保护装置的安全，同时把高电压按一定比例缩小，使低压绕组能够准确地反映高电压量值的变化，以解决高电压测量的困难。电压互感器的二次电压均为标准值 100V。

如图 2-19 所示为部分电压互感器产品实物图。

图 2-19　部分电压互感器产品实物图

（1）电压互感器的工作原理

电压互感器的工作原理跟变压器相似，是利用电磁感应原理工作的，运行时相当于一台降压变压器。如图 2-20 所示为电压互感器的工作原理图。

电压互感器的高压绕组与被测电路并联，低压绕组与测量仪表并联。由于电压线圈的内阻抗很大，通过的电流极小，近似工作在开路状态，所以电压互感器运行时，相当于一台空载运行的变压器，二次侧绕组不允许短路！若二次侧发生短路，将会产生很大的短路电流，损坏电压互感器。为避免二次绕组出故障，一般在二次侧出口处安装熔断器或自动空气开关，用于过载和短路保护。

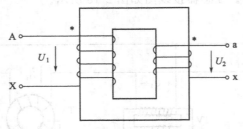

图 2-20　电压互感器的工作原理图

电压互感器的额定变压比为一次绕组和二次绕组的额定电压比，为

$$K_U = \frac{U_{1e}}{U_{2e}} = \frac{N_1}{N_2} \tag{2-4}$$

（2）电压互感器的类型及型号

电压互感器按相数分，有单相和三相两类；按绝缘及其冷却方式分，有干式、浇注式、油浸式、SF$_6$ 气体绝缘式。

电压互感器的型号及含义如图 2-21 所示。

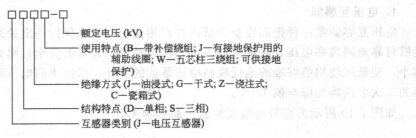

额定电压 (kV)
使用特点 (B—带补偿绕组；J—有接地保护用的辅助线圈；W—五芯柱三绕组；可供接地保护)
绝缘方式 (J—油浸式；G—干式；Z—浇注式；C—瓷箱式)
结构特点 (D—单相；S—三相)
互感器类别 (J—电压互感器)

图 2-21　电压互感器的型号及含义

例如：JSJW-10 表示额定电压为 10kV 的三相三绕组五芯柱油浸式电压互感器。

（3）电压互感器的接线方式

供配电技术中，通常需要测量供电线路的线电压、相电压及发生单相接地故障时的零序电压。为了测量这些电压，电压互感器的二次绕组必须与测量仪表、继电器等相连接，常用的 4 种接线方式如图 2-22 所示。

如图 2-22（a）所示方案为一个单相电压互感器的接线。当需要测量某一相对地电压或相间电压时可采用此方案。实用中这种接线方案应用得较少。

如图 2-22（b）所示方案是把两个单相互感器接成不完全三角形，也称 V-V 接线，可以用来测量线电压，或供电给测量仪表和继电器的电压线圈。这种接线方式广泛应用于变配电所 20kV 以上中性点不接地或经消弧线圈接地的高压配电装置中。这种接线方案不能测相电压。而且当连接的负载不平衡时，测量误差较大。因此仪表和继电器的两个电压线圈应接

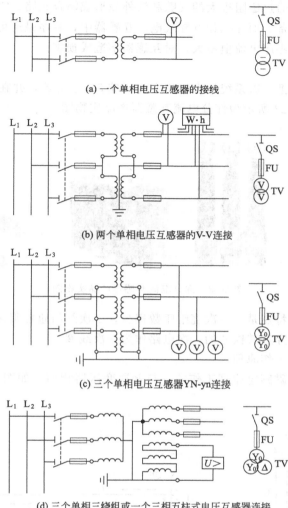

(a) 一个单相电压互感器的接线

(b) 两个单相电压互感器的V-V连接

(c) 三个单相电压互感器YN-yn连接

(d) 三个单相三绕组或一个三相五柱式电压互感器连接

图 2-22　电压互感器 4 种常用接线方案

U_{ab}、U_{bc} 两个线电压，以尽量使负载平衡，从而减小测量误差。

如图 2-22（c）所示方案是用三个单相三绕组电压互感器构成 YN-yn 连接形式，广泛应用于 3～220kV 系统中，其二次绕组用于测量线电压和相电压。在中性点不接地或经消弧线圈的装置中，这种方案只用来监视电网对地绝缘状况，或接入对电压互感器准确度要求不高的电压表、频率表等测量仪器。由于正常状态下此种方案中的电压互感器的原绕组经常处于相电压下，仅为额定电压的 0.866 倍，所以测量的误差值大大超过了正常值，所以此种接线方案不作供给功率表和电度表之用。

在 3～60kV 电网中，通常采用三台单相三绕组电压互感器或者一台三相五柱式电压互感器的接线形式，如图 2-22（d）所示方案。这种接线方案中，一次电压正常时，开口两端的电压接近于零，当某一相接地时，开口两端将出现近 100V 的零序电压，使电压继电器动作，发出信号，故起电网的绝缘监视作用。

必须指出，不能用三相三柱式电压互感器做这种测量。当系统发生单相接地短路时，在互感器的三相中将有零序电流通过，产生大小相等、相位相同的零序磁通。在三相三柱式互感器中，零序磁通只能通过磁阻很大的气隙和铁外壳形成闭合磁路，零序电流很大，使互感器绕组过热甚至损坏设备。而在三相五柱式电压互感器中，零序磁通可通过两侧的铁芯构成回路，磁阻较小，所以零序电流值不大，对互感器不造成损害。

2. 电流互感器

电流互感器是一种把一次系统的大电流变为标准 5A 小电流，并在相位上与原来保持一定关系的仪器。如图 2-23 所示为部分电流互感器产品实物图。

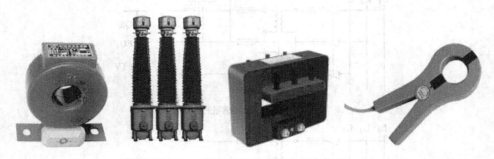

图 2-23　部分电流互感器产品实物图

电流互感器的结构特点是：一次绕组匝数很少，二次绕组匝数很多。有的电流互感器没有一次绕组，而是利用穿过其铁芯的一次电路作为一次线圈。

（1）电流互感器的工作原理

电流互感器是按电磁感应原理工作的，与普通变压器相似，如图 2-24 所示为电流互感器的原理图。

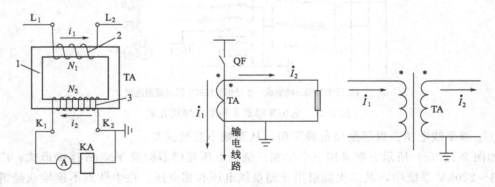

图 2-24　电流互感器的原理图

利用一、二次绕组不同的匝数比将系统的大电流变为小电流，以供二次系统测量和保护使用。

$$K_i = \frac{I_{1e}}{I_{2e}} = \frac{N_2}{N_1}$$

因此，电流互感器的变比为一次绕组的额定电流与二次绕组的额定电流之比。例如：$K_i = 100/5$，二次额定电流一般为 5A，一次额定电流的等级为 5～25000A。

（2）电流互感器的误差与准确度等级

电流互感器的误差通常有电流误差与相位误差两种。其中，电流误差是电流互感器二次侧电流的测量值乘以变比所得的值 $K_i I_2$ 与实际一次电流值 I_1 之差，与 I_1 的之比的百分数。

$$f_i = \frac{K_i I_2 - I_1}{I_1} \times 100\% \tag{2-5}$$

而相位误差为负二次电流相量 $-\dot{I}_2$ 与一次电流相量 $\dot{I}_1$ 之间的夹角 δ_i。

电流互感器的准确度等级是根据测量时电流误差的大小来划分的。我国电流互感器的准确度等级为 0.1，0.2、0.5、1、3、5。准确度等级和误差限值见表 2-4。

表 2-4　电流互感器准确度等级和误差限制

准确度等级	一次电流为额定电流的百分数/%	误差限值		二次负荷变化范围
		电流误差/±%	相位差/±(′)	
0.2	10	0.5	20	(0.25~1)S_{2e}
	20	0.35	15	
	100~200	0.2	10	
0.5	10	1	60	
	20	0.75	45	
	100~200	0.5	30	
1	10	2	120	
	20	1.5	90	
	100~200	1	60	
3	50~120	3	未规定	(0.5~1)S_{2e}
5	50~120	5		
B	100	1	未规定	S_{2e}
	100n	3		

（3）电流互感器的工作特点及注意事项

电流互感器一次侧电流取决于一次侧所串联的电网电流，二次侧绕组与仪表、继电器等电流线圈相串联，形成二次侧闭合回路。由于电流互感器的二次电路中均为电流线圈，因此阻抗很小，工作时二次回路接近于短路状态。

电流互感器运行中，二次侧绕组不允许开路！倘若电流互感器二次侧发生开路，一次侧电流将全部用于励磁，使互感器铁芯严重饱和。交变的磁通在二次线圈上将感应出很高的电压，其峰值可达几千伏甚至上万伏，这么高的电压作用于二次线圈及二次回路上，将严重威胁人身安全和设备安全，甚至会使线圈绝缘过热而烧坏，保护设施很可能因无电流而不能正确反映故障，对于差动保护和零序电流保护则可能因开路时产生不平衡电流而误动作。所以《安全运行规定》中规定，电流互感器在运行中严禁开路。为避免这类故障发生，一般在电流互感器的二次侧出口处安装一个开关，当二次侧回路检修或需要开路时，把开关首先闭合。

为防止绝缘损坏时高压窜入二次侧，危及人身和设备安全，电流互感器二次绕组的一端及铁芯必须接地。

（4）电流互感器的接线方式

电流互感器的常见的几种接线方式如图 2-25 所示。

如图 2-25（a）所示为一相式接线。一相式连接只能测量一相的电流，以监视三相的运行情况，通常用于三相对称电路中，例如三相电动机负载电路。

如图 2-25（b）所示为两相 V 形接线，或不完全星形接线。该方案只适用于两台电流互感器的线路，可用来测量两相电流。如果通过公共导线，还可以测量第三相的电流。由图可见，通过公共导线上的电流是所测量两相电流的相量和。这种接线方式常用于发电厂、变电

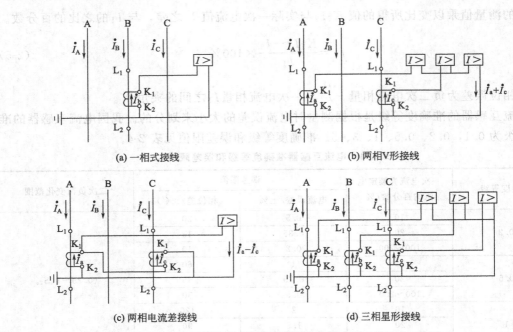

(a) 一相式接线　　　　　　　　　　　　　(b) 两相V形接线

(c) 两相电流差接线　　　　　　　　　　　(d) 三相星形接线

图 2-25　电流互感器的接线方式

所 6～10kV 馈线回路中，测量和监视三相系统的运行情况。

　　如图 2-25（c）所示为两相电流差接线。一般用于保护回路中。

　　如图 2-25（d）所示为三相星形接线。该方案是把电流互感器连接成星形，可用于测量可能出现三相不对称的电路电流，以监视三相电路的运行情况。

　　（5）电流互感器的类型和型号

　　电流互感器的类型很多，按安装地点来分有户内式和户外式。按一次绕组的匝数分有单匝式和多匝式。按一次电压分有高压和低压两大类。按作用来分有测量用和保护用两大类，两者准确度等级不同：标准仪表为 0.2 级，计量仪表为 0.5 级，一般测量为 1～5 级；保护用的电流互感器为 5P 和 10P 两级。按安装的方式有穿墙式、支持式和装入式。按绝缘来分有干式、浇注式和油浸式。

　　电流互感器的型号及含义如图 2-26 所示。

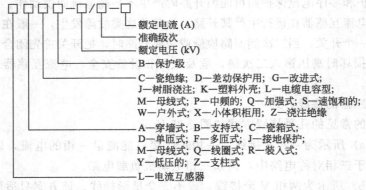

额定电流 (A)
准确级次
额定电压 (kV)
B—保护级
C—瓷绝缘；D—差动保护用；G—改进式；
J—树脂浇注；K—塑料外壳；L—电缆电容型；
M—母线式；P—中频的；Q—加强式；S—速饱和的；
W—户外式；X—小体积柜用；Z—浇注绝缘
A—穿墙式；B—支持式；C—瓷箱式；
D—单匝式；F—多匝式；J—接地保护；
M—母线式；Q—线圈式；R—装入式；
Y—低压的；Z—支柱式
L—电流互感器

图 2-26　电流互感器的型号及含义

例如：LQ-0.5/0.5-100，表示线圈式、电压为 0.5kV、准确度等级为 0.5 级、一次额定电流为 100A 的电流互感器。

七、母线、导线与电缆

1. 母线

（1）母线的用途和类别

母线也称汇流排，是汇集和分配电流的裸导体。通常是指发电机、变压器和配电装置等大电流回路的导体，也泛指用于各种电气设备连接的导线。

母线可分为软母线和硬母线两种。软母线一般采用钢芯铝绞线、用悬式绝缘子将其两端拉紧固定，软母线在拉紧时存在适当的弛度，工作时会产生横向摆动，故软母线的线间距离要大，常用于户外配电装置；硬母线采用矩形、槽形或管形截面的导体，用支柱绝缘子固定，多数只作横向约束，而沿纵向则可以伸缩，主要承受弯曲和剪切应力，硬母线的相间距离小，广泛用于户内、外配电装置。

母线的材料有铜、铝和钢 3 种。铜的电阻率很低、机械强度高、防腐性能好，便于连接，是优良的导电材料，但我国的产量低、价格较贵，故常用于重要的、大电流或腐蚀性场所的母线装置中。铝的导电率仅次于铜，且质轻、价廉、产量高，总的来说用铝母线比用铜母线经济。因此，目前常用于户内、外的配电装置中。

（2）母线的截面和排列

母线截面形状有矩形、圆形、管形、槽形等。选择母线形状时应力求使集肤效应系数小、散热好、机械强度高和安装简便。容量不大的工厂变电所多采用矩形截面的母线。

母线的排列方式应考虑散热条件好、且短路电流通过时具有一定的热、动稳定性。常用的排列方式有水平布置和垂直布置两种。

另外，母线表面涂漆可以增加热辐射能力，而且有利于散热和防腐。因此，电力系统统一规定：交流母线 A、B、C 三相按黄、绿、红标示，接地的中性线用紫色，不接地的中性线用蓝色，这样可十分方便地识别各相的母线。

2. 架空导线

架空导线是构成工厂供配电网络的主要元件，在户外配置中也常采用架空导线作母线，又称为软母线，如图 2-27 所示。

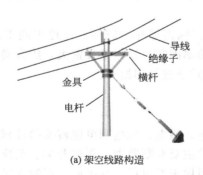

(a) 架空线路构造　　　　　　　　(b) 架空导线

图 2-27　架空导线

通常架空导线选用裸导线，按其结构不同可分为单股线和多股绞线。绞线又有铜绞线、铝绞线和钢芯铝绞线之分。在工厂中最常用的是铝绞线；在机械强度要求较高的 35kV 及以上架空线路多采用钢芯铝绞线。

高压架空线路，一般采用铝绞线，当挡距较大、电杆较高时，宜采用钢芯铝绞线。沿海地区及有腐蚀性介质的场所，可采用铜绞线或防腐铝绞线。低压架空线路，一般采用铝绞线。

3. 电力电缆

电力电缆的基本结构主要由线芯、绝缘层、屏蔽层和保护层 4 部分组成，如图 2-28 所示。其中线芯一般由多股铜线铝线绞合而成，以便于弯曲，线芯截面形状可为圆形、半圆形和扇形。绝缘层用于将线芯之间及线芯与大地之间良好地绝缘。屏蔽层是消除导体表面的不光滑所引起的导体表面电场强度的增加，使绝缘层和电缆导体有较好的接触。保护层用来保护绝缘层，使其密封并具有一定的强度，以承受电缆在运输和敷设时所受的机械力，也可防止潮气侵入。

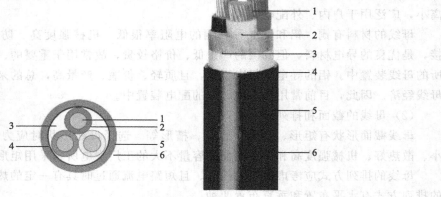

图 2-28　三芯电力电缆的结构

1—导体；2—绝缘层；3—填料；4—绕包带；5—护套；6—表面标志

高压电缆线路，在一般环境和场所，可采用铝芯电缆；在振动剧烈、有爆炸危险、高温及对铝有腐蚀的特殊场所，常采用铜芯电缆。埋地敷设的电缆，应采用有外保护层的铠装电缆；但在无机械损伤可能的场所，采用钢丝铠装电缆即可。敷设在电缆沟、桥架或穿管的电缆，一般采用裸铠装电缆或塑料护套电缆。

低压电缆线路一般采用铝芯电缆，特别重要的或有特殊要求的线路可采用铜芯电缆。低压 TN 系统中应采用四芯或五芯电缆。

电缆的主要优点是供电可靠性高，不受雷击、风害等外力破坏；可埋于地下或电缆沟内，使环境整齐美观；线路电抗小，可提高电网功率因数。缺点是投资大，约为同级电压架空线路投资的 10 倍；而且电缆线路一旦发生事故难于查寻和检修。

八、高压开关柜

高压开关柜的主要作用是在电力系统进行发电、输电、配电和电能转换的过程中，进行开合、控制和保护用电设备。高压开关柜内的部件主要有断路器、隔离开关、负荷开关、操作机构、互感器以及各种保护装置等组成。主要适用于发电厂、变电站、石油化工、冶金轧钢、轻工纺织、厂矿企业和住宅小区、高层建筑等各种不同场合。

1. 高压开关柜的分类

（1）按断路器安装方式分类

分为移开式（手车式）和固定式两类。

① 移开式或手车式（用 Y 表示）：表示柜内的主要电气元件（如断路器）是安装在可抽出手车上的，由于手车柜有很好的互换性，因此可以大大提高供电的可靠性，常用的手车类型有：隔离手车、计量手车、断路器手车、PT 手车、电容器手车和所用变手车等，如 KYN28A-12。

② 固定式（用 G 表示）：表示柜内所有的电器元件（如断路器或负荷开关等）均为固定式安装的，固定式开关柜较为简单经济，如 XGN2-10、GG-1A 等。

（2）按柜体结构分类

可分为金属封闭铠装式开关柜、金属封闭间隔式开关柜、金属封闭箱式开关柜和敞开式开关柜四大类。

① 金属封闭铠装式开关柜（用字母 K），主要组成部件（如断路器、互感器、母线等）分别装在接地的用金属隔板隔开的隔室中的金属封闭开关设备。如 KYN28A-12 型高压开关柜。

② 金属封闭间隔式开关柜（用字母 J 来表示）与铠装式金属封闭开关设备相似，其主要电气元件也分别装于单独的隔室内，但具有一个或多个符合一定防护等级的非金属隔板，如 JYN2-12 型高压开关柜。

③ 金属封闭箱式开关柜（用字母 X 来表示）开关柜外壳为金属封闭式的开关设备，如 XGN2-12 型高压开关柜。

④ 敞开式开关柜，无保护等级要求，外壳有部分是敞开的开关设备，如 GG-1A（F）型高压开关柜。

2. 高压开关柜结构

（1）固定式高压开关柜

XGN 系列为固定式高压开关柜，其断路器固定安装在柜内。以 XGN2-12 型为例，如图 2-29 所示，该高压开关柜的柜体为角钢或弯板焊接骨架结构，柜内分为断路器室、母线室

图 2-29　XGN2-12 型固定式金属封闭高压开关柜

和继电器室，室与室之间用钢板隔开。母线室位于柜体后上部，母线呈品字形排列；断路器室位于柜体下部，断路器操动机构装在柜体正面左边位置，其上方为隔离开关的操动及联锁机构。电缆室位于柜体的后下部；继电器室位于柜体的前上部；室内安装板可安装各种继电器等，室内有端子排支架，安装指示仪表、信号元件等二次元件，顶部还可布置二次小母

线。XGN2-12 型开关柜为双面维护，从前面可监视断路器和仪表，操作断路器和隔离开关，从后面可寻找电缆故障，检修维护电缆头等，其型号含义为：X——箱式开关设备；G——固定式；N——户内装置；2——设计序号；12——额定电压（kV）。

（2）手车式高压开关柜

手车式高压开关柜由固定的柜体和可移开的手车组成，柜体常分为母线室、断路器室、电缆室和继电器仪表室 4 个部分；手车有断路器手车、电压互感器避雷器手车、电容器手车、隔离开关手车。KYN28A-12 是国内目前比较常见的一种手车式高压开关柜，如图 2-30 所示。

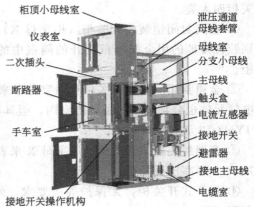

图 2-30 KYN28A-12 手车式高压开关柜

① 外壳和隔板。开关柜的外壳和隔板由优质钢板制成，具有很强的抗氧化、耐腐蚀功能，且刚度和机械强度比普通低碳钢板高。三个高压室的顶部都装有泄压装置。出现内部故障时，高压室内气压升高，由于柜门已可靠密封，高压气体将通过泄压装置泄压。隔板将断路器手车室和电缆室隔开，即使断路器手车移开（此时活门会自动关闭），也能防止操作者触及母线室和电缆室内的带电部分。卸下紧固螺栓就可移开水平隔板，便于电缆密封终端的安装。

② 断路器手车室。断路器手车装在有导轨的断路器手车室内，可在运行、试验/隔离两个不同位置之间移动。当手车从运行位置向试验/隔离位置移动时，活门会自动盖住静触头，手车反向运行则打开。手车能在开关柜门关闭的情况下操作，通过门上的观察窗可以看到手车的位置、手车上的 ON（断路器合闸）/OFF（断路器分闸）按钮、合分闸状态指示器和储能/释放状况指示器。

③ 母线室。母线从一个开关柜引至另一个开关柜，通过分支母线和套管固定。矩形的分支母线直接用螺栓连接到主母线上，不需任何连接夹。所有母线和分支母线都用热缩套管覆盖。套管板和套管将柜与柜之间的母线隔离起来，并有支撑作用。对电动应力大的开关柜，一般需要这种支持。

④ 电缆室。电流互感器和接地开关装在电缆室后部。电缆室内也可安装避雷器。当电缆室门打开后，有足够的空间供施工人员进入柜内安装电缆（最多可并接 6 根）。盖在电缆入口处的底板可采用非导磁的不锈钢板，是开缝的，可拆卸的，便于现场施工。底板中穿越一、二次电缆的变径密封圈开孔应与所装电缆相适应，以防小动物进入。

⑤ 继电器仪表室。开关柜的二次元件装在低压室内及门上。控制线线槽空间宽裕，并有盖板，左侧线槽用来引入和引出柜间连线，右侧线槽用来敷设开关柜内部连线。低压室侧板上有控制线穿越孔，以便控制电源的连接。

3. 高压开关柜五防要求

① 防止误分、合断路器。即只有操作撸令与操作设备对应才能对被操作设备操作。

② 防止带负荷分、合隔离开关。即断路器、负荷开关、接触器在合闸状态时不能操作隔离开关。

③ 防止带电挂（合）接地线（接地开关）。即只有在断路器分闸状态，才能挂接地线或合上接地开关。

④ 防止带接地线送电。即防止带接地线（接地开关）合断路器（隔离开关）。

⑤ 防止误入带电隔室。即只有隔室不带电时，才能开门进入隔室。

【技能训练】

技能训练一　认识高压一次设备

1. 实习目的

① 了解高压一次设备的基本结构、工作原理、使用方法。

② 了解高压开关柜的基本结构、主接线方案、主要设备及开关的操作方法。

2. 实习内容

① 到变配电所进行参观，通过对各种常用高压电器的认真观察和技术人员的讲解，进一步认识六氟化硫高压断路器、真空高压断路器、高压隔离开关、高压负荷开关、高压熔断器、等一次设备，深入了解它们的基本结构和工作原理及用途。

② 到开关厂进行工学结合教学环节，对高压开关柜进行认真的观察研究，进一步熟悉高压开关柜的结构组成原理，初步了解高压开关柜的主接线方案，观察高压开关柜内部的主要设备，了解其操作方法。

3. 注意事项

进行参观教学或工学结合教学环节时，一定要服从企业技术人员的调度和指挥，建立安全第一的理念，未经许可不得随便触摸任何电气设备，以防意外发生。

技能训练二　变配电所的送电与停电操作

1. 线路送电和停电的操作顺序

变配电所对线路送电时，其操作顺序是：拉开线路各端接地闸刀开关或拆除接地线，先合母线侧隔离开关或刀开关，再合线路侧隔离开关或刀开关，最后合高、低压断路器。

变配电所对线路停电时，其操作顺序是：拉开线路两端的开关，拉开线路侧闸刀开关，拉开母线侧闸刀开关，在线路上可能来电的各端合上接地闸刀或挂接地线。

2. 送电与停电操作的注意事项

① 切勿空载时让末端电压升高至允许值以上。

② 投入或切除线路时，勿使电网电压产生过大波动。

③ 勿使发电机在无负荷情况下投入空载线路而产生自励磁。

3. 变配电所主变压器停送电的操作顺序规定

变配电所中的主变停送电操作顺序是：停电时，一般从负荷侧的开关拉起，依次拉到电源侧的开关，而且一定要按照先拉高、低压断路器，再拉线路侧隔离开关，最后拉母线侧隔离开关或刀开关的顺序；送电时，则要按照先送电源侧，后送负荷侧的逆过程操作。这种操作顺序规定是因为以下原因。

① 从电源侧逐级向负荷侧送电时，如有故障，便于确定故障范围，及时做出判断和处理，以免故障扩大。

② 多电源情况下，若先停负荷，则可以防止变压器反充电；如果先停电源侧，遇有故障可能会造成保护装置的误操作或拒动，延长故障切除时间，并可能扩大故障范围。

③ 当负荷侧母线电压互感器带有低周减荷装置，而未装电流闭锁时，一旦先停电源侧开关，由于大型同步电动机的反馈，可能使低周减荷装置产生误动作。

【思考与练习】

一、问答题

1. 高压熔断器在电网线路中起何保护作用？

2. 高压隔离开关在电力线路中起何作用？高压负荷开关与高压隔离开关有何不同？

3. 高压开关电器中熄灭电弧的基本方法有哪些？

4. 目前我国经常使用的高压断路器根据灭弧介质的不同分有哪些类型？其中高压真空断路器和六氟化硫断路器具有哪些特点？

5. 电压互感器和电流互感器在高压电网线路中的作用各是什么？在使用时它们各应注意哪些事项？

二、填空题

1. 真空断路器由_____、_____、_____、_____等部分组成。

2. 真空灭弧室由_____触头，_____杆，_____管，_____罩，玻壳等组成。

3. 按照断路器的灭弧介质分为四类，即_____、_____、_____和_____。

4. 真空断路器的触头是在_____中开断，利用_____作为绝缘介质和灭弧介质。

5. 六氟化硫断路器是以六氟化硫气体作为_____或兼作_____。

6. 隔离开关主要用来使电气回路间有一个明显的_____，以便在检修设备和线路停电时，隔离电源、保证安全。

7. 限制断路器操作过电压最可靠、有效的方法是在断路器装设_____。

8. 在六氟化硫断路器投入运行后，不仅应检查、记录六氟化硫气体的_____和_____，而且要注意检查当时的_____和_____。

9. LW8-35 型六氟化硫断路器的额定电压为_____ kV。

10. 隔离开关手动操作时，应先拔出_____。

三、选择题

1. 断路器之所以能灭弧，主要是因为它具有（　　）。

A. 灭弧室　　　　B. 绝缘油　　　　C. 快速机构　　　　D. 并联电容器

2. 纯净的 SF_6 气体是（　　）的。

A. 无毒　　　　B. 有毒　　　　C. 中性　　　　D. 有益

3. 真空断路器的触头常采用（　　）触头。

A. 桥式　　　　B. 指式　　　　C. 对接式　　　　D. 插入式

4. 线路停电作业时，在断路器和隔离开关操作手柄上悬挂（　　）。

A. 在此工作　　　B. 止步高压危险　C. 禁止合闸线路有人工作　D. 运行中

5. 10kV 断路器存在严重缺陷影响断路器继续安全运行时，应进行（　　　）。

A. 继续进行　　　B. 加强监视　　　C. 临时性检修　　　D. 不考虑

四、判断题

1. 断路器在分闸时，应有明显的断开点。（　　　）

2. 隔离开关有隔离电源，保证安全；倒闸操作中切换电路，接通或切断小电流电路的作用。（　　　）

3. 断路器和隔离开关都有专门的灭弧装置，都能接通、切断负荷电流，切断故障电流。（　　　）

4. 断路器在新设备或大修后，其巡视周期相应缩短，48h 后，转入正常巡视。（　　　）

5. 六氟化硫断路器具有断口耐压高，开断能力强，使用寿命长，没有燃烧危险且不会产生温室效应等优点。（　　　）

6. 在拉开刀闸时，应先慢后快，合刀闸时，应先快后慢。（　　　）

7. 断路器指示红灯亮，表示断路器在分闸位置，绿灯亮表示断路器在合作位置。（　　　）

8. 一般情况下，凡是能够就地手动操作的断路器，不应电动操作，达到节约用电的目的。（　　　）

9. 断路器和隔离开关必须配合使用。（　　　）

任务三　低压配电屏的运行与维护

【任务概述】

低压配电屏是按一定的线路方案将低压一、二次电气设备组装而成的一种低压成套配电装置。在低压配电系统中用来控制受电、馈电、照明、电动机及补偿功率因素。本次任务主要是了解常用低压配电屏的内部结构，熟悉它的运行维护注意事项和巡视检查项目，学会对低压配电屏中的各种低压开关设备进行巡视和检查维护。

【知识准备】

一、低压断路器

低压断路器具有完善的触点系统、灭弧系统、传动系统、自动控制系统以及紧凑牢固的整体结构。其部分产品实物图如图 2-31 所示。

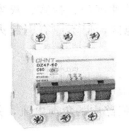

图 2-31　低压断路器部分产品实物图

当线路上出现短路故障时，低压断路器的过电流脱扣器动作，断路器跳闸；当出现过负荷时，因电阻丝产生的热量过高而使双金属片弯曲，热脱扣器动作，断路器跳闸；当线路电压严重下降或失电压时，其失电压脱扣器动作，断路器跳闸；如果按下脱扣按钮，则可使断路器远距离跳闸。

低压断路器按使用类别可分为选择型和非选择型两类。非选择型断路器一般为瞬时动作，只作短路保护，也有长延时动作，只作过负荷保护。选择型断路器有两段式保护、三段式保护和智能化保护。两段式保护为瞬时-长延时特性或短延时-长延时特性；三段式为瞬时-短延时-长延时特性；智能化保护，其脱扣器为微处理器或单片机控制，保护功能更多，选择性更好。

常见的低压断路器系列有 DZ10、DZ20、DW10 等。

DZ10 系列塑壳断路器适用于交流 50Hz、380V 或直流 220V 及以下的配电线路中，用来分配电能和保护线路及电源设备的过载、欠电压和短路，以及在正常工作条件下不频繁分断和接通线路之用。

DZ20 系列塑料外壳式断路器适用于交流 50Hz，额定绝缘电压 660V，额定工作电压 380V（400V）及以下，其额定电流至 1250A。一般作为配电用，额定电流 200A 和 400A 型的断路器亦可作为保护电动机用。在正常情况下，断路器可分别作为线路不频繁转换及电动机的不频繁启动之用。

DW10 系列万能式断路器适用于交流 50Hz、交流电压至 380V、直流电压至 440V 的电气线路中，作过载、短路、失压保护以及正常条件下的不频繁转换之用。当三极断路器在直流电路中串联使用时，电压允许提高至 440V。

二、低压隔离开关

低压隔离开关用于额定电压为 0.5kV 电力系统中，作为有电压无负载的情况下接通或隔离电源之用。其产品实物图如图 2-32 所示。

图 2-32　低压隔离开关部分产品实物图

图 2-32 中所示的低压隔离开关均采用绝缘钩棒进行操作。其正常作用条件为：海拔高度不超过 1000m 的空气温度上限为 +40℃，下限为 -30℃，高寒地区为 -40℃；风压不超过 700Pa；地震强度不超过 8 级；无频繁剧烈震动的场所；普通型低压隔离开关安装场所应无严重影响隔离开关绝缘和导电能力的气体、蒸气、化学性沉积、盐雾、灰尘及其他爆炸性、侵蚀性物质等。防污型低压隔离开关适用于重污秽地区，但不应有引起火灾及爆炸的物质。

三、低压负荷开关

低压负荷开关：其主要功能能是能够有效地通断低压线路中的负荷电流，并对其进行短路保护。低压负荷开关的产品外形图如图 2-33 所示。

四、低压熔断器

低压熔断器主要用于实现低压配电系统的短路保护，有的低压熔断器也能实现过载保

(a) hh3系列封闭式负荷开关

(b) hh4系列铁壳式负荷开关

(c) hk4系列开启式负荷开关

图 2-33　低压负荷开关的产品外形图

护。如图 2-34 所示为低压熔断器的产品实物图。

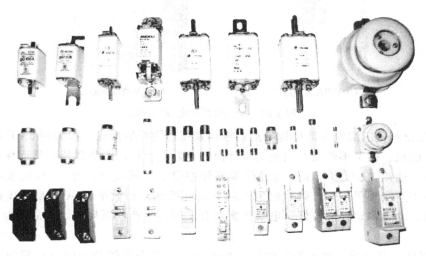

图 2-34　低压熔断器产品实物图

RT0 型有填料管式熔断器是我国统一设计的一种有"限流"作用的低压熔断器，广泛应用于要求断流能力较高的场合。RT0 型有填料管式熔断器由瓷熔管、栅状铜熔体和触点底座等几部分组成。瓷熔管内填有石英砂。此种熔断器灭弧、断流能力都很强，熔断器熔断后，红色熔断指示器立即弹出，以便于检查。

RM10 型密闭管式低压熔断器由纤维管、变截面锌熔片和触点底座等部分组成，短路时，变截面锌熔片熔断；过负荷时，由于电流加热时间长，熔片窄部散热较好，往往不在窄部熔断，而在宽窄之间的斜部熔断。因此，可根据熔片熔断部位，大致判断故障电流的性质。

五、低压成套配电装置

低压成套配电装置是指电压为 1000V 及其以下的户内成套配电装置，低压配电装置有固定式低压配电屏和抽屉式低压开关柜两种。

1. 固定式低压配电屏

常用的固定式低压配电屏有 GGD 和 PGL 两种。

GGD 型低压配电屏适用于交流频率 50Hz、额定工作电压为 380V、额定工作电流至 3150A 的发电厂、变电站、工矿企业等配电系统。

低压配电屏作为电力用户的动力、照明及配电设备的电能转换，分配与控制之用。GGD 型低压配电屏具有分断能力高，动态稳定性好，结构新颖、合理，电气设备配置方案切合实际，系列性、适用性强，防护等级高等优点。其实物外形如图 2-35（a）所示。

（a）GGD 型低压配电屏　　　　　　　　　（b）PGL 型低压配电屏

图 2-35　常见低压配电屏实物图

　　GGD 型交流低压配电屏的结构特点：柜体采用通用柜的形式，构架用 8MF 冷弯型钢局部焊接组装而成。构架零件及专用配套零件由型钢定点生产厂配套供货，从而保证了柜体的精度和质量。通用 GGD 型低压配电屏的零部件按模块原理设计，有 20 模安装孔，通用系数高，可使工厂实现予生产，既缩短生产周期又可提高工作效率。GGD 型低压配电屏的分断能力较强、动力稳定性能较好，电气方案切合实际，生产成系列化，通常作为更新换代的产品使用。

　　PGL 型低压配电屏一般作为发电厂，变电站，工矿企业的动力配电及照明供电设备使用，适用于交流 50Hz、额定工作电压不超过 380V，额定工作电流 1600A 及以下的低压配电系统中。其实物外形如图 2-35（b）所示。

　　PGL 系列低压配电屏的基本结构用角钢和薄钢板焊接而成，屏面上方仪表板，为开启式的小门，可装设指示仪表，屏面中部设有闸刀开关的操作手柄，屏面下部为两扇向外开启的门，内有继电器和二次端子排。母线布置在屏顶，闸刀开关、熔断器、低压断路器和电流装在屏后，后上部装有电度表。

　　固定式低压配电屏结构简单，价格便宜，并可从双面进行维护，检修方便。

　　2. 抽出式低压配电柜

　　抽出式低压配电柜为封闭式结构，具有密封性好，高可靠性的优点。由薄钢板和角钢焊接而成，主要低压设备均装在抽屉内或手车上，回路故障时，可立即换上备用抽屉或手车，迅速恢复供电，既提高了供电可靠性，又便于对故障设备进行检修。目前常用的国内抽出式低压配电柜有 GCS、GCK 和 MNS 型等几种，如图 2-36 所示。

六、组合式成套变电所

　　组合式成套变电所又称箱式变电所，各个单元都由生产厂家成套供应、现场组合安装而成。这种成套变电所不必建造变压器室和高低压配电室等，从而减少大量的土建投资，而且便于深入负荷中心，简化供配电系统。

　　组合式成套变电所分户内式和户外式两大类。户内式目前主要用于高层建筑和民用建筑群的供电；户外式则一般用于工矿企业、公共建筑和住宅小区供电。如图 2-37 所示为组合

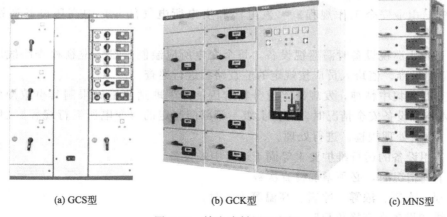

(a) GCS型　　　　　　(b) GCK型　　　　　　(c) MNS型

图 2-36　抽出式低压配电柜

式成套变电所的实景图。

　　如图 2-37（a）所示为某城市一个区域中心的户内组合式成套变电所，这种变电所的进线方式一般采用电缆进线。高压设备一般为负荷开关熔断器组合环网开关柜，这些开关设备均具有全面的防误操作连锁功能。低压成套设备设计有配电、动力、照明、计量、无功补偿等功能。户内为满足防火要求，均采用干式变压器。组合式成套变电所虽然投资大，但可靠性高，运行维护方便，安装工作量小，自动化程度高，基本上可实现无人值守，因此被广泛使用。

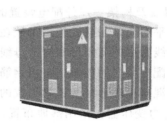

(a) 户内组合式成套变电所　　　　　　(b) 户外组合式成套变电所

图 2-37　组合式成套变电所实景图

　　如图 2-37（b）所示为国内预装箱式户外组合成套变电站，高度一般为 2.2m。箱式成套变电站各制造厂根据用户的使用环境和地形特征，可以组成为各种不同的箱体形状，其外形设计通常与外界环境相协调，可成为景色点缀。箱体的颜色也可与外界环境相协调，如安装在街心花园或花丛中的箱式成套变电所，箱体可配以绿色；安装在路边或建筑群中的箱式成套变电所，可与周围建筑相协调。箱体的材料可以选用金属（如普通钢板、热镀锌钢板、铝合金板及夹层彩色钢板），金属材料的箱体经过防腐处理。箱体材料也可选用非金属（如玻璃纤维增加塑料板、复合玻璃钢板预制成型板、水泥预制成型板以及特种玻璃纤维增强水泥预制板等），非金属材料箱体能耐老化、阻燃，且有防止产生危险静电荷措施。

【技能训练】

变配电所值班人员对电气设备的巡查

　　值班人员当值期间，应按规定的巡视路线、时间对全所的电气设备进行认真的巡视检查。在巡视检查时，应遵循下列原则和规定。

1. 遵守《电业安全工作规程》（发电厂和变电所电气部分）中高压设备巡视的有关规定。

2. 为了防止巡视设备时漏巡视设备，每个变电所应绘制出设备巡视检查路线图，并报上级主管部门批准。值班人员应按规定的巡查路线进行巡查。

3. 巡查时要集中精神，发现缺陷应分析起因，并采取适当措施限制其事故漫延，遇有严重威胁人身和设备安全情况时，应按上级主管部门制定的《变电所运行规程》《倒闸操作规程》及《事故处理规程》进行处理。

4. 对备用设备的运行维护要求等同于运行中的设备。

5. 有下列情况时，必须增加检查次数。

① 雷雨、大风、浓雾、冰雪、高温等天气时。

② 出线和设备在高峰负荷时。

③ 设备产生一般缺陷又不能消除，需要不断监视时。

④ 新投入或修试后的设备。

在进行户内配电装置巡查时，除按上述规定外，还应满足下列要求。

① 高压设备发生接地时，不得靠近故障点 4m 以内，进入上述范围必须穿绝缘靴；接触设备的外壳时，必须戴绝缘手套。

② 进出高压室，必须随手将门关上。

③ 高压室钥匙至少应有 3 把，其中 1 把按值移交。

户外配电装置是将所有电气设备和母线都装设在露天的基础、支架或构架上。

① 母线及构架：户外配电装置的母线有硬母线和软母线两种。软母线多为钢芯铝铰线，三相呈水平布置，用悬式绝缘子挂在母线构架上。采用软母线时，相间及对地距离要适当增加。硬母线常用的有矩形和管形母线，固定于支柱绝缘子上。采用硬母线可节省占地面积。

户外配电装置的构架，可由钢筋混凝土制成。目前，我国在各类配电装置中推广应用一种以钢筋混凝土环形杆和钢梁组成的构架。

② 电力变压器：采用落地布置，安装在双梁形钢筋混凝土基础上，轨道中心距等于变压器的滚轮中心距。当变压器油重超过 1000kg 以上时，按照防火要求，在设备下面应设置储油池或周围设挡油墙，其尺寸应比设备的外廓大 1m，并应在池内铺设厚度不小于 0.25m 的卵石层。主变压器与建筑物的距离，不应小于 1.25m。

③ 断路器：断路器安装在高 0.5～1m 的混凝土基础上，其周围应设置围栏。断路器的操动机构必须装在相应的基础上。

④ 隔离开关和互感器：这几种设备均采用高式布置，高度要求与断路器相同。

⑤ 避雷器：一般 110kV 以上的避雷器多采用落地式布置，即安装在 0.4m 高的基础上，四周加围栏。磁吹避雷器及 35kV 的阀型避雷器的体形矮小，稳定性好，一般可采用高位布置。

⑥ 电缆沟：其结构与户内配套电气设备的装置相同。

⑦ 道路：根据运输设备和消防及运行人员巡查电气设备的需要，在配电装置的范围内铺有道路。电缆沟盖板可作为巡视小道。

对户外配电装置进行巡视时需注意以下事项。

① 遇有雷雨时，如要外出进行检查，必须穿绝缘靴，并不得靠近避雷针和避雷器。

② 高压设备发生接地故障时，不得靠近故障点 8m 以内，进入上述范围必须穿绝缘靴；接触设备的外壳时，应戴绝缘手套。

【思考与练习】

一、问答题

1. 低简述低压断路器的结构，它有哪些作用？

2. 低压配电屏有哪几种？各有什么特点？

3. 交流接触器的结构和作用是什么？

二、判断题

1. 当负载电流达到熔断器熔体的额定电流时，熔体将立即熔断，从而起到过载保护的作用。（　　）

2. 低压配电装置应装设短路保护、过负荷保护和接地故障保护。（　　）

3. 熔断器的熔断电流即其额定电流。（　　）

4. 低压刀开关的主要作用是检修时实现电气设备与电源的隔离。（　　）

5. 刀开关与断路器串联安装的线路中，送电时应先合上负荷侧刀开关，再合通电源侧刀开关，最后接通断路器。（　　）

6. 低压断路器的瞬时动作电磁式过电流脱扣器和热脱扣器都是起短路保护作用的。（　　）

7. 断路器的分励脱扣器和失电压脱扣器都能对断路器进行远距离分闸，因此它俩的作用是完全相同的。（　　）

8. 交流接触器的静铁芯端部装有短路环，它的作用是防止铁芯吸合时产生振动噪声，保证吸持良好。（　　）

9. 熔断器更换熔体管时应停电操作，严禁带负荷更换熔体。（　　）

10. 交流接触器在正常条件下可以用来实现远距离控制电动机的启动与停止，但是不能频繁地接通。（　　）

11. DZ 型自动开关中的电磁脱扣器起过载保护使用；热脱扣器起短路保护作用。（　　）

12. 交流接触器的主要结构包括电磁系统、触头系统、和灭弧装置三大部分。（　　）

13. 交流接触器的交流吸引线圈不得连接直流电源。（　　）

14. 刀开关与低压断路器串联安装的线路，应当由低压断路器接通、断开负载。（　　）

15. 装置式低压断路器有塑料外壳，也叫做塑料外壳式低压断路器。（　　）

16. 在正确的安装和使用条件下，熔体为 30A 的熔断器，当负荷电流达到 30A 时，熔体在 2h 内熔断。（　　）

17. 带有失压脱扣器的低压断路器，失压线圈断开后，断路器不能合闸。（　　）

18. 刀开关是靠拉长电弧而使之熄灭的。（　　）

19. 大容量低压断路器的主触头的导电触头和弧触头是串联连接的。（　　）

20. 吸引线圈 380V 交流接触器，一般不另装失压保护元件。（　　）

三、选择题

1. 选用交流接触器应全面考虑（　　）的要求。

A. 额定电流、额定电压、吸引线圈电压、辅助接点数量

B. 额定电流、额定电压、吸引线圈电压

C. 额定电流、额定电压、辅助接点数量

D. 额定电压、吸引线圈电压、辅助接点数量

2. 低压断路器的开断电流应（　　　）短路电流。

A. 大于安装地点的最小　　　　　　B. 小于安装地点的最小

C. 大于安装地点的最大　　　　　　D. 小于安装地点的最大

3. 刀开关正确的安装方位在合闸后操作手柄向（　　　）。

A. 上　　　　　　　B. 下　　　　　　　C. 左　　　　　　　D. 右

4. 低压断路器的热脱扣器的作用是（　　　）。

A. 短路保护　　　　　B. 过载保护　　　　　C. 漏电保护　　　　　D. 缺相保护

5. 刀开关与断路器串联安装使用时，拉闸顺序是（　　　）。

A. 先断开刀开关后断开断路器　　　　　B. 先断开断路器后断开刀开关

C. 同时断开断路器和刀开关　　　　　　D. 无先后顺序要求

6. 行程开关属于（　　　）电器。

A. 主令　　　　　　　B. 开关　　　　　　　C. 保护　　　　　　　D. 控制

7. 低压熔断器主要用于（　　　）保护。

A. 防雷　　　　　　　B. 过电压　　　　　　C. 欠电压　　　　　　D. 路

8. 接触器的通断能力应当是（　　　）。

A. 能切断和通过短路电流

B. 不能切断和通过短路电流

C. 不能切断短路电流，能通过短路电流

D. 能切断短路电流，不能通过短路电流

9. 对于频繁启动的异步电动机，应当选用的控制电器是（　　　）。

A. 铁壳开关　　　　　B. 低压断路器　　　　　C. 接触器　　　　　D. 转换开关

10. 低压熔断器主要用于（　　　）保护。

A. 防雷　　　　　　　B. 过电压　　　　　　C. 欠电压　　　　　　D. 短路

项目三 电气主接线的运行分析

任务 电气主接线的运行分析

【任务概述】

电气主接线是工厂供配电系统的重要组成部分，电气主接线表明供配电系统中电力变压器、各电压等级的线路、无功补偿设备以最优化的接线方式与电力系统的连接，同时也表明各种电气设备之间的连接方式。电气主接线的形式，影响着企业内部配电装置的布置、供电的可靠性、运行灵活性和二次接线、继电保护等问题，对变配电所以及电力系统的安全、可靠、优质和经济运行指标起着决定性作用。同时，电气主接线也是电气运行人员进行各种操作和事故处理的重要依据，只有了解、熟悉和掌握变配电所的电气主接线，才能进一步了解线路中各种设备的用途、性能及维护检查项目和运行操作的步骤等。本次任务是在熟悉变配电所几种典型电气主接线方案的基础上，分析电气主接线的运行方式及其优缺点；熟悉各种电气一次设备在电气主接线中的作用和正常运行时的状态；学会编制电气一次系统的运行方案。

【知识准备】

工厂供配电系统是指接受发电厂电源输入的电能，并进行检测、计量、变压等，然后向工厂及其用电设备分配电能的系统。工厂供配电系统通常包括厂内变配电所、所有高低压供配电线路及用电设备。为实现对用户的输电、受电、变电和配电功能，在工厂变配电所中，必须把各种高、低压电气设备按一定的接线方案连接起来，组成一个完整的供配电系统。工厂供配电系统中直接参与电能的输送与分配，由母线、开关、配电线路、变压器等组成的接线称为电气主接线。

一、变配电所对电气主接线的基本要求

1. 可靠性要求

电气主接线的可靠性是接线方式和一次、二次设备可靠性的综合。在电气主接线设计时通常采用定性分析来比较各种接线的可靠性，一般比较以下几项。

① 断路器停电检修时，对供电的影响程度。

② 进线或出线回路故障，断路器拒动时，停电范围和停电时间。

③ 母线故障或母线检修时，停电范围和停电时间。

④ 母线联络断路器故障的停电范围和停电时间。

2. 灵活性要求

电气主接线的灵活性主要体现在正常运行或故障情况下都能迅速改变接线方式，具体情况如下。

① 满足调度正常操作灵活的要求，调度员根据系统正常运行的需要，能方便、灵活地切除或投入线路、变压器或无功补偿，使供配电系处于最经济、最安全的运行状态。

② 满足输电线路、变压器、开关设备停电检修或设备更换方便灵活的要求。

③ 满足接线过渡的灵活性。一般变电站都是分期建设，从初期接线到最终接线的形成，中间要经过多次扩建。电气主接线设计时要考虑接线过渡过程中停电范围最少，停电时间最短，一次、二次设备接线的改动最少，设备的搬迁最少或不进行设备搬迁。

④ 满足处理事故的灵活性。变电站内部或系统发生故障后，能迅速地隔离故障部分，保障电网的安全稳定。

3. 经济性要求

经济性是在满足接线可靠性、灵活性要求的前提下，尽可能地减少与接线方式有关的投资。

① 采用简单的接线方式，少用设备，节省设备上的投资。在投产初期回路数较少时，更有条件采用设备用量较少的简化接线。

② 在设备型式和额定参数的选择上，要结合工程情况恰到好处，避免以大代小、以高代低。

③ 在选择接线方式时，要考虑到设备布置的占地面积大小，要力求减少占地面积，节省配电装置征地的费用。

工厂供配电系统电气主接线的可靠性、灵活性和经济性是一个综合的概念，不能单独强调其中的某一种特性，也不能忽略其中的任一种特性。

二、变配电所对电气主接线的选择原则及主要配置

1. 变电所电气主接线选择的主要原则

① 变电所电气主接线要与变电所在系统中的地位、作用相适应。即根据变电所在系统中的地位、作用确定对主接线的可靠性、灵活性和经济性的要求。

② 变电所电气主接线的选择应考虑电网安全稳定运行的要求，还应满足电网出现故障应急处理的要求。

③ 各种配电装置接线的选择，要考虑该配电装置所在的变电所性质、电压等级、进出线回路数、采用的设备情况、供电负荷的重要性和本地区的运行习惯等因素。

④ 近期接线与远景接线相结合，方便接线的过渡。

⑤ 在确定变电所电气主接线时要进行技术经济比较。

2. 电气主接线中的主要设备配置

① 隔离开关的配置：原则上，各种接线方式的断路器两侧应配置隔离开关，作为断路器检修时的隔离电源设备；各种接线的送电线路侧也应配置隔离开关，作为线路停电时隔离电源之用。此外，多角形接线中的进出线、接在母线上的避雷器和电压互感器也要配置隔离开关。

② 接地开关和接地器的配置：为保障电气设备、母线、线路停电检修时对人身和设备的安全，在电气主接线设计中要配置足够数量的接地开关或接地器。

③ 避雷器、阻波器、耦合电容器的配置：为保持电气主接线设计的完整性，按常规要在电气主接线图上标明避雷器的配置。在 6～10kV 配电装置的母线和架空线进线处一般都要装设避雷器。各级电压配电装置的阻波器、耦合电容均要根据系统通信的要求配置。

④ 电流、电压互感器的配置：首先应使变电所内各主保护的保护区与后备保护的保护之间互相覆盖，以消除保护死区。小接地短路电流系统一般按两相式配置电流互感器，

220kV 变电所的 10kV 出线、所用变压器和无功补偿设备通常要在主变压器回路配置两组电流互感器。电压互感器的配置方案，与电气主接线有关，采用双母线接线时通常要在每段母线上装设公用的三相电压互感器，为线路保护、变压器保护、母差保护、测量表计、同期提供母线二次电压。

三、电气主接线的有关基本概念

高压配电所担负着从电力系统受电并向各车间变电所及某些高压用电设备配电的任务。如图 3-1 所示的配电所电气主接线方案具有一定的代表性。下面依其电源进线、母线出线的顺序，对该配电所的各部分做一简要介绍。

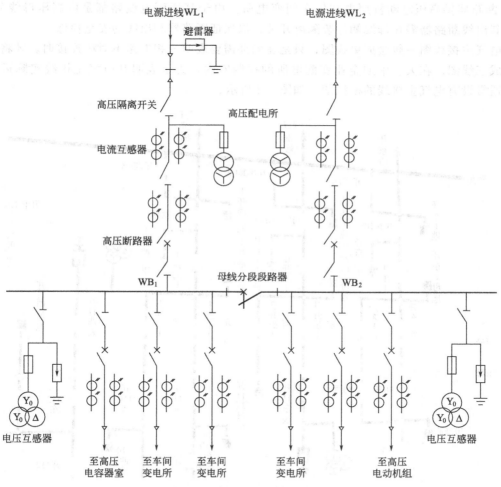

图 3-1　大型企业高压配电所电气主接线示意图

① 电源进线：如图 3-1 所示配电所共有两路 10kV 电源进线：一路是架空线 WL1；另一路是电缆线 WL2。最常见的进线方案是一路电源来自发电厂或电力系统变电站，作为正常工作电源，另一路取自邻近单位的高压联络线，作为备用电源，也可两路电源同时供电。

② 母线：图 3-1 中的粗实线称为母线，是配电装置中用来汇集和分配电能的导体。因为该配电所只采用一路电源工作，一路电源备用，因此母线分段开关通常是闭合的，高压并联电容器对整个配电所进行无功补偿。一旦工作电源发生故障或母线检修时，可切除该路进

线后，投入备用电源即可恢复对整个配电所的供电。如果装设备用电源自动投切装置，则供电可靠性将进一步提高，但这时进线断路器的操作机构必须是电磁式或弹簧式。

③ 检测、保护设置：为了测量、监视、保护和控制主电路设备的工作情况，每段母线上都接有电压互感器，进线和出线上都接有电流互感器，且电流互感器均有 2 个二次绕组，其中一个接测量仪表，另一个接继电保护装置。为了防止雷电过电压侵入高压配电所时击毁其中的电气设备，各段母线上都装设了避雷器。避雷器和电压互感器同装设在一个高压柜内，且共用一组高压隔离开关。

④ 高压配电进出线：此高压配电所共有 6 路高压配电出线，分别由左段母线 WB1 经隔离开关-断路器供车间变电所和供无功补偿用的高压并联电容器组；由右段母线 WB2 经隔离开关-断路器供高压电动机用电和供车间变电所。由于高压配电线路都是由高压母线分配，因此其出线断路器需在母线侧加装隔离开关，以保证断路器和出线的安全检修。

电气主接线图一般绘成单线图，只是在局部需要表明三相电路不对称连接时，才将局部绘制成三线图。在大、中型企业变配电所的控制室内，为了表明其电气主接线实际运行状况，通常设有电气主接线的模拟图，如图 3-2 所示。

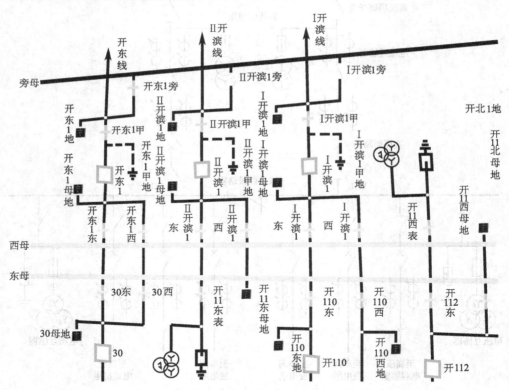

图 3-2　变电站电气主接线模拟图示例

四、35kV/10kV 电气主接线的方式及特点

1. 单母线接线

单母线接线的特点是只设一条汇流母线，电源线和负荷线均通过一台断路器接到母线上。单母线接线是母线制接线中最简单的一种接线。其优点是接线简单、清晰，采用设备少、造价低、操作方便、扩建容易。单母线接线的缺点是可靠性不高，当发生任一连接元件

故障、或断路器拒动及母线故障时，都将造成整个供电系统停电。

单母线接线可作为最终接线，也可以作为过渡接线。只要在布置上留有位置，单母线接线可过渡到单母线分段接线、双母线接线、双母线分段接线。

单母线接线方式如图 3-3（a）所示。

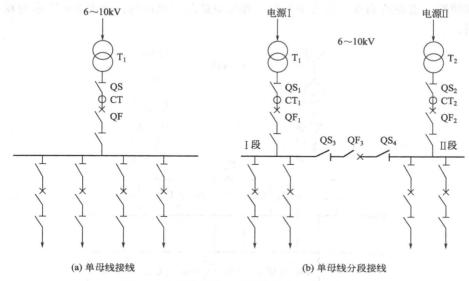

(a) 单母线接线　　　　　　　　　　　(b) 单母线分段接线

图 3-3　单母线接线和单母线分段接线示意图

2. 单母线分段接线

单母线分段是为了消除单母线接线的缺点而产生的一种接线方式。如图 3-3（b）所示就是单母线分段方式。用分段断路器将母线分段，分段后母线和母线隔离开关可分段轮流检修。对重要用户，可从不同母线段引双回路供电。当一段母线发生故障，任一连接元件故障和分段断路器拒动时，由继电保护动作断开分段断路器，将故障限制在故障母线范围内，非故障母线继续运行，整个配电装置不会全停。

母线分段后，可提高供电的可靠性和灵活性。在正常运行时，分段断路器可以接通也可以断开运行。当分段断路器断开运行时，分段断路器除装有继电保护装置外，还应装有备用电源自动投入装置，分段断路器断开运行，有利于限制短路电流。

单母线分段还可以采用双回路供电，即从不同段上各自引入一路电源进线，形成两个电源供电，以保证供电的可靠性。

单母线分段接线，虽然较单母线接线提高了供电可靠性和灵活性，但当电源容量较大和出线数目较多，尤其是单回路供电的用户较多时，当一段母线或母线隔离开关故障或检修时，必须断开接在该分段上的全部电源和出线，造成该段单回路供电的用户停电。而且，任一出线断路器检修时，该回路必须停止工作。因此，一般认为单母线分段接线应用在 6～10kV，出线在 6 回及以上时，每段所接容量不宜超过 25MW。

3. 双母线接线

为克服单母线分段隔离开关检修时该段母线上所有设备都要停电的缺点，引入双母线接线。双母线接线就是将工作线、电源线和出线通过一台断路器和两组隔离开关连接到两组母线上，而且两组母线都是工作线，每一回路都可通过母线联络断路器并列运行。与单母线接线相比，双母线接线的优点是供电可靠性大，可以轮流检修母线而不使供电中断，当一组母线故障时，只要将故障母线上的回路倒换到另一组母线，就可迅速恢复供电，另外还具有调度、扩建、检修方便等优点。双母线接线的缺点是：每一回路都增加了一组隔离开关，使配电装置的构架及占地面积、投资费用都相应增加；同时由于配电装置的复杂，在改变运行方式倒闸操作时容易发生误操作，且不宜实现自动化；尤其当母线故障时，必须短时切除较多的电源和线路，这在特别重要的大型发电厂和变电站是不允许的。如图 3-4 所示为双母线接线示意图。

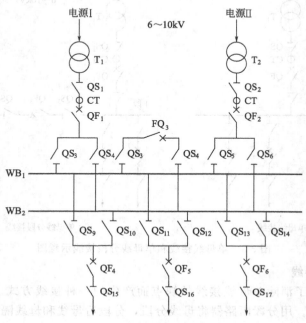

图 3-4　双母线接线示意图

4. 双母线带旁路母线接线

双母线带旁路接线就是在双母线接线的基础上，增设旁路母线。其特点是具有双母线接线的优点，当线路侧或主变压器侧的断路器检修时，仍能继续向负荷供电，但旁路的倒换操作比较复杂，增加了误操作的机会，也使保护及自动化系统复杂化，投资费用较大。

加旁路母线虽然解决了断路器和保护装置检修不停电的问题，但旁路母线也带来了投资费用较大，占用设备间隔较多等诸多不利因素。

近年来，随着供配电技术的飞速发展，电力系统可靠性进一步提高，新技术、新设备大量投入，继电保护装置实现微机自动化，这些使得设备维护工作量大幅度减少，母线连续不检修运行的时间不断增长。目前 220kV 及以下新设计的变电站，一般都按无人值守方式设计。因此，旁路母线的作用已经逐渐减弱，作为电气主接线的一个重要方案，带旁路母线的接线已经完成了它的历史作用。

5. 桥式接线

桥式接线有内桥式和外桥式接线两种，如图 3-5 所示。

当线路只有两台变压器和两回输电线路时可采用桥式接线。桥式接线所需的断路器数目较多。其中内桥式接线适用于电压为 35kV 及以上、电源线路较长、变压器不需要经常操作的配电系统中；外桥式接线则一般应用于电压为 35kV 及以上、在运行中变压器经常切换、输电线路比较短的系统中。

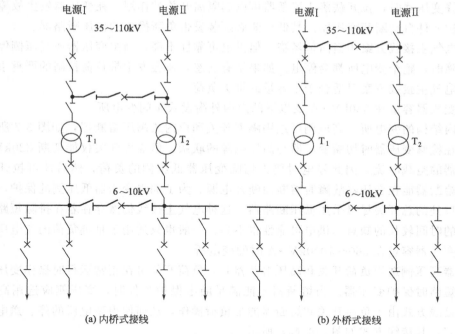

(a) 内桥式接线   (b) 外桥式接线

图 3-5　桥式接线

五、10kV/0.4kV 变电站的电气主接线

中型工厂的车间变电站和小型工厂变电所以及新型组合式变电所，通其变压器的容量一般不超过 1000kV·A，其电气主接线方案比较简单。

1. 只装有一台主变压器的小型变电所主接线图

只装有一台主变压器的小型变电所，其高压侧一般采用无母线的接线，根据其高压侧采用的开关电器不同，有以下 4 种比较典型的电气主接线方案。

（1）变压器容量在 630kV·A 及以下的户外变电所

对于户外变电所、箱式变电站或杆上变压器，高压侧可以用户外高压跌落式熔断器，跌落式熔断器可以接通和断开 630kV·A 及以下的变压器空载电流，如图 3-6 所示。这种主接线受跌落式熔断器切断空载变压器容量的限制，一般只适用于 630kV·A 以下容量的变电所中。

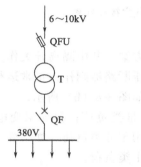

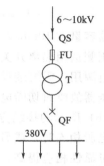

图 3-6　630kV·A 变电所接线示意图　　图 3-7　320kV·A 变电所接线示意图

在检修变压器时，拉开跌落式熔断器可以起隔离开关的作用；在变压器发生故障时，又可作为保护元件自动断开变压器。其低压侧必须装设带负荷操作的低压断路器。

这种电气主接线方案相当简单经济，但供电可靠性不高，当主变压器或高压侧停电检修或发生故障时，整个变电所都会停电。如果稍有疏忽，还会发生带负荷拉闸的严重事故。所以，这种电气主接线方案只适合于小容量的Ⅲ类负荷。

（2）变压器容量在 320kV·A 及以下的户内外附设式车间变电所

对户内结构的变电所，高压侧可选用隔离开关和户内式高压熔断器，如图 3-7 所示。隔离开关用在检修变压器时切断变压器与高压电源的联系，但隔离开关仅能切断 320kV·A 及以下变压器的空载电流，因此停电时要先切除变压器低压侧的负荷，然后才可拉开隔离开关。高压熔断器能在变压器故障时熔断而断开电源。为了加强变压器低压侧的保护，变压器低压侧出口处的总开关尽量采用低压断路器。这种电气主接线仍然存在着在排除短路故障时恢复供电的时间较长的缺点，供电可靠性也不高，一般也只适用于Ⅲ类负荷的变电所。

（3）变压器容量在 560～1000kV·A 时的变电所

变压器高压侧选用负荷开关和高压熔断器时，负荷开关可在正常运行时操作变压器，熔断器可在短路时保护变压器。当熔断器不能满足断电保护条件时，高压侧应选用高压断路器。这种接线方式由于负荷开关和熔断器能带负荷操作，从而使得变电所的停、送电操作简便灵活得多，其接线方式如图 3-8（a）所示。

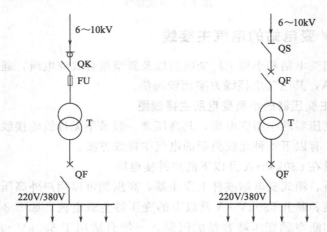

(a) 560～1000kV·A的变电所接线　　　　(b) 1000kV·A及以下变电所主接线

图 3-8　560～1000kV·A 的电气主接线方案

（4）变压器容量在 1000kV·A 以下的变电所

变压器高压侧选用隔离开关和高压断路器的接线方案，其中隔离开关作为变压器、断路器检修时隔离电源用，需要装设在断路器之前，而高压断路器则作为正常运行时接通或断开变压器并在变压器故障时切断电源用。这种接线方案如图 3-8（b）所示。

如图 3-8（b）所示的接线方案，一般也只适用于Ⅲ类负荷；但如果变电所低压侧有联络线与其他变电所相连时，或另有备用电源时，则可用于Ⅱ类负荷。如果变电所有两路电源进线，则供电可靠性相应提高，可供Ⅱ类负荷或少量Ⅰ类负荷。

2. 装有两台主变压器的变电所主接线图

装有两台主变压器的变电所，分有以下 3 种方案的电气主接线。

（1）高压无母线、低压单母线分段

对于Ⅰ、Ⅱ类负荷或用电量较大的变电所，应采用两独立回路作电源进线，如图3-9所示。

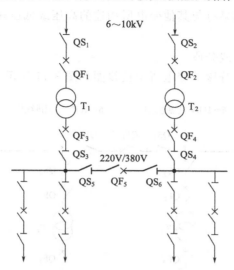

图 3-9　高压无母线、低压侧单母线分段接线

　　这种电气主接线的供电可靠性较高，当任一主变压器或任一电源进线停电检修或发生故障时，该变电所通过闭合低压母线分段开关，即可迅速恢复对整个变电所的供电。如果两台主变压器高压侧断路器装设互为备用的备用电源自动投入装置，则任一主变压器高压侧断路器因电源断电或失压而跳闸时，另一台主变高压侧的断路器在备用电源自动投入装置作用下自动合闸，恢复整个变电所的供电。这时该变电所可供Ⅰ、Ⅱ类负荷。

（2）高压采用单母线、低压单母线分段

　　这种主接线适用于装有两台及以上主变压器或具有多路高压出线的变电所，供电可靠性也较高，其接线方式如图3-10所示。

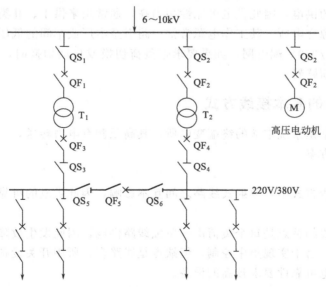

图 3-10　高压侧单母线、低压侧单母线分段接线

在这种接线中，任一主变压器检修或发生故障时，通过切换操作，即可迅速恢复对整个变电所的供电。但在高压母线或电源进线进行检修或发生故障时，整个变电所仍要停电。这时只能供电给Ⅲ类负荷。如果有与其他变电所相连的高压或低压联络线时，则可供Ⅰ、Ⅱ类负荷。

（3）高低压侧均为单母线分段

高、低压侧均为单母线分段的变电所主接线图如图 3-11 所示。

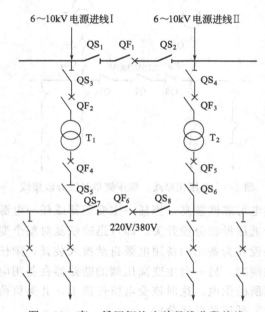

图 3-11　高、低压侧均为单母线分段接线

高低压侧均为单母线分段的主接线，其两段高压母线在正常时可以接通运行，也可以分段运行。任一台主变压器或任一路电源进线停电检修或发生故障时，通过切换操作，均可迅速恢复整个变电所的供电，因此供电可靠性相当高，通常用来供Ⅰ、Ⅱ类负荷。

工厂中的双电源变电所，其工作电源常常一路引至本厂或车间的低压母线，备用电源则引至邻近车间 220V/380V 配电网。如果要求带负荷切换或自动切换时，在工作电源的进线上，均需装设低压断路器。

六、低压配电网的基本接线方式

低压配电网通常是系统末端的终端变电所，其高压侧有电力转送，一般采用以下几种较为简单的电气接线方案。

1. 放射式接线

高压放射式接线方式中，放射式线路之间互不影响，因此供电的可靠性较高，其接线方式如图 3-12 所示。

高压放射式接线的特点是每个负荷由一单独线路供电，因此发生故障时影响范围小，可靠性高，控制灵活，易于实现集中控制，但缺点是线路多，所用开关设备多，投资大，因此这种接线多用于供电可靠性要求较高的设备。

2. 树干式接线

树干式接线的特点是多个负荷由一条干线供电，采用的开关设备较少，但干线发生故障时，影响范围较大，所以供电可靠性较低，且在实现自动化方面适应性较差，其接线方式如图 3-13 所示。这种接线方式比较适用于供电容量较小，而分布较均匀的用电设备组，如机械加工车间、小型加热炉等。若要提高树干式接线的供电可靠性，可采用双干线供电或两端供电的接线方式。

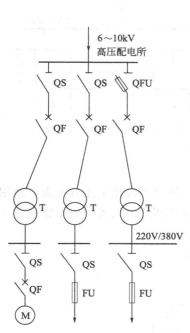

图 3-12 高压放射式接线方式

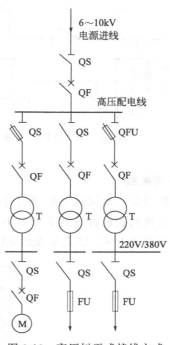

图 3-13 高压树干式接线方式

3. 变压器-干线式接线

变压器-干线式接线是一种比较特殊的接线形式，在变压器低压侧不设低压配电屏，只在车间墙上装设低压断路器。总干线采用载流量很大的母线，贯穿整个车间，再从干线经熔断器引至各分支线，这样大容量的设备可直接接在总干线上，而小容量设备则接在分干线上，因此，非常灵活的适应设备位置的调整，其接线方式如图 3-14 所示。

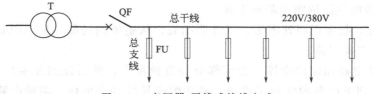

图 3-14 变压器-干线式接线方式

变压器-干线式接线方式主要应用于设备位置经常调整的机械加工车间。

4. 环形接线

低压环形接线供电的可靠性高，任一线路发生故障或检修时，都不致造成供电中断，或者是暂时中断供电。只要完成切换电源的操作，就能恢复供电。环形接线，可使电能损耗或电压损失减少，既能节约电能又容易保证电压质量。但它的保护装置及其整定配合相当复杂，如果配合不当，容易发生误动作而扩大故障停电范围。环形接线方式如图 3-15

所示。

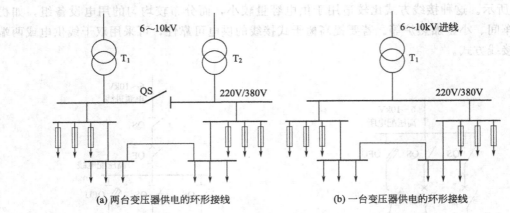

(a) 两台变压器供电的环形接线　　　　　　(b) 一台变压器供电的环形接线

图 3-15　环形接线

5. 链式接线

链式接线是后面设备的电源引自前面设备的端子。特点是线路上无分支点，适用于距配电屏较远又彼此相距较近的不重要小容量用电设备。链式相连的设备一般不宜超过 5 台，总容量不宜超过 10kW。链式接线示意图如图 3-16 所示。

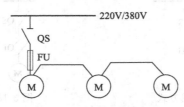

图 3-16　链式接线示意图

【技能训练】

电气图读图训练

1. 变配电所电气主接线的读图

读图前要首先看图样的说明，包括首页的目录、技术说明、设备材料明细表和设计、施工说明书。由此对工程项目设计有一个大致的了解，然后看有关的电气图。

1）变配电所电气图读图的基本步骤

① 从标题栏、技术说明到图形、元件明细表，从整体到局部，从电源到负荷，从主电路到辅助电路（二次回路）。

② 先分清主电路和辅助电路、交流部分和直流部分，然后按照先主后辅的顺序读图：主电路一般从上到下由电源经开关设备、到输配电导线直到负荷；辅助电路也是从电源开始，然后依次看各个部分对主电路的控制、保护、测量及指示功能。

③ 阅读安装接线图的原则：先主后辅。读主电路部分要从电源引入端开始，经开关设施备、线路到用电设备；辅助电路阅读也是从电源出发，按照元件连接顺序依次分析。

由于安装接线图是由接线原理图绘制出来的，因此，看安装接线电路图时，应结合接线原理图对照阅读。此外，对回路标号、端子板上内外电路的连接的分析，对识图也有一定的帮助。

④ 看展开接线图。结合电气原理图阅读展开接线图时，一般先从展开回路名称，然后

从上到下、从左到右地阅读。但是，展开图的回路在分析其功能时往往不一定按照从左到右、从上到下的顺序动作，很多是交叉的，所以要特别注意：展开图中同一种电气元件的各部件是按照功能分别画在不同的回路中，同一电气元件的各个部件均标注统一项目代号，器件项目代号通常由文字符号和数字编号组成，读图时要注意这些元件各个部件动作之间的关系。

⑤ 看平面、剖面和布置图。看电气图时，要先了解土建、管道等相关图样，然后看电气设备的位置，由投影关系详细分析各设备的具体位置尺寸，搞清楚各电气设备之间的相互连接关系、线路引出、引入及走向等。

2）变电所电气主接线的读图步骤

电气主接线是变电所的主要图纸，看懂它一般遵循以下步骤。

① 了解变电所的基本情况；变电所在系统中的地位和作用，变电所的类型。

② 了解变压器的主要技术参数，包括额定容量、额定电流、额定电压、额定频率和连接组别等。

③ 明确各个电压等级的主接线基本形式，包括高压侧（电源侧）有无母线，是单母线还是双母线，母线是否分段，还要看低压侧的接线方式。

④ 检查开关设备的配置情况。一般从控制、保护、隔离的作用出发，检查各路进线和出线上是否配置了开关设备，配置是否合理，不配置能否保证系统的运行和检修。

⑤ 检查互感器的配置情况，从保护和测量的要求出发，检查在应该装互感器的地方是否都安装了互感器；配置的电流互感器个数和安装相比是否合理；配置的电流互感器的副绕组及铁芯数是否满足需要。

⑥ 检查避雷器的配置是否齐全。如果有些电气主接线没有绘出避雷器的配置，则不必检查。

⑦ 按主接线的基本要求，从安全性、可靠性、经济性和方便性 4 个方面对电气主接线进行分析，指出优缺点，得出综合评价。

2. 变配电所电气主接线实例读图训练

以如图 3-17 所示的 35kV 厂用变电所的电气主接线图为例进行读图练习。

图 3-17 所示的变电所包括 35kV/10kV 中心变电所和 10kV/0.4kV 变电室两个部分。中心变电所的作用是把 35kV 的电压降到 10kV，并把 10kV 电压送至厂区各个车间的 10kV 变电室，供车间动力、照明及自动装置用电；10kV/0.4kV 变电室的作用是把 10kV 电压降至 0.4kV，送到厂区办公、食堂、文化娱乐、宿舍等公共用电场所。

从主接线图可以看出，其供配电系统共有三级电压，三级电压均靠变压器连接，其主要作用就是把电能分配出去，再输送给各个用户。变电所内还装设了保护、控制、测量、信号及功能齐全的自动装置，由此显示出变配电所装置的复杂性。

观察主接线图，可看出系统为两路 35kV 供电，两路分别来自于不同的电站，进户处设置接地隔离开关、避雷器、电压互感器。这里设置隔离开关的目的是线路停电时，该接地隔离开关闭合接地，站内可以进行检修，省去了挂临时接地线的工作环节。

与接地隔离开关并联的另一组隔离开关，作用是把电源送到高压母线上，并设置电流互感器，与电压互感器构成测量电能的取样元件。

图 3-17 中高压母线分为两段，两段之间的联络采用隔离开关，当一路电源故障或停电时，可将联络开关合上，两台主变压器可由另一路电源供电。联络开关两侧的母线必须经过

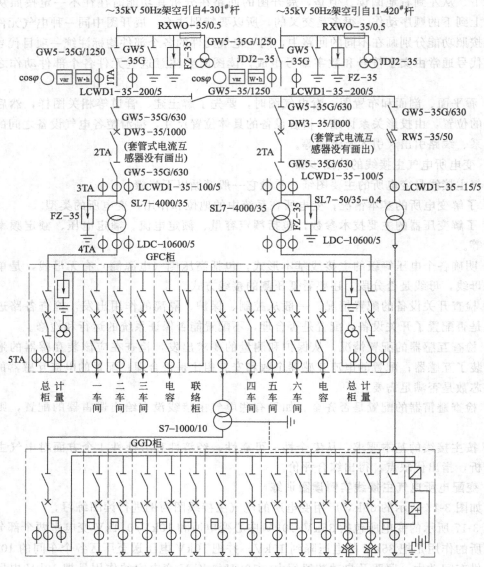

图 3-17　35kV 厂用中心变电所主接线示意图

核相，以保证它们的相序相同。

　　图 3-17 中每段母线上均设置一台主变压器，变压器由 DW3 油断路器控制，并在断路器的两侧设置隔离开关 GW5，以保证断路器检修时的安全。变压器两侧设置电流互感器 3TA 和 4TA，以便构成变压器的差动保护。同时在主变压器进口侧设置一组避雷器，目的是实现主变压器的过电压保护；在进户处设置的避雷器，目的是保护电源进线和母线过电压。由断路器的套管式电流互感器 2TA 是作保护测量之用。

　　变压器出口侧引入高压室内的 GFC 型开关计量柜，柜内设有电流互感器、电压互感器供测量保护用，还设有避雷器保护 10kV 母线过电压。10kV 母线由联络柜联络。

　　馈电柜由 10kV 母线接出，GFC 馈电开关柜设置有隔离开关和断路器，其中一台柜直接控制 10kV 公共变压器，GFC 型柜为封闭式手动车柜。

　　馈电柜将 10kV 电源送到各个车间及大型用户，10kV 公共变压器的出口引入低压室内的低压总柜上，总柜内设有刀开关和低压断路器，并设有电流互感器和电能表作为测量元件。

由 35kV 母线经 GW5 隔离开关，RW5 跌落式熔断器引至一台站用变压器 SL7-50/35-0.4，专供站内用电，并经过电缆引至低压中心变电室的站用柜内，直接将 35kV 变为 400V。

低压变电室内设有 4 台 UPS，供停电时动力和照明用，以备检修时有足够的电力。

3. 变配电所配电装置图的读图

变配电所配电装置图与电气主接线图有所不同，是一种简化了的机械装置图，在现场施工和运行维护中具有相当重要的作用。配电装置图一般包括配电装置式主接线图、配电装置的平面布置图、配电装置断面图。如图 3-18 所示为 10kV 小型变电所的配电装置主接线图和户内配电装置图。

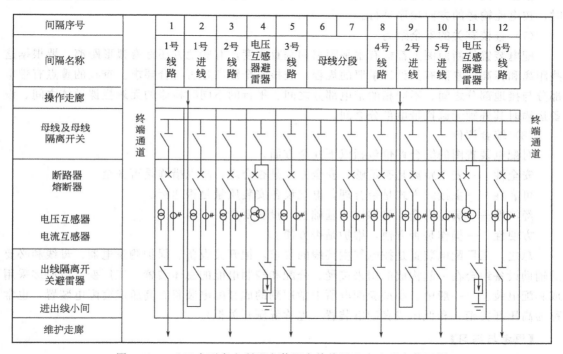

图 3-18 10kV 小型变电所配电装置主接线图和户内配电装置图

变配电所配电装置图的一般读图步骤如下。

（1）了解变配电所的基本情况

了解变配电所在电力系统中的地位、作用、类型和地理位置，当地气象条件，变配电所位置的土壤电阻率和土质等。

（2）熟悉变配电所的电气主接线和设备配置情况

首先了解变配电所各个电压等级的主接线方式，然后分别熟悉和掌握其电源进线、变压器、母线、各路出线的开关电器、互感器、避雷器等设备的配置情况。

（3）了解变配电所配电装置的总体布置情况

先阅读配电装置式主接线图，并仔细阅读配电装置的平面图，把两种图对照阅读，就能弄清楚配电装置的总体布置情况。

（4）明确配电装置的类型

阅读配电装置图中的断面图，明确该配电装置是户内的、户外的还是成套的。如果是成套配电装置，要明确是高压开关柜、低压开关柜，还是其他组合电器。如果是户内配电装置，要明确是单层、双层、还是三层，有几条走廊，各条走廊的用途是什么；如果是户外配电装置，要明确是中型、半高型还是高型。

（5）查看所有电气设备

在断面图上查看电气设备，认出变压器、母线、隔离开关、断路器、电流互感器、电压互感器、电容器、避雷器和接地开关等，进而还要判断出各种电器的类型；掌握各个电气设备的安装方法，所用构架和支架都用什么材料；如果有母线，要弄清单母线还是双母线，是不分段的还是分段的。

（6）查看电气设备之间的连接

根据断面图、配电装置式主接线图、平面图，查看各个电气设备之间的连接情况。查看时，按电能输送的方向顺序进行。

（7）查核有关的安全距离

配电装置的断面图上都标有水平距离和垂直高度，有些地方还标有弧形距离。要根据这些距离和标高，参照有关设计手册的规程，查核安全距离是否符合要求。查核的重点有带电部分与接地部分之间、不同相的带电部分之间、平行的不同时检修的无遮拦裸导体之间、设备运输时其外廊无遮拦带电部分之间。

（8）综合评价

对配电装置图的综合评价包括以下几个方面。

安全性——安全距离是否足够，安全方式是否合理，防火措施是否齐全。

可靠性——主接线方式是否合理，电气设备安装质量是否达标。

经济性——满足安全、可靠性的基础上，投资要少。

方便性——操作是否方便，维护是否方便。

总之，工厂配电装置是按电气主接线的要求，把开关设备、保护测量电器、母线和必要的辅助设备组合在一起构成的用来接受、分配和控制电能的总体装置。工厂变配电所多采用成套配电装置，一般中、小型变配电所中常用到的成套配电装置有高压成套配电装置，也常称为高压开关柜，和低压成套配电装置（也称低压开关柜）。

【思考与练习】

一、问答题

1. 什么是电气主接线？常见的典型电气主接线方式包括哪些？

2. 单母线分段接线有何特点？与单母线接线相比，双母线接线有何优点？

3. 10kV/0.4kV 变电所的电气主接线有哪些形式？各适用于什么场合？

4. 内桥式接线和外桥式接线各适用于哪些电压等级及场合？

5. 为检修线路断路器，需对线路进行停电操作，在断开断路器以后，应先拉母线侧隔离开关，还是先拉线路侧隔离开关，为什么？

二、填空题

1. 电气主接线是一次设备根据其作用和工作要求按一定的顺序连接，用来表示_____电能的_____次电路。

2. 断路器停电检修的倒闸操作程序是_____；恢复运行的倒闸操作程序是_____（如下图所示）。

```
        QS_B        QF      QS_L
WB ├───┤├──┐  ┌──×──┐  ┌──┤├────→
```

3. 为使主母线停电检修时全所停电范围尽量缩小，应采用_____接线，而不让全所停电应采用_____接线；为使出线断路器检修时该回路不停电，应采用_____的接线。

4. 单母线分段接线的分段数目通常以_____段为宜，如分段过多，会使配电装置复杂化并增加投资。

5. 对主接线的基本要求是_____、_____、_____。

三、判断题

1. 架空馈电线路的线路侧必须装设隔离开关。（　　　）

2. 桥形接线的可靠性和灵活性比断路器分段的单母线接线好。（　　　）

3. 可以认为断路器分段的单母线接线是中小型变电所的最可靠的接线方式。（　　　）

4. 单母线分段接线形式中，采用断路器分段比采用隔离开关分段好，因前者可在检修母线时，不会引起该段母线的停电。（　　　）

5. 单母线接线，适合于对可靠性要求较高的 6～10kV 级的大型用户的变电所。（　　　）

项目四　二次系统的调试与运行维护

任务一　二次回路的分析与监测

【任务概述】

供配电系统中，对一次设备进行监测、控制、调节和保护的电气回路称为二次回路或二次接线系统。供配电系统的二次回路是实现供配电系统安全、经济、稳定运行的重要保障。随着变配电所的自动化水平的提高，二次回路将起到越来越大的作用。供配电系统中的二次回路是以二次回路接线图形式绘制出来的，它为现场技术工作人员对电气设备的安装、调试、检修、试验、查线等提供重要的技术资料。通过本次任务的训练，期望达到以下目标。

① 了解二次回路中的直流操作电源和交流操作电源的类型和作用。

② 熟悉二次回路的类型，学会对二次回路进行接线和检测，能监视二次回路的工作状态。

③ 能分析断路器控制回路的工作原理，会对断路器进行手动合闸和跳闸操作。

④ 理解中央信号装置、电测量仪表与绝缘监视装置的工作原理。

【知识准备】

一、供配电系统的二次回路

二次回路又称二次系统，用来反映一次系统的工作状态和控制、调整一次设备。当一次系统发生事故时，能够立即动作，使故障部分退出运行。二次回路按功能分，可分为断路器控制回路、信号回路、保护回路、监测回路和自动化回路，为保证二次回路的用电，还有相应的操作电源回路等。如图 4-1 所示为供配电系统的二次回路功能示意图。

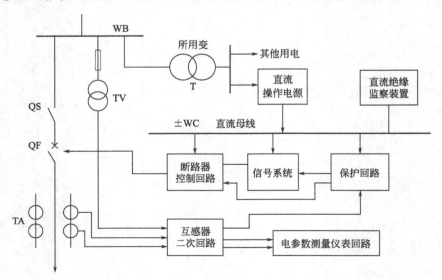

图 4-1　供配电系统的二次回路功能示意图

在图 4-1 中，断路器控制回路的主要功能是对断路器进行通、断操作，当线路发生短路故障时，相应继电保护动作，接通断路器控制回路中的跳闸回路，使断路器跳闸，启动信号回路发出声响和灯光信号。

操作电源向断路器控制回路、继电保护装置、信号回路、监测系统等二次回路提供所需的电源。电压互感器、电流互感器还向监测、电能计量回路提供电流和电压参数。

二、二次回路的操作电源

操作电源主要向二次回路提供所需的电源。操作电源主要有直流和交流两大类，其中直流操作电源按电源性质可分为由蓄电池组供电的独立直流电源和交流整流电源，主要用于大、中型变配电所；交流操作电源包括由变配电所用主变压器供电的交流电源和由仪用互感器供电的交流电源，通常用于小型变配电所。

1. 直流操作电源

（1）蓄电池组供电的直流操作电源

蓄电池组供电的直流操作电源是一种与电力系统运行方式无关的独立电源系统。即使在变电所完全停电的情况下，仍能在 2h 内可靠供电，具有很高的供电可靠性。蓄电池直流操作电源类型主要有铅酸蓄电池和镉镍蓄电池两种。

① 铅酸蓄电池组。单个铅酸蓄电池的额定端电压为 2V，充电后可达 2.7V，放电后可降到 1.95V。为满足 220V 的操作电压，需要 $230/1.95 \approx 118$（个），考虑到充电后端电压升高，为保证直流系统正常电压，长期接入操作电源母线的蓄电池个数为 $230/2.7 \approx 88$（个），而 $118-88=30$（个）蓄电池用于调节电压，接于专门的调节开关上。

蓄电池使用一段时间后，电压下降，需用专门的充电装置来进行充电。由于铅酸蓄电池具有一定危险性和污染性，需要专门的蓄电池室放置，投资大。因此，在变电所中现已不予采用。

② 镉镍蓄电池组。近年来我国发展的镉镍蓄电池克服了上述铅酸蓄电池的缺点，其单个端电压为 1.2V，充电后可达 1.75V，其充电可采用浮充电或强充电方式由硅整流设备进行充电，其容量范围可以从几毫安到上千安，满足各种不同的使用要求，除不受供电系统运行情况的影响、工作可靠外，还有大电流放电性能好、腐蚀性小、功率大、强度高，使用寿命长，不需专门的蓄电池室，可安装于控制室，因此占地面积小且便于安装维修，在大中型变电所中应用比较广泛。

（2）硅整流直流操作电源

硅整流直流操作电源在变电所应用比较普遍，按断路器操作机构的要求有电磁操作的电容储能和弹簧操作的电动机储能等。本节只介绍如图 4-2 所示的硅整流电容储能直流操作电源。

硅整流的电源来自变配电所用变压器母线，一般设一路电源进线，但为了保证直流操作电源的可靠性，可以采用两路电源和两台硅整流装置。硅整流 U_1 主要用作断路器合闸电源，并可向控制、保护、信号等回路供电，其容量较大。硅整流 U_2 仅向操作母线供电，容量较小。两组硅整流之间用电阻 R 和二极管 V_{D3} 隔开，V_{D3} 起到逆止阀的作用，它只允许从合闸母线向控制母线供电而不能反向供电，以防在断路器合闸或合闸母线侧发生短路时，引起控制母线的电压严重降低，影响控制和保护回路供电的可靠性。电阻 R 用于限制在控制母线侧发生短路时流过硅整流 U_1 的电流，起保护 V_{D3} 的作用。在硅整流 U_1 和 U_2 前，也

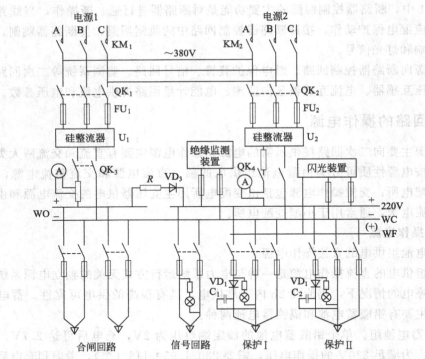

图 4-2　硅整流电容储能直流操作电源

可以用整流变压器（图中未画）实现电压调节。整流电路一般采用三相桥式整流。

　　在直流母线上还接有直流绝缘监察装置和闪光装置，绝缘监察装置采用电桥结构，用以监测正负母线或直流回路对地绝缘电阻，当某一母线对地绝缘电阻降低时，电桥不平衡，检测继电器中有足够的电流流过，继电器动作发出信号。闪光装置主要提供灯光闪光电源，其工作原理示意图如图 4-3 所示。

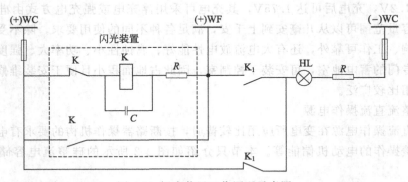

图 4-3　闪光装置工作原理示意图

　　在正常工作时闪光小母线（＋）WF 悬空，当系统或二次回路发生故障时，相应继电器 K₁ 动作（其线圈在其他回路中），K_1 常闭触点打开，K_1 常开触点闭合，使信号灯 HL 接于闪光小母线上，（＋）WF 的电压较低，HL 变暗，闪光装置电容充电，充到一定值后，继电器 K 动作，其常开触点闭合，使闪光小母线的电压与正母线相同，HL 变亮，常闭触点 K 打开，电容放电，使 K 电压降低，降低到一定值后，K "失电" 动作，常开触点 K 打开，闪光小母线电压变低，闪光装置的电容又开始充电，重复上述过程。信号指示灯就发出闪光信号。可见，闪光小母线平时不带电，只有在闪光装置工作时，才间断地获得低电位和高电位，其间隔时间由电容的充放电时间决定。

硅整流直流操作电源的优点是价格便宜，与铅酸蓄电池相比占地面积小、维护工作量小、体积小、不需充电装置。其缺点是电源独立性差，电源的可靠性受交流电源影响，需加装补偿电容和交流电源自动投切装置，而且二次回路复杂。

实用中，还有一种复式硅整流操作电源，这种电源由两部分供电，一是由变压器或电压互感器供电，二是由反应故障电流的电流互感器电流源供电。两组电源都经铁磁式谐振稳压器供电给二次回路。由于复式硅整流直流操作电源有电压源和电流源，因此能保证交流供电系统在正常或故障情况下均能正常地供电。与电容储能式相比，复式硅整流直流操作电源能输出较大的功率，电压的稳定性也较好，广泛应用于具有单电源的中、小型工厂变配电所。

2. 交流操作电源

交流操作电源可取自所用电主变压器，这是一种较为普遍应用方式。当交流操作电源取自电压互感器的二次侧时，其容量较小，一般只作为油浸式变压器瓦斯保护的交流操作电源；当取自于电流互感器时，主要供电给继电保护和跳闸回路。电流互感器对于短路故障和过负荷都非常灵敏，能有效实现交流操作电源的过电流保护。

（1）取自于所用主变压器的交流操作电源

变配电所的用电一般应设置专门的变压器供电，简称所用变。变电所的用电主要有户外照明、户内照明、生活区用电、事故照明、操作电源用电等，上述用电一般都分别设置供电回路，如图4-4（a）所示。

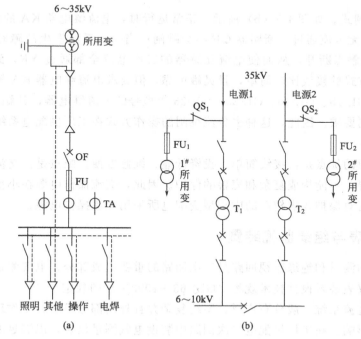

图4-4　所用变接线示意图

为保证操作电源的用电可靠性，所用变一般都接在电源的进线处，如图4-4（b）所示。即使变电所母线或变压器发生故障时，所用变仍能取得电源。一般情况下，采用一台所用变即可，但对一些重要的变电所，要求有可靠的所用电源，此电源不仅在正常情况下能保证供电给操作电源，而且应考虑在全所停电或所用电源发生故障时，仍能实现对电源进线断路器的操作和事故照明的用电，一般应设有两台互为备用的所用变。其中一台所用变应接至进线断路器的外侧电源进线处，另一台则应接至与本变电所无直接联系的备用电源上。在所用变低压侧可采用备用电源自动投入装置，以确保所用电的可靠性。

（2）交流操作电源供电的继电保护装置

① 直接动作式。如图4-5（a）所示，直接动作式是利用断路器手动操作机构内的过流脱扣器（跳闸线圈）YR直接动作于断路器QF跳闸，这种操作方式简单经济，但保护灵敏度低，实际上较少应用。

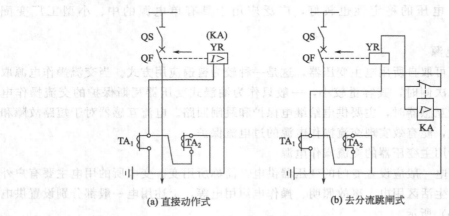

(a) 直接动作式　　　　　　　　(b) 去分流跳闸式

图4-5　交流操作电源

② 去分流跳闸式。如图4-5（b）所示。正常运行时，电流继电器KA的常闭触点将YR短路分流，YR中无电流通过，断路器QF不会跳闸；当一次系统发生故障时，电流继电器KA动作，其常闭触点断开，从而使电流互感器的二次电流全部通过YR，致使断路器QF跳闸。这种操作方式的接线比较简单，且灵敏可靠，但要求电流继电器KA触点的容量足够大。目前生产的GL-15、GL-16、GL-25、GL-26等型号的电流继电器，其触点容量相当大，完全可以满足控制要求。因此，这种去分流跳闸的操作方式在工厂供配电系统中已经得到相当广泛的应用。

交流操作电源的优点是：接线简单、投资低廉、维修方便。缺点是：交流继电器性能没有直流继电器完善，不能构成复杂和完善的保护。因此，交流操作电源在小型变配电所中的应用范围较广，而对保护要求较高的中小型变配电所采用直流操作电源。

三、电测量仪表与绝缘监视装置

供配电系统的测量和绝缘监视回路是二次回路的重要组成部分，电气测量仪表的配置应符合《电气测量仪表装置设计技术规程（GBJ 63—1990）》的规定。

变配电所的直流系统一般分布广泛，系统复杂并且外露部分较多，工作环境多样，易受外界环境因素的影响。在工厂供配电二次回路中装设电气测量仪表，以满足电气设备安全运行的需要，监视变配电所电气设备的运行状况、电压质量等。

1. 测量仪表配置

在电力系统和供配电系统中，进行电气测量的目的有3个：一是计费测量，主要计量用电单位的用电量，如有功电度表、无功电度表；二是对供电系统中运行状态、技术经济分析所进行的测量，如电压、电流、有功功率、无功功率、及有功电能、无功电能测量等，这些参数通常都需要定时记录；三是对交、直流系统的安全状况如绝缘电阻、三相电压是否平衡等进行监测。由于目的不同，对测量仪表的要求也不一样。

计量仪表要求准确度要高，其他测量仪表的准确度要求要低一些。

（1）变配电装置中测量仪表的配置

① 在供配电系统的每一条电源进线上，必须装设计费用的有功电度表和无功电度表及反映电流大小的电流表。通常采用标准计量柜，计量柜内有计量专用电流、电压互感器。

② 在变配电所的每一段母线上（3～10kV），必须装设电压表 4 只，其中 1 只测量线电压，其他 3 只测量相电压。

③ 35kV/6～10kV 变压器应在高压侧或低压侧装设电流表、有功功率表、无功功率表、有功电度表和无功电度表各 1 只，6kV～10/0.4kV 的配电变压器，应在高压侧或低压侧装设 1 只电流表和 1 只有功电度表，如为单独经济核算的单位变压器还应装设 1 只无功电度表。

④ 3～10kV 配电线路，应装设电流表，有功电度表，无功电度表各 1 只，如不是单独经济核算单位时，无功电度表可不装设。当线路负荷大于 5000kV·A 及以上时，还应装设一只有功功率表。

⑤ 低压动力线路上应装 1 只电流表。照明和动力混合供电的线路上照明负荷占总负荷 15%～20% 以上时，应在每相上装 1 只电流表。如需电能计量，一般应装设 1 只三相四线有功电度表。

⑥ 并联电容器总回路上，每相应装设 1 只电流表，并应装设 1 只无功电度表。

（2）仪表的准确度要求

① 交流电流、电压表、功率表可选用 1.5～2.5 级；直流电路中电流、电压表可选用 1.5 级；频率表 0.5 级。

② 电度表及互感器准确度配置见表 4-1。

表 4-1 常用仪表准确度配置

测量要求	互感器准确度	电度表准确度	配置说明
计费计量	0.2 级	0.5 级有功电度表 0.5 级专用电能计量仪表	月平均电量在 10^6 kW·h 及以上
	0.5 级	1.0 级有功电度表 1.0 级专用电能计量仪表 2.0 级无功电度表	① 月平均电量在 10^6 kW·h 以下 ② 315kV·A 以上变压器高压侧计量
计费计量及 一般计量	1.0 级	2.0 级有功电度表 3.0 级无功电度表	① 315kV·A 以下变压器低压侧计量点 ② 75kW 及以通电动机电能计量 ③ 企业内部技术经济考核（不计费）
一般测量	1.0 级	1.5 和 0.5 级测量仪表	非重要回路
	3.0 级	2.5 级测量仪表	

③ 仪表的测量范围和电流互感器变流比的选择，宜满足当电力装置回路以额定值运行时，仪表的指示在标度尺的 2/3 处。对有可能过负荷的电力装置回路，仪表的测量范围，宜留有适当的过负荷裕度。对重载启动的电动机和运行中有可能出现短时冲击电流的电力装置回路，宜采用具有过负荷标度尺的电流表。对有可能双向运行的电力装置回路，应采用具有双向标度尺的仪表。

2. 直流绝缘监察装置

(1) 两点接地的危害

在直流系统中，正、负母线对地是悬空的，当发生一点接地时，并不会引起任何危害，但必须及时消除，否则当另一点接地时，会引起信号回路、控制回路、继电保护回路和自动装置回路的误动作，如图 4-6 所示，A、B 两点接地会造成误跳闸情况。

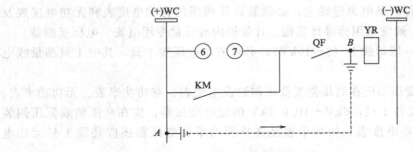

图 4-6　两点接地情况示意图

(2) 对直流绝缘监察装置的基本要求

① 能正确反映直流系统的任一极绝缘电阻下降情况；

② 能测量绝缘电阻下降的极性，以及绝缘电阻的大小；

③ 有助于绝缘电阻下降点的查找。

(3) 直流绝缘监察装置的原理

如图 4-7 所示为直流绝缘监察装置原理接线图。它是利用电桥原理进行监测的，正负母线对地绝缘电阻作电桥的两个臂，如图 4-7 (a) 所示为等效电路。

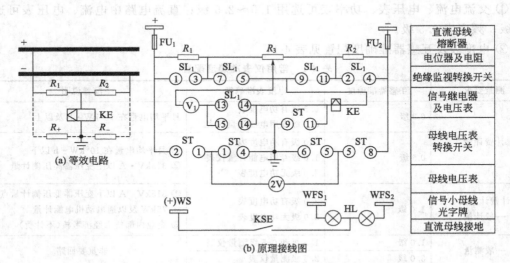

图 4-7　直流绝缘监察装置原理接线图

正常状态下，直流母线正极和负极的对地绝缘良好，电阻 R_+ 和 R_- 相等，继电器 KE 线圈中只有微小的不平衡电流通过，继电器不动作。当某一极的对地绝缘电阻（R_+、R_-）下降时，电桥失去平衡，流过继电器 KE 线圈中的电流增大。当绝缘电阻下降到一定值时，流过继电器 KE 线圈中的电流增大，继电器 KE 动作，其常开触点闭合，发出预告信号。

在图 4-7（b）中，$R_1 = R_2 = R_3 = 1000\Omega$。整个装置可分为信号部分和测量部分。

母线电压表转换开关 ST 有 3 个位置，不操作时，其手柄在竖直的"母线"位置，接点 ST 处 9 和 11 接通，2 和 1 接通，5 和 8 接通，电压表 2V 可测量正、负母线间电压。若将 ST 手柄逆时针方向旋转 45°，置于"负对地"位置时，ST 接点 5 和 8、1 和 4 接通，则 2V 接到负极与地之间；若将 ST 手柄顺时针旋转 45°（相对竖直位置）时，ST 接点 1 和 2、5 和 6 接通，2V 接到正极与地之间。利用转换开关 ST 和电压表 2V，可判别哪一极接地。若两极绝缘良好，则正极对地和负极对地时 2V 指示 0V，因为电压表 2V 的线圈没有形成回路，如果正极接地，则正极对地电压为 0V，而负极对地指示 220V。反之，当负极接地时，情况与之相似。

绝缘监视转换开关 SL$_1$ 也有 3 个位置，即"信号""测量位置 1""测量位置 2"。一般情况下，其手柄置于"信号"位置，1SL 的接点 5 和 7、9 和 11 接通，使电阻 3R 短接（ST 应置于"母线"位置，ST 接点 9 和 11 接通）。接地信号继电器 KSE 线圈在电桥的检流计位置上，当母线绝缘电阻下降，造成电桥不平衡，继电器 KSE 动作，其常开触点闭合，光字牌亮，同时发出音响信号。

（4）直流系统接地故障处理

当系统发生一点接地时，将发出预告信号，运行操作人员必须迅速找出接地点并加以消除，以防发展为两点接地。

① 判断接地极及性质。利用直流绝缘监察装置的电压表，测量正、负极对地电压，检查是正极还是负极接地或对地绝缘电阻降低。正常时，正、负极对地电压均为零。如果正极对地电压升高或等于母线电压，则为负极绝缘能力降低或接地；如果负极对地电压升高或等于母线电压，则为正极绝缘电阻能力降低或接地。

② 寻找接地点的一般原则。

a. 对于双母线的直流系统，应首先判明是哪一条母线发生接地。

b. 按先次要负荷后重要负荷，先户外后户内的顺序检查各馈线，然后检查蓄电池、充电设备、直流母线。

c. 对不重要的直流馈线，采用试停电的方法寻找。如在断开某一回路时，接地信号消失，并且各极对地电压指示正常，则说明接地点即在该回路中。但不论该回路是否有接地，拉开后均应先合上，然后再设法处理。

d. 对于不允许短时停电的重要直流馈线，必须先将其负荷转移到另一母线上供电，然后再寻找接地点。

四、中央信号装置

变配电所的进出线、变压器和母线等均应配置继电保护装置或监测装置，保护装置或监测装置动作后都要通过信号系统发出相应的信号提示运行人员。

信号有以下几种类型。

① 事故信号：断路器发生事故跳闸时，启动蜂鸣器（或电笛）发出声响，同时断路器的位置指示灯发出闪光，事故类型光字牌亮，指示故障的位置和类型。

② 预告信号：当电气设备出现不正常运行状态时，启动警铃发出声响信号，同时标有故障性质的光字牌点亮，指示不正常运行状态的类型，如变压器过负荷、控制回路断线等。

③ 位置信号：位置信号包括断路器位置（如灯光指示或操动机构分合闸位置指示器）

和隔离开关位置信号等。

④ 指挥信号和联系信号：用于主控制室向其他控制室发出操作命令和控制室之间的联系。

中央信号回路有事故信号回路和预告信号回路。

(1) 对中央信号回路的要求

中央信号回路应满足下列要求。

① 中央事故信号装置应保证在任一断路器事故跳闸后，立即（不延时）发出音响信号和灯光信号或其他指示信号。

② 中央预告信号装置应保证在任一电路发生故障时，能按要求（瞬时或延时）准确发出音响信号和灯光。

③ 中央事故音响信号与预告音响信号应有区别。一般事故音响信号电笛或蜂鸣器，预告音响信号用电铃。

④ 中央信号装置在发出音响信号后，应能手动或自动复归（解除）音响，而灯光信号及其他指示信号应保持到消除故障为止。

⑤ 接线应简单、可靠，应能监视信号回路的完好性。

⑥ 应能对事故信号、预告信号及其光字牌是否完好进行试验。

⑦ 中央信号一般采用重复动作的信号装置，变配电所主接线比较简单时可采用不重复动作的中央信号装置。

(2) 中央事故信号回路

中央事故信号按操作电源分为交流和直流两类。按复归方法，可分为就地复归和中央复归两种。按其能否重复动作分为不重复动作和重复动作两种。

① 集中复归、不能重复动作的信号回路，如图 4-8 所示。

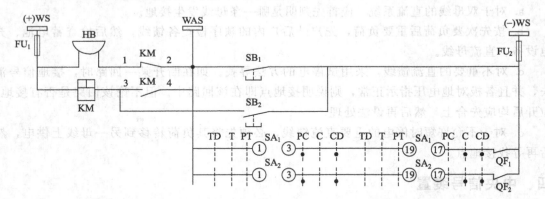

图 4-8　集中复归、不能重复动作信号装置电路图

在正常工作时，断路器合上，控制开关 SA 的 1 和 3、19 和 17 触点是接通的，但 QF$_1$ 和 QF$_2$ 常闭辅助触点是断开的。若某断路器 QF$_1$ 因事故跳闸，则 QF$_1$ 闭合，回路（＋）WS→HB→KM 常闭触点→SA 的 1 和 3 及 17 和 19→1QF→（－）WS 接通，蜂鸣器 HB 发出声响。按 SB$_2$ 复归按钮，KM 线圈通电，KM 常闭打开，蜂鸣器 HB 断电解除音响，KM 常开触点闭合，继电器 KM 自锁。若此时 QF$_2$ 又发生了事故跳闸，蜂鸣器将不会发出声响，这就叫做"不能重复动作"。能在控制室手动复归称中央复归。SB$_1$ 为试验按钮，用于检查事故音响是否完好。这种信号回路适用于容量比较小的工厂变配电所。

② 中央复归重复动作的事故信号回路。如图 4-9 所示是重复动作的中央复归式事故音响信号回路，该信号装置采用信号冲击继电器（或信号脉冲继电器）KI，型号为 ZC-23 型 [或按电流积分原理工作的 BC-4（S）型]，虚线框内为 ZC-23 型冲击继电器的内部接线图。

TA 为脉冲变流器（电流互感器），其一次侧并联的二极管 VD_2 和电容 C，用于抗干扰；其二次侧并联的二极管 VD_1 起单向旁路作用。当 TA 的一次电流突然减小时，其二次侧感应的反向电流经 VD_1 而旁路，不让它流过干簧继电器 KR 的线圈。KR 为执行元件（单触点干簧继电器），KM 为出口中间元件（多触点干簧继电器）。当 QF_1、QF_2 断路器合上时，其辅助触点 QF_1、QF_2（在图中）均打开，各对应回路的 1 和 3、19 和 17 均接通。若断路器 QF_1 事故跳闸，辅助常闭触点 QF_1 闭合，冲击继电器的脉冲变流器一次绕组电流突增，在其二次侧绕组中产生感应电动势使干簧继电器 KR 动作。KR 的常开触点 1 和 9 闭合，使中间继电器 KM 动作，其常开触点 KM（7 和 15）闭合自锁，另一对常开触点 KM（5 和 13）闭合，使蜂鸣器 HB 通电发出声响，同时 KM（6 和 14）闭合，使时间继电器 KT 动作，其常闭触点延时打开，KM 失电，使音响自动解除。SB_2 为音响解除按钮，SB_1 为试验按钮。此时若另一台断路器 QF_2 事故跳闸，流经 KI 的脉冲变流器的电流又增大使 HB 又发出声响，称为"重复动作"的音响信号回路。

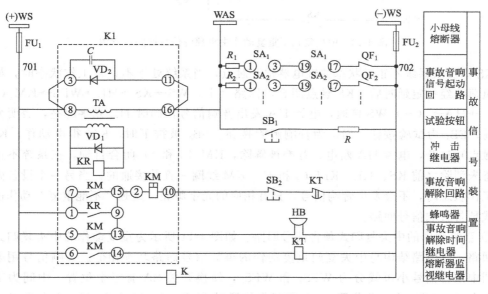

图 4-9　中央复归重复动作的事故信号回路示意图

"重复动作"是利用控制开关与断路器辅助触点之间的不对应回路中的附加电阻来实现的。当断路器 QF_1 事故跳闸，蜂鸣器发出声响，若音响已被手动或自动解除，但 QF_1 的控制开关尚未转到与断路器的实际状态相对应的位置，若断路器 QF_2 又发生自动跳闸时，其 QF_2 断路器的不对应回路接通，与 QF_1 断路器的不对应回路并联，不对应回路中串有电阻引起脉冲变流器 TA 的一次绕组电流突增，故在其二次侧感应一个电势，又使干簧继电器 KR 动作，蜂鸣器又发出音响。

（3）中央预告事故信号回路

中央预告信号是指在供电系统中发生的不正常工作状态情况下发出音响信号。常采用电铃发出声响，并利用灯光和光字牌来显示故障的性质和地点。中央预告信号装置有直流和交流两种，也有不重复动作和重复动作的两种。

① 中央复归不重复动作预告信号回路。如图 4-10 所示为中央复归不重复动作中央预告信号回路示意图。

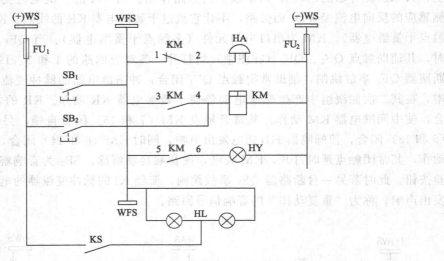

图 4-10　中央复归不重复动作中央预告信号回路示意图

KS 为反映系统不正常状态的继电器常开触点，当系统处于不正常工作状态时，如变压器过负荷，经一定延时后，KS 触点闭合，回路（＋）WS→KS→HL→WFS→KM（1 和 2 触点）→HA→（－）WS 接通，电铃 HA 发出音响信号，同时 HL 光字牌亮，表明变压器过负荷。SB$_1$ 为试验按钮，SB$_2$ 为音响解除按钮。SB$_2$ 被按下时，KM 得电动作，KM（1 和 2 触点）打开，电铃 HA 断电，音响被解除，KM（3 和 4）闭合自锁，在系统不正常工作状态未消除之前 KS、HL、KM（3 和 4）、KM 线圈一直是接通的，当另一个设备处于不正常工作状态时，不会发出音响信号，只有相应的光字牌亮。这是"不能重复"动作的中央复归式预告音响信号回路。

② 重复动作的中央复归式预告信号回路。如图 4-11 所示为重复动作的中央复归式预告信号回路，其电路结构与中央复归重复动作的事故信号回路基本相似。音响信号用电铃发出。图中预告信号小母线分为 WFS$_1$ 和 WFS$_2$，转换开关 SA 有三个位置，中间为工作位置，左右（±45°）为试验位置，SA 在工作位置时 13 和 14、15 和 16 通，其他断开，试验位置（左或右旋转 45°）则相反，13 和 14、15 和 16 不通，其他通。当 SA 在工作位置时，若系统发生不正常工作状态，如过负荷动作 K$_1$ 闭合，（＋）WS 经 K$_1$、HL$_1$（两灯并联）、SA 的 13 和 14、KI 到（－）WS，使冲击继电器 KI 的脉冲变流器一次绕组通电，发出音响信号，同时光字牌 HL$_1$ 亮。

转动 SA 在试验位置时，试验回路为（＋）WS→12-11→9-10→8-7→WFS$_2$→HL 光字牌（两灯串联）→WFS$_1$→1-2→4-3→5-6→（－）WS，所有光字牌亮，表明光字牌灯泡完好，如有不亮表示光字牌灯泡坏，应更换灯泡。

预告信号音响部分的重复动作也是靠突然并入启动回路一电阻，使流过冲击继电器的电流发生突变来实现。启动回路的电阻是用光字牌中的灯泡代替的。

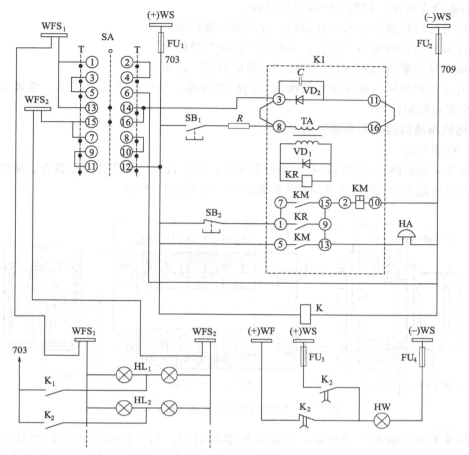

图 4-11 重复动作的中央复归式预告信号回路示意图

五、高压断路器控制及信号回路

断路器的控制方式，可分为远端控制和现场控制。远端控制是指操作人员在变电所主控制室或单元控制室内通过控制屏上的控制开关对几十至几百米以外的断路器进行跳、合闸控制。现场控制是指操作人员在断路器附近对断路器进行跳、合闸控制。为了实现对断路器的控制，必须有发出分、合闸命令的控制机构，如控制开关或控制按钮等；执行操作命令的断路器的操动机构；以及传送命令到执行机构的中间传送机构，如继电器、接触器的触点等。由这几部分构成的电路，即为断路器控制回路。

1. 高压断路器控制回路的要求

断路器控制回路的直接控制对象为断路器的操动（作）机构。操动机构主要有电磁操动机构（CD）、弹簧操动机构（CT）和液压操动机构（CY）等。本章节仅对电磁操动机构的断路器控制回路进行介绍。对断路器控制回路的基本要求如下。

① 能手动和自动合闸与跳闸。

② 能监视控制回路操作电源及跳、合闸回路的完好性；应对二次回路短路或过负荷进行保护。

③ 断路器操动机构中的合、跳闸线圈是按短时通电设计的，在合闸或跳闸完成后，应

能自动解除命令脉冲，切断合闸或跳闸电源。

④ 应有反应断路器手动和自动跳、合闸的位置信号。

⑤ 应具有防止断路器多次合、跳闸的"防跳"措施。

⑥ 断路器的事故跳闸回路，应按"不对应原理"接线。

⑦ 对于采用气压、液压和弹簧操动机构的断路器，应有压力是否正常、弹簧是否拉紧到位的监视和闭锁回路。

2. 电磁操动机构的断路器控制回路

（1）控制开关

控制开关是断路器控制回路的主要控制元件，由运行人员操作使断路器合、跳闸，在变电所中常用的是 LW2 型系列自动复位控制开关，如图 4-12 所示。

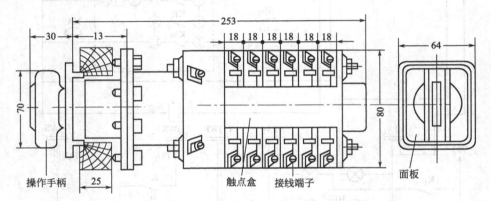

图 4-12　LW2 型系列自动复位控制开关

控制开关的手柄和安装面板，安装在控制屏前面，与手柄固定连接的转轴上有数节（层）触点盒，安装于屏后。触点盒的节数（每节内部触点形式不同）和形式可以根据控制回路的要求进行组合。每个触点盒内有 4 个定触点和 1 个旋转式动触点，定触点分布在盒的四角，盒外有供接线用的 4 个引出线端子，动触点处于盒的中心。动触点的型式有两种基本类型，一种是触点片固定在轴上，随轴一起转动，如图 4-13（a）所示；另一种是触点片与轴有一定角度的自由行程，如图 4-13（b）所示，当手柄转动角度在其自由行程内时，可保持在原来位置上不动，自由行程有 45°、90°、135° 三种。

(a) 固定触头　　　(b) 有自由行程触头

图 4-13　固定与自由行程触头示意图

控制开关共有 6 个位置，其中"跳闸后"和"合闸后"为固定位置，其他为操作时的过渡位置。有时用字母表示 6 种位置，C 表示合闸中，T 表示跳闸中，P 表示"预备"，D 表示"后"。

（2）控制回路

如图 4-14 所示为电磁操动机构的断路器控制回路示意图。图中虚线上打黑点（•）的触点，表示在此位置时该触点通。其工作原理如下。

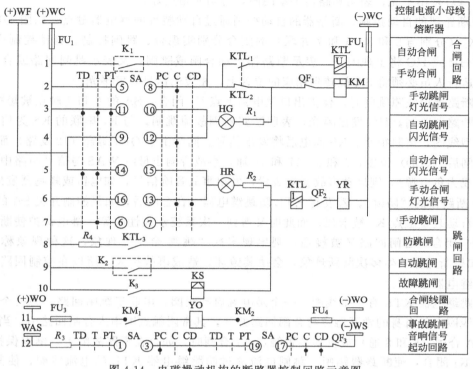

图 4-14　电磁操动机构的断路器控制回路示意图

① 断路器的手动控制

a. 手动合闸：设断路器处于跳闸状态，此时控制开关 SA 处于"跳闸后"（TD）位置，其触点 10 和 11 接通，QF_1 闭合，HG 绿灯亮，表明断路器是断开状态，又表明控制回路的熔断器 FU_1 和 FU_2 完好回路。因电阻 R_1 存在，流过合闸接触器线圈 KM 的电流很小，不足以使其动作。

将控制开关 SA 顺时针旋转 90°，至"预备合闸"位置（PC），9 和 12 接通，将信号灯接于闪光小母线（＋）WF 上，绿灯 HG 闪光，表明控制开关的位置与"合闸后"位置相同，但断路器仍处于跳闸后状态，这是利用"不对应原理"接线，同时提醒运行人员核对操作对象是否有误，如无误后，再将 SA 置于"合闸"位置（C）（继续顺时针旋转 45°）。SA 的 5 的 8 通，使合闸接触器 KM 接通于（＋）WC 和（－）WC 之间，KM 动作，其触点 KM_1 和 KM_2 闭合，合闸线圈 YO 通电，断路器合闸。断路器合闸后，QF_1 断开使绿灯熄灭，QF_2 闭合，由于 13 和 16 通，红灯亮。当松开 SA 后，在弹簧的作用下，SA 自动回到"合闸后"位置，13 和 16 通，使红灯发出平光，表明断路器手动合闸，同时表明跳闸回路完好及控制回路的熔断器 FU_1 和 FU_2 完好。在此通路中，因存在电阻 R_2，流过跳闸线圈 YR 的电流很小，不足以使其动作。

b. 手动跳闸：将控制开关 SA 逆时针旋转 90°置于"预备跳闸"位置（PT），13 和 16 断开，而 13 和 14 接通闪光母线，使红灯 HR 发出闪光，表明 SA 的位置与跳闸后的位置相同，但断路器仍处于合闸状态。将 SA 继续旋转 45°而置于"跳闸"位置（T），6 和 7 通，使跳闸线圈 YR 接通,此回路中的(KTL 线圈为防跳继电器 KTL 的电流线圈)YR 通电跳闸,QF$_1$ 合上,QF$_2$ 断开,红灯熄灭。当松开 SA 后,SA 自动回到"跳闸后"位置,10 和11 通,绿灯发出平光,表明断路器手动跳闸,合闸回路完好。

② 断路器的自动控制。断路器的自动控制通过自动装置的继电器触点,如图 4-14 所示K$_1$ 和 K$_2$(分别与 5 和 8、6 和 7 并联)的闭合分别实现合、跳闸控制。自动控制完成后,信号灯 HR 或 HG 将出现闪光,表示断路器自动合闸或跳闸,又表示跳闸回路或合闸回路完好,运行人员必须将 SA 旋转到相应的位置上,相应的信号灯发平光。

当断路器因故障跳闸时,保护出口继电器触点 K$_3$ 闭合,SA 的 6 和 7 触点被短接,YR 通电,断路器跳闸,HG 发出闪光,表明断路器因故障跳闸。与 K$_3$ 串联的 KS 为信号继电器电流型线圈,电阻很小。KS 通电后将发出信号。同时由于 QF3 闭合(12 支路)而 SA 是置"合闸后"(CD)位置,1 和 3、17 和 19 通,事故音响小母线 WAS 与信号回路中负电源接通(成为负电源),则启动事故音响装置,发出事故音响信号,如电笛或蜂鸣器发出声响。

③ 断路器的"防跳"。若没有 KTL 防跳继电器,在合闸后,如果控制开关 SA 的触点 5和 8 或自动装置触点 K$_1$ 被卡死;而此时又遇到一次系统永久性故障,继电保护使断路器跳闸,QF$_1$ 闭合,合闸回路又被接通,则出现多次"跳闸-合闸"现象,这种现象称为"跳跃"。如果断路器发生多次跳跃现象,会使其毁坏,造成事故扩大。所以在控制回路中增设了防跳继电器 KTL。

防跳继电器 KTL 有 2 个线圈,一个是电流启动线圈,串联于跳闸回路,另一个是电压自保持线圈,经自身的常开触点与合闸回路并联,其常闭触点则串入合闸回路中。当用控制开关 SA 合闸(5 和 8 通)或自动装置触点 K$_1$ 合闸时,如合在短路故障上,继电保护动作,其触点 K$_2$ 闭合,使断路器跳闸。跳闸电流流过防跳继电器 KTL 的电流线圈,使其启动,KTL$_1$ 常开触点闭合(自锁),KTL$_2$ 常闭触点打开,其 KTL 电压线圈也动作,自保持。断路器跳开后,QF$_1$ 闭合,如果此时合闸脉冲未解除,即控制开关 SA 的触点 5 和 8 或自动装置触点 K$_1$ 被卡死,因 KTL$_2$ 常闭触点已断开,所以断路器不会合闸。只有当触点 5 和 8 或K$_1$ 断开后,防跳继电器 KTL 电压线圈失电后,常闭触点才闭合。这样就防止了跳跃现象。

【技能训练】

技能训练一　二次回路图识读训练

1. 二次回路图

二次回路图主要有二次回路原理图、二次回路原理展开图、二次回路安装接线图。

(1) 原理接线图

二次回路原理图主要是用来表示继电保护、断路器控制、信号等回路的工作原理,以原件的整体形式表示二次设备间的电气连接关系,原理接线图通常还画出了相应的一次设备,便于了解各设备间的相互联系。

如图 4-15 所示为某 10kV 线路的过电流保护原理接线图,其工作原理和动作顺序为:当线路过负荷或发生故障时,流过它的电流增大,使流过接于电流互感器二次侧的电流继电器的电流也相应增大。在电流超过保护装置的整定值时,电流继电器 KA$_1$、KA$_2$ 动作,其常开触点接通时间继电器 KT,时间继电器 KT 线圈通电,经过预定的时限,KT 的触点闭合发出跳闸脉冲信号,使断路器跳闸线圈 YT 带电,断路器 QF 跳闸,同时跳闸脉冲电流流经信号继电器 KS 的线圈,其触点闭合发出信号。

(2) 原理展开图

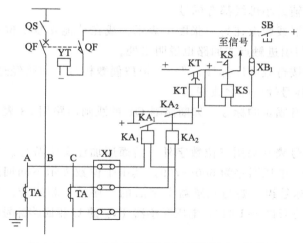

图 4-15　某 10kV 线路的过电流保护原理接线图

原理展开图将二次回路中的交流回路与直流回路分开来画。交流回路又分为电流回路和电压回路，直流回路又有直流操作回路与信号回路之分。在展开图中，继电器线圈和触点分别画在相应的回路，用规定的图形和文字符号表示。在展开图的右侧，有回路文字说明，方便阅读。二次回路安装接线图画出了二次回路中各设备的安装位置及控制电缆和二次回路的连接方式，是现场施工安装、维护必不可少的图纸。如图 4-16 所示为与图 4-15 对应的展开接线图。

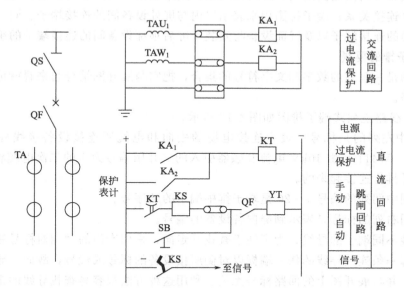

图 4-16　10kV 线路过电流保护展开接线图（右侧为一次电路）

绘制展开接线图有如下规律。

① 直流母线或交流电压母线用粗线条表示，以示区别于其他回路的联络线。

② 继电器和各种电气元件的文字符号与相应原理接线图中的文字符号一致。

③ 继电器作用和每一个小的逻辑回路的作用都在展开接线图的右侧注明。

④ 继电器触点和电气元件之间的连接线段都有回路标号。

⑤ 同一个继电器的线圈与触点采用相同的文字符号表示。

⑥ 各种小母线和辅助小母线都有标号。

⑦ 对于个别继电器或触点在另一张图中表示，或在其他安装单位中有表示，都应在图纸中说明去向，对任何引进触点或回路也说明出处。

⑧ 直流"＋"极按奇数顺序标号，"－"极按偶数标号。回路经过电气元件，如线圈、电阻、电容等后，其标号性质随之改变。

⑨ 常用的回路都有固定的标号，如断路器 QF 的跳闸回路用 33 表示，合闸回路用 3 表示等。

⑩ 交流回路的标号表示除用三位数字外，前面还加注文字符号。交流电流回路标号的数字范围为 400～599，电压回路为 600～799。其中个位数表示不同回路；十位数表示互感器组数。回路使用的标号组，要与互感器文字后的"序号"相对应。如：电流互感器 TA_1 的 U 相回路标号可以是 U411～U419；电压互感器 TV_2 的 U 相回路标号可以是 U621～U629。

（3）安装接线图

原理图或原理展开图通常是按功能电路如控制回路、保护回路、信号回路来绘制的，而安装接线图是按设备如开关柜、继电器屏、信号屏为对象绘制的。

安装接线图是用来表示屏内或设备中各元器件之间连接关系的一种图，在设备安装、维护时提供导线连接位置。图中设备的布局与屏上设备布置后的视图是一致的，设备、元件的端子和导线，电缆的走向均用符号、标号加以标记。

安装接线图包括：屏面布置图，它表示设备和器件在屏面的安装位置，屏和屏上的设备、器件及其布置均按比例绘制；屏后接线图，用来表示屏内的设备、器件之间和与屏外设备之间的电气连接关系；端子排图用来表示屏内与屏外设备间的连接端子、同一屏内不同安装单位设备间的连接端子以及屏面设备与安装于屏后顶部设备间的连接端子的组合。

2. 看端子排的要领

端子排图是一系列的数字和文字符号的集合，把它与展开图结合起来看就可清楚地了解它的连接回路。

某 10kV 线路三列式端子排图如图 4-17 所示。

图 4-17 中左列的是标号，表示连接电缆的去向和电缆所连接设备接线柱的标号。如 U411、V411、W411 是由 10kV 电流互感器引入的，并用编号为 1 的二次电缆将 10kV 电流互感器和端子排 I 连接起来的。

端子排图中间列的编号 1～20 是端子排中端子的顺序号。

端子排图右列的标号是表示到屏内各设备的编号。

两端连接不同端子的导线，为了便于查找其走向，采用专门的"相对标号法"。"相对标号法"是指每一条连接导线的任一端标以对侧所接设备的标号或代号，故同一导线两端的标号是不同的，并与展开图上的回路标号无关。利用这种方法很容易查找导线的走向，由已知的一端便可知另一端接到何处。如 I4-1 表示连接到屏内安装单位为 I，设备序号为 4 的第 1 号接线端子。按照"相对标号法"，屏内设备 I4 的第 1 号接线端子侧应标 I-5，即端子排 I 中顺序号为 5 的端子。

看端子排图的要领如下。

① 屏内与屏外二次回路的连接，同一屏上各安装单位的连接以及过渡回路等均应经过端子排。

② 屏内设备与接于小母线上的设备，如熔断器、电阻、小开关等的连接一般应经过端

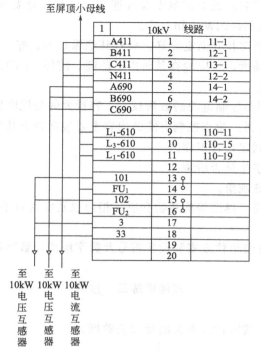

图 4-17　某 10kV 线路三列式端子排图

子排。

③ 各安装单位的"＋"电源一般经过端子排，保护装置的"－"电源应在屏内设备之间接成环形。环的两端再分别接至端子排。

④ 交流电流回路、信号回路及其他需要断开的回路，一般需用试验端子。

⑤ 屏内设备与屏顶较重要的控制、信号、电压等小母线，或者在运行中、调试中需要拆卸的接至小母线的设备，均需经过端子排连接。

⑥ 同一屏上的各安装单位均应有独立的端子排，各端子排的排列应与屏面设备的布置相配合。一般按照下列回路的顺序排列：交流电流回路，交流电压回路，信号回路，控制回路、其他回路，转接回路。

⑦ 每一安装单位的端子排应在最后留 2～5 个端子作备用。正、负电源之间，经常带电的正电源与跳闸或合闸回路之间的端子排应不相邻或者以一个空端子隔开。

⑧ 一个端子的每一端一般只接一根导线，在特殊情况下 B1 型端子最多接两根。连接导线的截面积，对 B1 型和 D1-20 型的端子不应大于 $6mm^2$；对 D1-10 型的端子不应大于 $2.5mm^2$。

技能训练二　检查电气二次回路的接线和电缆走向

1. 技能掌握要求

通过学习应会检查电气二次回路的接线和判断控制电缆的走向。

2. 工作程序

（1）二次回路接线的检查

检查二次接线的主要内容如下。

① 检查接线是否松动。防止发生电流互感器开路运行而将电流互感器烧掉。

② 检查控制按钮、控制开关等的触点及其连接，应与设计要求一致，辅助开关触点的转换应与一次设备或机械部件的动作相对应。

③ 检查盘内接线是否绑扎并固定完好，检查其绝缘是否良好。

④ 户外潮湿污秽的场所，还应检查其防雨、防潮、防污、防尘和防腐等措施是否完备。

（2）控制电缆的检查

变电所中的电缆特别是控制电缆的数量较大，容量大的变配电所可能多达几十千米，所以要将电缆编号，以防弄错。检查控制电缆的内容主要包括以下几项。

① 检查控制电缆的固定是否牢固。

② 检查电缆标示牌字迹是否清楚。

③ 检查电缆有无发热现象。

④ 检查电缆进入沟道，隧道等构筑物和屏、柜内以及穿入管子时，出口密封是否良好。

3. 注意事项

控制电缆的编号由安装单位或安装设备符号及数字组成。数字编号为三位数字，以不同的用途分组。

技能训练三　抄表

1. 技能掌握要求

通过学习应会正确、按时抄录有关测量仪表数据。

2. 相关知识

在电气运行值班过程中，除按时抄录有关指示仪表的数据外，还应定时抄录计量仪表的数据，以了解工厂的电能消耗情况，核算企业生产成本。计量仪表主要有有功电能表和无功电能表。

（1）电能表的接线

电能表的下部有一排接线柱，利用这些接线柱，可把电能表的电流线圈串接在负载电路中，电压线圈并联在负载电路中。

① 单相电能表的接线。单相电能表的接线图如图 4-18 所示。

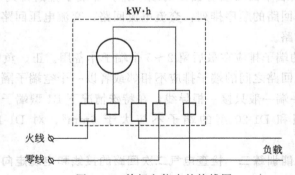

图 4-18　单相电能表的接线图

② 三相三线制电路中电能表的接线。在低压三相三线制电路中，有功电能的计量应采用新型的 DS862、DS864 型三相电能表，无功电能的计量采用 DX246 型。如图 4-19 所示为低压三相三线制电路有功电能表的接线图。

高压三相三线制电路，测量三相有功电能可采用 1.5（6）或 3（6）A，括号内为最大电流。把 U 相和 W 相的电流互感器分别串连接入两个电流线圈，用两台单相电压互感器接

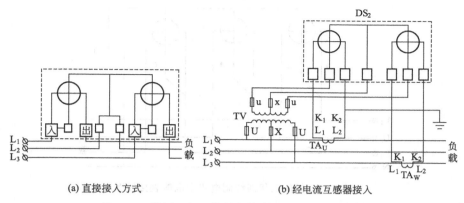

(a) 直接接入方式　　　　　　　(b) 经电流互感器接入

图 4-19　低压三相三线制电路有功电能表的接线图

成 V、V0 型接线，如图 4-20 所示；也可以用三台单相或一台三相电压互感器，接成如图 4-21 所示的 Y、Y0 接线，按图接入两个电压线圈。

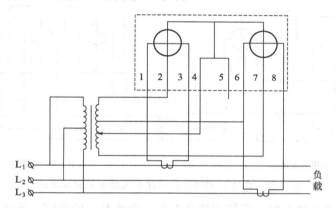

图 4-20　高压三相三线制电路中有功电能表接线图（电压互感器接成 V、V0 方式）

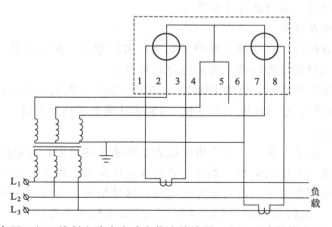

图 4-21　高压三相三线制电路中有功电能表接线图（电压互感器接成 Y、Y0 方式）

③ 低压三相四线制电路中电能表的接线。对于低压三相四线制电路，应选用三相四线制有功电能表来计量电能，以保证在三相电压和电流不对称时，也能正确计量，其接线图如 4-22 所示。当负载功率较大时，可将电能表配用电流互感器来计量电能。

④ 三相无功电能表的接线。三相三线制电路可采用无功电能表接线，如图 4-23（a）所

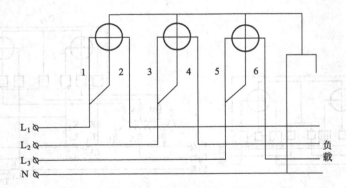

图 4-22　低压三相四线制电路中电能表接线图

示。三相交流电路无功电能的计量，可采用三元件或二元件无功电能表。如图 4-23（b）所示。这种接线方式采用了相法接线，即将各组电磁元件的电压、电流分别接成 90°的相位差。

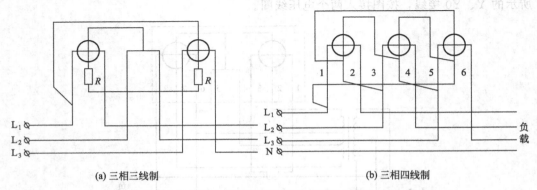

（a）三相三线制　　　　　　　　　　　　　　　（b）三相四线制

图 4-23　低压三相四线制电路中无功电能表接线图

各种三相电能表在接线时，应特别注意电压、电流对应的相序和互感器的极性，如果相序和互感器的极性接反，则会造成计量错误。

（2）电能表倍率及计算

每只电能表都有铭牌，在铭牌上标明了制造厂名、型式、额定电流、额定电压、相数、准确度等级、每千瓦时的铝盘转数（即电能表的常数）。

电能表常数用符号 R 表示，例如 DD862-4，5A、220V 电能表，每千瓦时 $R=600$r/kW·h，说明铝盘转动 600 转，显示耗电 1kW·h。电能表计度器末位字轮转一周所需铝盘的转数，称为电能表的齿轮比。

电能表的倍率一般分两种，一种是由电能表结构决定的倍率，称电能表本身倍率，它等于电能表的齿轮比除以电度表常数。如电能表的齿轮比及常数均为 2500，其倍数实为 1。则使用时将两次所抄电度数相减，即为实际用电量。这种情况下电能表的倍率按下式计算：

$$电能表倍率 = TV_{变比} \times TA_{变比} \times 电能表本身倍率$$

（3）测量仪表的异常运行及事故处理

无论是指示仪表，还是测量仪表，在过负荷、绝缘能力降低、电压过高、电流接头松动造成虚接开路等情况下，都可能发生冒烟现象。当发现接头冒烟后，应立即将表计电流回路短接、电压回路断开。在操作中应注意，勿将电压线圈短路、电流线圈开路。完成上述工作后，应报告上级有关部门，听候处理。

3. 注意事项

为了保证电费的及时回收，抄表要按规定的时间和程序进行。

电能表在长期运行中可能出现计数器卡住不走、表内有脏物卡住、电表空转、由于检修质量不良造成字车和铝盘衔接太紧、各部螺钉松动造成不走、止逆装置失灵、轴承磨损造成表慢等异常现象。属于测量仪表本身的问题，应立即通知有关人员修理。属于回路问题，运行人员应判明原因，并及时自行处理，待处理后报告上级有关部门；不能自行处理的，应报告上级有关部门，听候处理。

【思考与练习】

一、问答题

1. 何谓操作电源？操作电源分有哪几类？其作用有何不同？

2. 电气回路中为什么要装设绝缘监察装置？直流绝缘监察装置是如何发出音响和灯光信号的？

3. 直流回路一点接地后还能继续运行吗？两点接地呢？

4. 什么是二次设备和二次回路？

5. 二次接线图常见的形式有哪几种？各有什么特点？

6. 原理接线图与展开接线图各有何特点？

7. 展开接线图的识绘图的基本原则是什么？

8. 二次回路编号的原则是什么？简述直流回路和交流回路的编号方法。

9. 什么是相对编号法？

二、填空题

1. 在灯光监视的断路器控制线路中，红灯发平光表示_____，红灯发闪光又表示_____；绿灯发平光表示_____，绿灯发闪光又表示_____。

2. 供配电系统中，能反映一次系统的工作状态并用来调整、控制、监测和保护的电气回路称为_____回路、_____回路；按功能可划分有_____回路、_____回路、_____回路、_____回路和_____回路。

3. 为保证二次回路各部分的用电，供配电系统对二次回路提供了相应的_____电源。其中由蓄电池组供电的独立直流电源和硅整流电源主要用于_____变配电站，由变配电电站主变提供或仅用互感器提供的交流电源通常用于_____变配电站。

4. 为满足电气设备安全运行的需要，在供配电二次系统中通常装设_____仪表，用来监测变配电站电气设备的_____状况、_____质量等。

5. 进行电气测量的目的有 3 个：一是通过有功功率表和无功功率表对用电单位进行的_____测量；二是利用电压表、电流表、功率表、电能表等的数据采集，从而对一次系统设备的运行状态及技术数据进行的_____测量；三是利用测量仪表采集的数据，对交、直流系统的绝缘电阻、三相电压是否平衡等进行的_____监测。

任务二　继电保护设备的运行管理

【任务概述】

在工厂的供配电系统中，由于电气设备内部绝缘的老化、损坏或因雷击、外力破坏以及工作人员的误操作等，可能使运行中的供配电系统发生故障和不正常运行。最常见的故障是各种形式的短路。很大的短路电流及短路点燃起的电弧，会损坏设备的绝缘甚至烧毁设备，同时引起电力系统的供电电压下降，引发严重后果。如果在供配电系统中装设一定数量和不同类型的继电保护设备，可将故障部分迅速地从系统中切除，以保证供配电系统的安全运行。本次任务是在理解继电保护工作原理的基础上，掌握继电保护的动作电流与动作时间的整定，学会检验和调试继电保护装置，能对继电保护设备进行运行管理。

【相关知识】

一、电力系统的正常工作状态、异常运行状态和故障状态

电力系统是由电能生产、输送、分配和使用等若干环节构成的，电力系统的运行应处于正常运行状态中，但是电力系统中的电气设备数量众多，在运行过程中，由于受自然条件、设备质量、运行维护及人为误操作等因素的影响，可能出现异常状态，甚至会发生各种故障，而一旦设备出现异常或故障，将对设备及设备所在系统产生种种不良甚至是严重后果。因此，为了保护设备及系统的安全，电力系统中所有投入运行的设备，都必须配置有相应的继电保护装置。

1. 正常工作状态

电力系统的正常工作状态为：电力系统中各发电、输电和用电设备均在规定的长期安全工作限额内运行；电力系统中各母线电压和频率均在允许的偏差范围内，提供合格而足够的电能以满足负荷的需求。

2. 异常运行状态

电力系统的正常工作状态遭到破坏，运行参数偏离规定的允许值，但没有形成故障，仍可继续运行一段时间的情况，称为电力系统的异常运行状态。最常见的异常运行状态的形式有很多，最常见的有过负荷、中性点非直接接地系统的单相接地、发电机突然甩负荷引起的过电压、电力系统震荡等。电气设备进入异常运行状态，将会加速绝缘的老化和损坏，若不及时处理，就有可能发生成故障。

3. 故障状态

电力系统的故障是指电气设备发生短路、断线等情况。最常见同时也是最危险的故障是发生各种类型的短路。短路包括三相短路 $K^{(3)}$、两相短路 $K^{(2)}$、两相接地短路 $K^{(1,1)}$、单相接地短路 $K^{(1)}$，以及电机、变压器绕组的匝间短路等几种，其中三相短路、两相短路又称相间短路，两相接地短路、单相接地短路又称接地短路，并以三相短路最为危险，以单相接地短路最为常见。

发生短路时可能产生以下后果。

① 故障点的电弧将故障设备烧坏；

② 短路电流的热效应和电动力效应使故障回路的设备受到损伤，降低使用寿命；

③ 系统电压损失增大使设备工作电压下降，离故障点越近，所受影响越大，用户的正常工作条件遭到破坏；

④ 破坏电力系统运行的稳定性，严重时引起系统振荡甚至使整个电力系统瓦解，导致大面积停电。

4. 异常、故障与事故的关系

所谓事故是指出现人员伤亡、设备损坏、电能质量下降到不能允许的程度、对用户少供电或停止供电等情况。异常、故障和事故三者的关系是一种运行状态逐步演化、深化和升级

的关系：电气设备长期处于异常运行状态，会发展成故障，若故障发生后又没有得到及时的控制和处理将引起事故。因此，电力系统必须配置继电保护，继电保护在发现设备处于异常运行状态时能及时地发出信号，设备故障时能及时地将故障部分从系统中切除，这样就可以大大减少事故发生的概率，把事故消灭在发生之前，可见继电保护是电力系统一种很重要的反事故措施。

二、继电保护装置的基本任务

继电保护装置是一种用来反应电力系统中电气元件发生故障或不正常工作状态，并动作于断路器跳闸或发出信号的一种自动装置。它的基本任务如下。

① 当电力系统的被保护元件发生故障时，继电保护装置应能自动、迅速、有选择地将故障元件从电力系统中切除，并保证无故障部分迅速恢复正常运行。

② 当电力系统中被保护元件出现不正常工作状态时，继电保护装置应能及时反应，并根据运行维护条件和设备的承受能力，动作于发出信号、减负荷或跳闸。

继电保护装置是电力系统的一种反事故自动装置。电力系统正常运行时，继电保护装置只是实时监视电力系统中各元件的运行状态，一旦出现故障和异常运行状态，继电保护装置就会迅速动作，实现故障隔离和告警，保证电力系统的安全。继电保护装置是电力系统自动化的重要组成部分，是保证电力系统安全运行的重要措施之一，在现代化的电力系统中是维持系统正常运行必不可少的重要设备。

三、继电保护的基本原理和分类

1. 基本工作原理

要完成继电保护的基本任务，继电保护装置就必须具备区分被保护设备正常运行、发生故障或异常运行状态的能力，必须能够正确鉴别发生故障和出现异常的元件。继电保护的基本原理就是依据电力设备在3种运行状态下设备参数的差异实现对正常工作、异常和故障元件的正确而又快速地鉴别。依据电气量的不同差异，就可以构成不同原理的继电保护装置。

（1）反应电气量的保护

电力系统发生故障时，主要特征是电流增大、电压降低；电压与电流的比值（阻抗）和它们之间的相位角发生变化，以及出现负序和零序分量等现象。根据电流、电压、阻抗等的变化，可区分正常运行、异常还是故障状态。利用故障时这些电气量的变化特征，可以构成各种不同原理的继电保护。例如：利用故障时电流增大的特征构成了过电流保护；利用故障时电压降低构成了低电压保护；利用故障时测量阻抗降低的特征就可以构成距离保护。对于双侧电源网络，在被保护元件内部和外部短路时，利用两端电流相位的差别可以构成纵联电流差动保护，利用两端功率方向的差别可以构成方向高频保护等。

（2）反应非电量保护

除反应上述各种电气量变化特征的保护外，还可以根据电力元件的特点，实现反应非电量特征的保护。例如，当变压器油箱内部的绕组短路时，变压器油受热分解所产生的气体，将构成瓦斯保护；反应绕组温度升高构成的过负荷保护等。

2. 分类

① 按被保护的对象来分：输电线路保护、发电机保护、变压器保护、母线保护、电动机保护等。

② 按保护原理来分：电流保护、电压保护、距离保护、差动保护、方向保护和零序保护等。

③ 按保护所反应故障类型来分：相间短路保护、接地故障保护、断线保护、失步保护及失磁保护等。

④ 按保护所起作用来分：主保护，当被保护对象故障时，用以快速切除故障的保护。

后备保护，当主保护和断路器拒动时，用来切除故障的保护，且后备保护又有远后备保护与近后备保护之分。其中，在主保护拒动时，同一设备上实现切除故障的另一套保护，称之为近后备保护；而当保护或断路器拒动时，相邻设备上用来实现切除故障的保护，则称之为远后备保护。辅助保护，为补充主保护和后备保护的性能不足而增设的简单保护。

3. 继电保护装置的组成

继电保护的种类虽然很多，但就其基本组成而言，一般可看成由测量部分、逻辑部分和执行部分三部分组成，其框图如图 4-24 所示。

图 4-24　继电保护装置的组成框图

（1）测量部分

测量部分的作用是测量被保护元件的某些运行参数，并与给定的值进行比较，根据比较的结果，以判断被保护设备的工作状态，决定是否启动保护。

（2）逻辑部分

逻辑部分的作用是根据测量部分的输出结果，进行一系列的逻辑判断，以决定保护是否应动作。

（3）执行部分

执行部分的作用是根据逻辑部分判断的结果，执行保护的功能，即设备正常运行时保护不动，设备故障时保护动作于跳闸，而设备异常时保护动作于发信号。

四、对继电保护的基本要求

动作于跳闸的继电保护，在技术上一般应满足 4 条基本要求，即选择性、速动性、灵敏性和可靠性。

1. 选择性

选择性是指继电保护装置动作时，仅将故障元件从电力系统中切除，保证系统中非故障元件仍然能够继续安全运行，使停电范围尽量缩小。

在如图 4-25 所示的网络中，假设各设备上都装设有电流保护。当 K_1 点短路时，由于短路电流总是由电源流向故障点，因此保护 1、2、3、4 均有短路电流流过，均可能动作，但

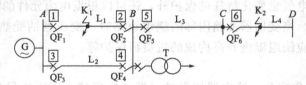

图 4-25　保护选择性动作说明图

根据选择性的要求，应该是由保护 1、2 分别动作于跳开断路器 QF_1 和 QF_2，将故障切除。同理，当 K_2 点短路时，根据短路电流的分布情况，保护 1、2、3、4、5、6 均有短路电流流过均可能动作，但只有保护 6 动作于断路器 QF_6 跳闸才认为是有选择性的。

在 K_2 点短路时，如果保护 6 或断路器 QF_6 拒动，则保护 5 动作于断路器 QF_5 跳闸也认为是有选择性的动作。因为在这种情况下，保护 5 的动作虽然扩大了停电范围，但仍起到了使故障的影响范围限制在最小的作用，而如果保护 5 不动作于断路器 QF_5 跳闸，则故障将一直持续着，其影响范围将更广。保护 5 的这种作用，就是前面介绍的远后备保护的作用。

2. 速动性

速动性是指尽可能快地切除故障，以减少设备及用户在大短路电流、低电压下的运行时间，降低设备的损坏程度，提高系统并列运行的稳定性以及自动重合闸和备用电源自动投入装置的动作成功率。

3. 灵敏性

灵敏性是指保护装置对其保护范围内发生的故障或不正常工作状态的反应能力。满足灵敏性要求的保护装置，应该是在规定的保护范围内部故障时，在系统任意的运行条件下，无论短路点的位置、短路的类型如何，以及短路点是否有过渡电阻，当发生短路时都能灵敏反应。

灵敏性通常用灵敏系数 K_{sen} 或灵敏度来衡量。

对于反应故障时参数增大而动作的保护装置，其灵敏系数为

$$K_{sen} = \frac{保护区末端金属性短路时故障参数的最小计算值}{保护装置的整定值}$$

对于反应故障时参数减小而动作的保护装置，其灵敏系数为

$$K_{sen} = \frac{保护装置的整定值}{保护区末端金属性短路时故障参数的最大计算值}$$

在国家标准《继电保护和安全自动装置技术规程》（GB/T 14285—2006）中，对各类保护灵敏系数的要求都做了具体规定。

4. 可靠性

可靠性是指在该保护装置规定的保护范围内发生了它应该动作的故障时，它不应该拒绝动作，而在发生任何其他该保护不应该动作的故障时，则不应该误动作。

保护装置的可靠性主要依赖于保护装置本身的质量和运行维护水平。一般说来，保护装置组成元件的质量越高、接线越简单、回路中继电器的触点数量越少，可靠性越高。同时，精细的制造工艺、正确的调整试验、良好的运行维护以及丰富的运行经验，对于提高保护的可靠性也具有重要的作用。

以上分析的继电保护 4 个基本要求，它们应同时满足，但是这种满足只能是相对的。因为在这 4 个基本要求之间，既有相互紧密联系的一面，也有互相矛盾的一面。例如，为保证选择性，有时就要求保护动作带上延时；为保证灵敏性，有时就允许保护非选择性动作，再由自动重合闸装置来纠正；而为保证速动性和选择性，有时需采用较复杂的保护装置，因而降低了可靠性。因此，在确定继电保护方案时，必须从电力系统的实际情况出发，分清主次，以求得最优情况下的统一。

【思考与练习】

1. 继电保护装置的基本任务是什么？

2. 对继电保护的基本要求是什么？

3. 什么是主保护？什么是后备保护？

任务三　继电器测试

【任务概述】

最早继电保护装置是由继电器所组成的，为了充分理解继电保护的工作原理，本次任务主要学习电磁型继电器的结构、工作原理、动作电流等参数的确定。

【相关知识】

一、继电器的基本知识

继电器是各种继电保护装置的基本组成元件。一般来说，按预先整定的输入量动作，并具有电路控制功能的元件称为继电器。

继电特性，即继电器输入量和输出量之间的关系，如图 4-26 所示。图中 X 是加于继电器的输入量，Y 是继电器触点电路中的输出量。当输入量 X 从零开始增加时，在 $X < X_{op}$ 的过程中，输出量 $Y = Y_{min}$ 保持不变。当输入量 X 增加到动作量 X_{op} 时，输出量突然由最小 Y_{min} 变到最大 Y_{max}，称为继电器动作。当输入量减小时，在 $X > X_r$ 的过程中，输出量保持不变。当输入量 X 减小到 X_r 时，输出量 Y 突然由最大 Y_{max} 变到最小 Y_{min}，称为继电器返回。这种输入量连续变化，而输出量总是跃变的特性，称为继电特性。返回值 X_r 与动作值 X_{op} 之比称为继电器的返回系数，以 K_r 表示。

$$K_r = \frac{X_r}{X_{op}} \tag{4-1}$$

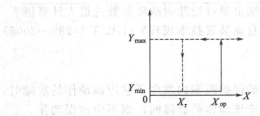

图 4-26　继电特性

通常，继电器在没有输入量（或输入量没有达到整定值）的状态下，断开着的触点称为动合触点（也称为常开触点）；闭合着的触点称为动断触点（也称为常闭触点）。

继电器的种类很多，按照继电器的工作原理可分为电磁型、感应型、整流型、晶体管型和微机型；按照继电器反映物理量的性质来分，可分为电流继电器、电压继电器、功率继电器、方向继电器、阻抗继电器等；按照继电器反映电气量的大小来分，又可分为过量继电器和欠量继电器。常用继电器型号中字母的含义见表 4-2。

表 4-2　常用继电器型号中字母的含义

第一个字母	第二、三个字母
D——电磁型	L—电流继电器　　Z—阻抗继电器
L——整流型	Y—电压继电器　　FY—负序电压继电器
B——半导体型	G—功率方向继电器　　CD—差动继电器
J——极化型或晶体管型	X—信号继电器　　ZB—中间继电器

二、电磁型继电器

电磁型继电器的结构形式主要有3种：螺管线圈式、吸引衔铁式、转动舌片式，如图4-27所示。

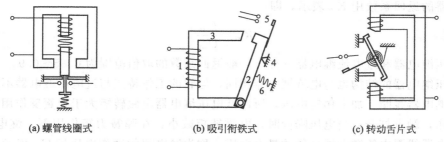

（a）螺管线圈式　　　　（b）吸引衔铁式　　　　（c）转动舌片式

图4-27　电磁型继电器的3种基本结构形式

1—线圈；2—可动衔铁；3—电磁铁；4—止挡；5—接点；6—反作用弹簧

1. 电磁型电流继电器

电流继电器是实现电流保护的基本元件之一，也是反映一个电气量而动作的典型简单继电器。因此，将通过对它的分析来说明一般继电器的工作原理和主要特性。常用的DL-10系列电磁型电流继电器的基本结构如图4-27所示。

当线圈中通过电流时，铁芯中产生磁通，对可动舌片产生一个电磁吸引转动力矩，欲使其顺时针转动，但反作用弹簧产生一个反抗力矩，使其保持原状。但线圈中电流增大，达到整定值时，电磁转动力矩足以克服弹簧的反作用力矩。于是可动舌片顺时针旋转，这时与可动舌片位于同一转轴的可动触点也跟着顺时针旋转，与静触点接通，继电器动作。

当电流减小时，电磁转动力矩减小，在弹簧反作用力矩的作用下，可动舌片逆时针往回旋转，于是动触点与静触点分离，继电器从动作状态返回到不动作的原来状态。

过电流继电器线圈中使继电器动作的最小电流，称为继电器的动作电流用 I_{op} 表示。使继电器由动作状态返回到起始位置的最大电流，称为继电器的返回电流用 I_{re} 表示。继电器的返回电流与动作电流的比值称为继电器的返回系数用 K_{re} 表示，即

$$K_{re} = \frac{I_{re}}{I_{op}} \tag{4-2}$$

对于过量继电器（例如过电流继电器）$K_{re} < 1$，一般在 0.85～0.9 范围。

电流继电器的文字符号为KA，其图形符号如图4-28所示。图中方框表示电流继电器的线圈，方框上面的符号表示电流继电器的动合触点。

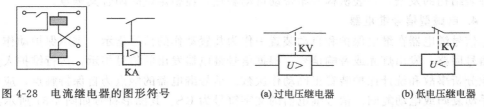

图4-28　电流继电器的图形符号　　　　　（a）过电压继电器　　（b）低电压继电器

图4-29　电压继电器的图形符号

2. 电磁型电压继电器

电压继电器的文字符号为KV。电压继电器分为过电压继电器和低电压继电器两种，其

图形符号分别如图 4-29 中（a）、（b）所示。

过电压继电器的结构和工作原理与前述的过电流继电器相似。过电压继电器线圈中使继电器动作的最小电压，称为继电器的动作电压用 U_{op} 表示。使继电器由动作状态返回到起始位置的最大电压，称为继电器的返回电压用 U_{re} 表示。继电器的返回电压与动作电压的比值称为继电器的返回系数用 K_{re} 表示，即

$$K_{re} = \frac{U_{re}}{U_{op}} \tag{4-3}$$

过电压继电器和过电流继电器一样，一般返回系数的取值范围为 0.85～0.9。

低电压继电器的结构也与电流继电器相同，但它的工作特点与过电压继电器不同。正常运行时，继电器线圈上加上额定电压，所以低电压继电器电磁转矩大于弹簧反作用力矩，继电器不动作，触点打开；当电压降低时，电磁转矩减小，在弹簧力矩作用下，继电器动作。低电压继电器线圈中使继电器动作的最大电压，称为继电器的动作电压用 U_{op} 表示。使继电器由动作状态返回到起始位置的最小电压，称为继电器的返回电压用 U_{re} 表示。继电器的返回电压与动作电压的比值称为继电器的返回系数用 K_{re} 表示，即

$$K_{re} = \frac{U_{re}}{U_{op}} \tag{4-4}$$

对于欠量继电器（例如低电压继电器）K_{re} 总大于 1，一般要求大于 1.2。

3. 电磁型时间继电器

时间继电器在继电保护装置中用来使保护装置获得所要求的延时。时间继电器的文字符号为 KT。其图形符号如图 4-30 所示。图中方框表示时间继电器的线圈，时间继电器一般配有瞬时打开延时闭合的动合触点。

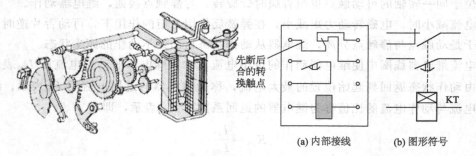

先断后合的转换触点

(a) 内部接线　　　　(b) 图形符号

图 4-30　时间继电器的图形符号

电磁型时间继电器由一个电磁启动机构带动一个钟表延时机构而组成。当螺管线圈通入电流时，衔铁在电磁力的作用下，克服弹簧反作用力而被吸入线圈，衔铁被吸入的同时，上紧钟表结构的发条，钟表机构开始带动可动触点，经整定延时闭合其触点。

4. 电磁型信号继电器

信号继电器在继电保护和自动装置中作为装置动作的信号指示，表示保护动作，同时接通信号回路，发出灯光或音响信号。根据信号继电器发出的信号指示，运行维护人员能够方便地分析事故和统计保护装置正确动作次数。信号继电器的触点为自保持触点，应由运行人员手动复归或电动复归。信号继电器的文字符号为 KS。其图形符号如图 4-31 所示。图中方框表示信号继电器的线圈，信号继电器一般配有动合触点。

电磁型信号继电器的动作原理是，当线圈中通过电流时，舌片被吸引，于是锁扣立即释放信号牌。信号牌由于本身的重量而落下，并停留在水平位置（通过继电器外壳上的窗口可

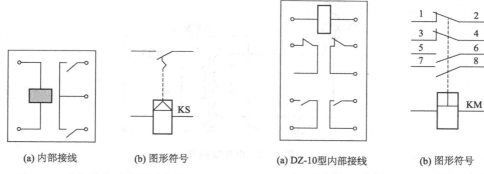

(a) 内部接线　　(b) 图形符号　　　　　　　　(a) DZ-10型内部接线　　(b) 图形符号

图 4-31　信号继电器的图形符号　　　　　　图 4-32　中间继电器的图形符号

以看到信号牌），与此同时触点也闭合，接通声、光信号回路。继电器动作后要解除信号，由运行人员手动复归，即转动外壳上的复位旋钮，使其常开触点断开，同时信号牌复位。

5. 电磁型中间继电器

中间继电器是保护装置中不可少的辅助继电器，与电磁式电流、电压继电器相比具有如下特点：触点容量大，可直接作用于断路器跳闸；触点数目多，可同时断开或接通几个不同的回路；可实现时间继电器难以实现的延时。中间继电器的文字符号为 KM。其图形符号如图 4-32 所示。图中方框表示中间继电器的线圈，中间继电器一般配有多个动合触点或动断触点。

三、变换器

在微机型继电保护装置中，其测量元件不能直接接入电流互感器或电压互感器的二次线圈，常使用测量变换器将电压互感器的二次电压降低，或将电流互感器的二次电流变为电压。

测量变换器的作用主要有以下几种。

① 变换电量。将互感器二次侧的强电压（100V）、强电流（5A）转换成弱电压，以适应弱电元件的要求。

② 隔离电路。将保护的逻辑部分与电气设备的二次回路隔离。从安全出发电流、电压互感器二次侧必须接地，而弱电元件往往与直流电源连接，但直流回路又不允许直接接地，故需要使用变换器将交直流电隔离。另外借助变换器的屏蔽层可以减少高压设备对弱电元件的干扰。

③ 用于定值调整。调整变换器一次绕组或二次绕组的抽头可以改变继电器的定值或扩大定值的范围。

④ 用于电量的综合处理。通过变换器可以将多个电量综合成单一电量有利于简化保护。

常用的测量变换器有电压变换器（UV）、电流变换器（UA）、电抗变换器（UX）或称为电抗变压器。

1. 电压变换器（UV）

电压变换器结构原理与电压互感器、变压器的原理相同。一般用来把输入电压降低或使之可以调节，如图 4-33 所示。

电压变换器的二次侧电压 $\dot{U}_2$ 与一次侧电压 $\dot{U}_1$ 的关系为

$$\dot{U}_2 = K_U \dot{U}_1$$

(4-5)

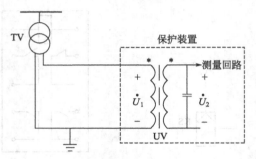

图 4-33　电压变换器

式中　K_U——电压变换器的变比。

2. 电流变换器 (UA)

电流变换器由一台小容量电流互感器及其固定二次负载电阻组成。如图 4-34 所示。

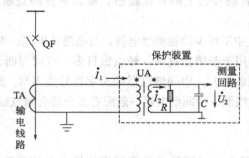

图 4-34　电流变换器

电流变换器一次绕组接电流互感器的二次绕组，将输入电流 $\dot{I}_1$ 变换为与之成正比的二次电压 $\dot{U}_2$。电流变换器的二次侧电压 $\dot{U}_2$ 与一次侧电流 $\dot{I}_1$ 的关系为

$$\dot{U}_2 = K_A \dot{I}_1 \tag{4-6}$$

式中　K_A——电流变换器的变换系数。

3. 电抗变换器 (UX)

电抗变换器（也可称为电抗互感器）的作用是把输入电流 $\dot{I}_1$ 直接转换成与 $\dot{I}_1$ 成正比的电压 $\dot{U}_2$ 的一种电量变换装置。如图 4-35 所示。

二次侧 W_3 和调相电阻 R_φ，用于改变输入电流 $\dot{I}_1$ 与输出电压 $\dot{U}_2$ 之间的相角差。电抗变

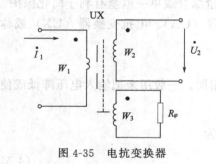

图 4-35　电抗变换器

换器的二次侧电压 $\dot{U}_2$ 与一次侧电流 $\dot{I}_1$ 的关系为

$$\dot{U}_2 = K_I \dot{I}_1 \tag{4-7}$$

式中　K_I——带有阻抗量纲的复常数。

【技能训练】
电磁型继电器的认识和实验
1. 技能掌握要求

观察各种继电器的结构，掌握电磁型电流继电器

的动作值和返回值的检验方法。

2. 实验仪器仪表

各种电磁　型电流继电器、电压继电器、时间继电器、中间继电器、信号继电器及 GL-10 型继电器；万用表、电压表、401 型秒表；滑线变阻器、刀开关等。

3. 实验内容

① 观察以上各种继电器的结构。

② 电磁型电流继电器动作值、返回值的检验与调整。

（1）实验电路

电磁型电流继电器实验电路如图 4-36 所示。

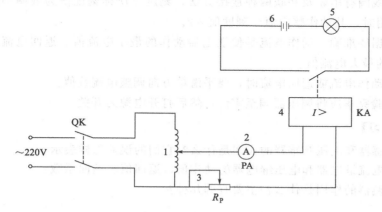

图 4-36　电磁型电流继电器实验电路图

1—自耦调压器；2—电流表；3—限流电阻器；4—电流继电器；5—指示灯；6—电池

（2）实验步骤与方法

① 按实验电路接线，将调压器指在零位，限流电阻器调到阻值最大位置。

② 将继电器线圈串联，整定值调整把手置于最小刻度，根据整定电流选择好电流表的量程。

③ 动作电流的测定。先经老师查线无问题后，再合上刀开关 QK，调节调压器及滑线变阻器使回路中的电流逐渐增加，直至动合触点刚好闭合灯亮为止，此时电流表的指示值即为继电器在该整定值下的动作电流值，记录电流的指示值于表 4-3 中。动作值与整定值之间的误差 $\Delta I \%$ 不应超过继电器规定的允许值。

④ 返回电流的测定。先使继电器处于动作状态，然后缓慢平滑地降低通入继电器线圈的电流，使动合触点刚好打开，此时灯熄灭，电流表的读数即为继电器在该整定值下的返回电流值，记录电流表的指示值于表 4-3 中。

⑤ 每一整定值其动作电流，返回电流应重复测定 3 次取其平均值，作为该整定点的动作电流的返回电流。

⑥ 将继电器调整把手放在其他刻度上，重复③、④、⑤步骤，测得继电器在不同整定值时的动作电流和返回电流值，将实验数据填入表 4-3 中。

⑦ 将继电器线圈改为并联，重复③、④、⑤步骤，检测在其他整定值时的动作电流和返回电流值。

（3）实验记录

表 4-3　实验记录表

序号	线圈连接	动作电流/A					返回电流/A					返回系数
		1	2	3	平均	$\Delta I/\%$	1	2	3	平均	$\Delta I/\%$	
1	串联											
2												
3												
4	并联											
5												
6												

4. 注意事项

①　继电器线圈有串联及并联两种连接方法，刻度盘所标刻度值为线圈串联时的动作整定值，并联使用时，其动作整定值＝刻度值×2。

②　读取数据要准确，动作电流是使继电器动作的最小电流值。返回电流是使继电器返回连接点打开的最大电流值。

③　在检测动作电流或返回电流时，要平滑单方向调整电流数值。

④　每次实验完毕应将调压器调至零位，然后打开电源刀开关

【思考与练习】

1. 电流互感器和电压互感器的作用是什么？它们的误差怎样表示？

2. 什么是电流继电器和电压继电器的动作值、返回值、返回系数？

3. 测量变换器的作用是什么？主要有哪几种？

任务四　电流保护装置的检验与调试

【任务概述】

在供配电系统中，35kV 以下输电线路相间短路保护主要采用三段式电流保护，第Ⅰ段为无时限电流速断保护，第Ⅱ段为限时电流速断保护，第Ⅲ段为定时限过电流保护，其中第Ⅰ段、第Ⅱ段共同构成线路的主保护，第Ⅲ段作为后备保护。本次任务主要是学习三段式电流保护的配置原则、工作原理及保护的整定计算方法。

【相关知识】

电网正常运行时，输电线路上流过的是负荷电流，当输电线路发生短路时电流突然增大，电压突然降低，利用电流增大的特征构成的保护，称为电流保护。电流保护通常采用阶段式电流保护，主要包括无时限电流速断保护、限时电流速断保护和定时限过电流保护。

一、无时限电流速断保护

输电线路发生短路故障时，因电流瞬时增大而动作切除故障，起到保护作用，称为无时限电流速断保护，又称第Ⅰ段电流保护或瞬时电流速断保护。

1. 工作原理

以图 4-37 所示的保护动作为例，在单侧电源网络中，假设在每条线路上均装有电流速断保护装置，则当线路 AB 上发生故障时，希望保护装置 1 能瞬时动作，而当线路 BC 上故障时，希望保护装置 1 能瞬时动作，且它们的保护范围最好能达到本线路全长的 100%，但这种要求能否实现，还需要具体分析。

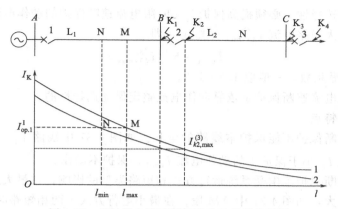

图 4-37　无时限电流速断保护动作整定分析图

三相短路电流计算公式：

$$I_k^{(3)} = \frac{E_s}{X_s + X_1 l} \tag{4-8}$$

两相短路电流计算公式：

$$I_k^{(2)} = \frac{\sqrt{3}}{2} \frac{E_s}{X_s + X_1 l} \tag{4-9}$$

式中　E_s——相电势；

　　　X_s——系统电源等效电抗；

　　　X_1——线路单位长度正序电抗；

　　　l——故障点到保护安装处的距离，km。

由式（4-8）和式（4-9）可知，在电源电动势一定的情况下，短路电流与下列因素有关：

① 系统电源等效电抗 X_s。X_s 和系统运行方式有关，X_s 最小时短路电流最大，称为最大运行方式；X_s 最大时短路电流最小，称为最小运行方式。

② 故障点到保护装置安装处的距离 l。故障点越远 l 越大，短路电流越小。

③ 短路故障类型。

由此得到如图 4-37 所示的曲线 1、曲线 2。曲线 1 表示最大运行方式下三相短路电流变化曲线，曲线 2 表示最小运行方式下两相短路电流变化曲线。

2. 动作电流整定

从图 4-37 的曲线 1 上，可以找到线路任意一点在最大运行方式下三相短路电流的大小。例如，线路 L_2 的出口 K_2 点短路时，其最大短路电流为 $I_{k2,\max}^{(3)}$。按照选择性的要求，K_2 短路时，应由保护 2 动作，保护 1 不应动作，为防止保护 1 误动，则要求保护 1 的动作电流大于 $I_{k2,\max}^{(3)}$，即

$$I_{op.1}^{I} > I_{k2,\max}^{(3)} \tag{4-10}$$

按上式选择了保护 1 的动作电流之后，保证了在线路 L_2 上任意一点短路时，流过保护 1 的短路电流均小于其动作电流，保护 1 不会误动。但当线路 L_1 的末端 K_1 点短路时，流过保护 1 的短路电流值与 K_2 点短路时几乎相等，保护 1 也不动作，即保护 1 不能保护线路 L_1 的全长。同样，保护 2 也无法区别 K_3 点和 K_4 点的短路电流，因此保护 2 也不能保护线路 L_2 的全长。

因此，为保证选择性，必须提高保护 1 无时限电流速断保护的动作电流，应按大于本线路末端短路时的最大短路电流 $I_{k1,\max}^{(3)}$ 来整定，即

$$I_{op.1}^{I}=K_{rel}^{I}I_{k1,\max}^{(3)} \tag{4-11}$$

式中　K_{rel}——可靠系数，一般取 $1.2 \sim 1.3$。

可见，无时限电流速断保护是依靠动作电流整定保证选择性的。

3. 保护范围和特点

无时限电流速断保护不能保护本线路的全长。如图 4-37 中线路 L_1，在 M 点后段发生短路时，短路电流 I_k 小于保护 1 的动作电流 $I_{op.1}^{I}$，保护不动作。

无时限电流速断保护范围受系统运行方式和短路类型的影响。在最大运行方式下三相短路时，保护范围最大，如图 4-37 中 AM 段；在最小运行方式下两相短路时，保护范围最小，如图 4-37 所示的 AN 段。最大保护范围 $l_{\max}$ 和最小保护范围 $L_{\min}$ 计算公式分别如下：

$$I_{op.1}^{I}=\frac{E_s}{X_{s.\min}+X_1 l_{\max}} \tag{4-12}$$

$$I_{op.1}^{I}=\frac{\sqrt{3}}{2}\frac{E_s}{X_{s.\max}+X_1 l_{\min}} \tag{4-13}$$

无时限电流速断保护灵敏度用保护范围占线路全长的百分数衡量。通常要求 $l_{\max}\geqslant 50\% L$，$l_{\min}\geqslant 15\% L$，才能装设无时限电流速断保护。

无时限电流速断保护的优点是可以瞬时动作。正因为无时限电流速断保护只保护本线路的一部分，动作时限不必与相邻线路配合，其速动性最好。

4. 原理接线

无时限电流速断保护单相原理接线图如图 4-38 所示。正常运行时，流过线路的电流为负荷电流，小于保护的动作电流，保护不动作。当在线路保护范围内发生短路时，短路电流大于保护的动作电流，电流继电器 KA 动合触点闭合，启动中间继电器 KM，KM 动合触点闭合，启动信号继电器 KS（发出保护动作信号），并接通断路器的跳闸线圈 YT，断路器跳闸切除故障线路。

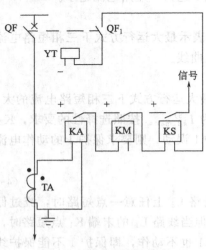

图 4-38　无时限电流速断
保护单相原理接线图

接线图接入中间继电器 KM，一方面是利用 KM 的大容量触点代替 KA 的小容量触点，接通跳闸回路；另一方面是当线路上装有管型避雷器时，利用 KM 来增加保护装置的固有动作时间，以避免当避雷器放电动作时，引起电流速断保护的误动作。KS 的作用是指示保护动作，以便运行人员处理和分析故障。断路器辅助触点 QF 用于断开跳闸线圈的电流，防止 KM 触点损坏。

二、限时电流速断保护

无时限电流速断保护虽然能实现快速动作，但不能保护本线路的全长，因此必须装设另一段保护——限时电流速断保护（也称第 II 段电流保护），用于保护无时限电流速断保护不到的后一段线路。

1. 动作电流整定

装设限时电流速断保护是为了保护本线路的全长，保护范围应延伸至下一线路；为了尽量缩短保护的动作时限，通常不超出下一线路第Ⅰ段电流保护范围。因此，限时电流速断保护动作电流应按大于下一线路第Ⅰ段电流保护的动作电流来整定。如图 4-39 所示，线路 L_1 第Ⅱ段电流保护的动作电流应为

$$I_{\text{op.1}}^{\text{II}} = K_{\text{rel}}^{\text{II}} I_{\text{op.2}}^{\text{I}} \tag{4-14}$$

式中　$K_{\text{rel}}^{\text{II}}$——可靠系数，一般取为 $1.1 \sim 1.2$。

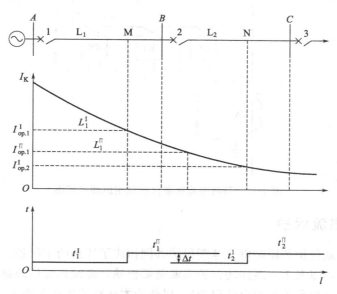

图 4-39　限时电流速断保护动作整定分析图

2. 动作时限整定

图 4-39 中，线路 L_2 的 BN 段处于线路 L_2 的第Ⅰ段电流保护和线路 L_1 的第Ⅱ段电流保护的双重保护范围之内，在 BN 段发生短路时，必然出现这两段保护的同时动作。为了保证选择性，应由 L_2 的第Ⅰ段电流保护动作跳开 QF_2，L_1 的第Ⅱ段电流保护不跳开 QF_1。为此，L_1 的第Ⅱ段电流保护应带有一定的延时，动作慢于第Ⅰ段电流保护，即

$$t_1^{\text{II}} = t_2^{\text{I}} + \Delta t \tag{4-15}$$

式中　Δt——时间级差，$0.3 \sim 0.6\text{s}$，一般取 0.5s。

3. 灵敏度校验

为了保证在极端的情况下限时电流速断保护也能保护本线路的全长，应校验在最小运行方式下在本线路末端发生两相短路时，流过保护的短路电流是否大于动作电流，使保护可靠动作。即灵敏系数

$$K_{\text{sen}} = \frac{I_{k.\min}^{(2)}}{I_{\text{op}}^{\text{II}}} \geqslant 1.3 \sim 1.5 \tag{4-16}$$

当灵敏系数不满足要求时，限时电流速断保护应与下一线路的第Ⅱ段电流保护配合，即动作电流为 $I_{\text{op.1}}^{\text{II}} = K_{\text{rel}}^{\text{II}} I_{\text{op.2}}^{\text{II}}$，动作时限为 $t_1^{\text{II}} = t_2^{\text{II}} + \Delta t$。

4. 原理接线

限时电流速断保护单相原理接线如图 4-40 所示。与无时限电流速断保护单相原理接线

图相似，不同的是由时间继电器 KT 代替了中间继电器 KM，时间继电器 KT 的触点容量较大，可以直接接通跳闸回路。

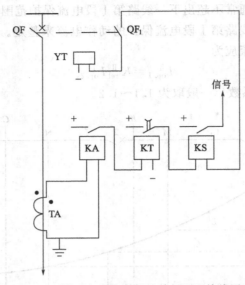

图 4-40　限时电流速断保护单相原理接线图

三、定时限过电流保护

无时限电流速断保护和限时电流速断保护共同构成了线路的主保护。为防止本线路的主保护或断路器拒动，以及下一线路的保护或断路器拒动，必须还要给线路装设后备保护——定时限过电流保护（也称第Ⅲ段电流保护），以作为本线路的近后备和下一线路的远后备。

1. 动作电流整定

通常定时限过电流保护按躲过最大负荷电流来整定。根据可靠性的要求，定时限过电流保护的动作电流应按以下两个条件来确定。

① 在被保护线路流过最大负荷电流 $I_{L.max}$ 时，定时限过电流保护不动作，即

$$I_{op}^{Ⅲ} > I_{L.max} \tag{4-17}$$

② 为保证下一线路上的短路故障切除后，本线路上已启动的定时限过电流保护能可靠返回，返回电流 I_{re} 应大于流过保护的最大自启动电流 $K_{st} I_{L.max}$，即

$$I_{re} > K_{st} I_{L.max} \tag{4-18}$$

式中　K_{st}——自启动系数，一般取 1.5～3。

因 $K_{re} = \dfrac{I_{re}}{I_{op}}$，故 $I_{re} = K_{re} I_{op}$，即

$$I_{op}^{Ⅲ} > \frac{K_{st} I_{L.max}}{K_{re}}$$

为保证两个条件都满足，取以上两个条件中较大者为动作电流整定值。即

$$I_{op}^{Ⅲ} = \frac{K_{rel} K_{st}}{K_{re}} I_{L.max} \tag{4-19}$$

式中　K_{rel}——可靠系数，一般取 1.15～1.25；

　　　K_{re}——电流继电器的返回系数，一般取 0.85～0.95。

2. 动作时限整定

如图 4-41 所示，线路 L_1、L_2、L_3 均装设过电流保护。当 K_1 点短路时，短路电流流过 L_1 和 L_2 保护安装处，因过电流保护按躲过负荷电流来整定，因而动作电流小，可能过电流保护 1、2 均启动。根据选择性的要求，应由保护 2 动作，为此应有 $t_1 > t_2$。

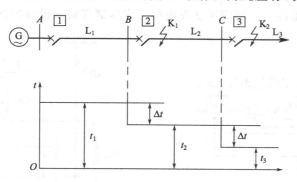

图 4-41　定时限过电流保护的动作时限

以此类推，当 K_2 点短路时，应满足 $t_1 > t_2 > t_3$。

由此可见，定时限过电流保护动作时限的配合原则是，各保护装置的动作时限从用户到电源逐级增加一个级差 Δt，如图 4-41 所示，其形状好似一个阶梯，故称为阶梯形时限特性。级差 Δt 一般取 0.5s。在电网终端的过电流保护时限最短，可取 0.5s，可作主保护；其他保护的时限较长，只能作后备保护。

第 I 段电流保护依据动作电流整定保证选择性，第 II 段电流保护依据动作电流和时限整定共同保证选择性，第 III 段电流保护依据动作时限的"阶梯形时限特性"配合来保证。

3. 灵敏度校验

定时限过电流保护灵敏系数的校验分两种情况。

① 时限过电流保护作为本线路的后备保护，即近后备时，灵敏系数计算式为

$$K_{sen} = \frac{I^{(2)}_{k.min}}{I^{III}_{op}} \geqslant 1.3 \sim 1.5 \tag{4-20}$$

式中　$I^{(2)}_{K.min}$——系统在最小运行方式下，本线路末端两相短路时，流过保护的最小短路电流。

② 时限过电流保护作为相邻线路的后备保护，即远后备时，灵敏系数计算式为

$$K_{sen} = \frac{I^{(2)}_{k.min}}{I^{III}_{op}} \geqslant 1.2 \tag{4-21}$$

式中　$I^{(2)}_{K.min}$——系统在最小运行方式下，相邻线路末端两相短路时，流过保护的最小短路电流。

4. 原理接线

定时限过电流保护的原理接线图与限时电流速断保护相同，只是动作电流和动作时限不同。

四、电流保护的接线方式

电流保护的接线方式是指电流保护中电流继电器线圈与电流互感器二次绕组之间的连接方式。流入继电器的电流与电流互感器二次侧流出电流的比值称为接线系数 K_{con}。

下面介绍电流保护常用的接线方式。

1. 三相完全星形接线

如图 4-42 所示。这种接线方式特点是：能反映三相短路、两相短路、单相接地短路等故障；流入继电器的电流与电流互感器二次侧流出电流相等，接线系数 $K_{con}=1$；可提高保护动作的可靠性和灵敏性，广泛应用于发电机、变压器等贵重设备的保护。

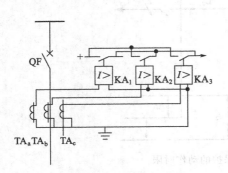

图 4-42　三相完全星形接线

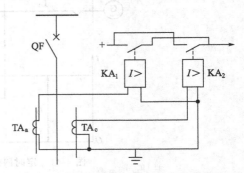

图 4-43　两相两继电器不完全星形接线

2. 两相两继电器不完全星形接线

如图 4-43 所示。这种这线方式特点是：能反映三相短路、两相短路等各种相间短路，但对单相接地短路不能全部反映；流入继电器的电流与电流互感器二次侧流出电流相等，接线系数 $K_{con}=1$；接线简单、经济，广泛应用于中性点非直接接地系统，用于反应相间短路。

在中性点非直接接地系统中，发生单相接地故障时，短路电流就是较小的对地电容电流，相间电压仍然对称，往往允许继续运行 $1\sim2h$。因此，在这种电网中发生单相接地故障时，因短路电流较小，相间短路的电流保护不会动作，仅由接地保护发出预告信号。

小接地电流系统采用不完全星形接线时，各处保护装置的电流互感器应装设在同名的两相上（一般装设于 A、C 两相）。这样，一方面，在不同的线路发生两点接地短路时，可统计出有 1/3 的概率只切除一条线路，另一线路可继续运行，提高供电可靠性，见表 4-4；另一方面，防止了不装于同名相时保护拒动，如线路 L_1 装于 A、B 两相，线路 L_2 装于 B、C 两相，当发生线路 L_1 的 C 相和线路 L_2 的 A 相两点接地形成相间短路时，保护将会拒动（图 4-44）。

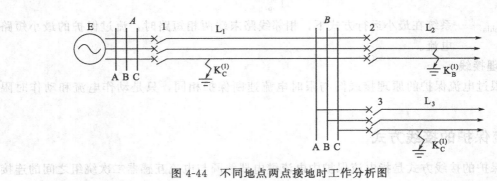

图 4-44　不同地点两点接地时工作分析图

表 4-4　不同线路的不同相别两点接地短路时不完全星形接线保护动作情况

线路 L₁ 接地相别	A	A	B	B	C	C
线路 L₂ 接地相别	B	C	C	A	A	B
L₁ 保护动作情况	动作	动作	不动作	不动作	动作	动作
L₂ 保护动作情况	不动作	动作	动作	动作	动作	不动作
停电线路数	1	2	1	1	2	1

　　两相不完全星形接线方式较简单经济，对中性点非直接接地系统在不同线路的不同相别上发生两点接地短路时，有 1/3 的机会只切除一条线路，这比三相完全星形接线优越。因此在中性点非直接接地系统中，广泛采用两相不完全星形接线。

3. 两相三继电器不完全星形接线

　　如图 4-45 所示。第三个继电器流过的是 A、C 两相电流互感器二次电流的和，其数值等于 B 相电流的二次值，从而能反映 B 相的电流，与采用三相完全星形接线相同，常用于 Y、d11 接线变压器保护。

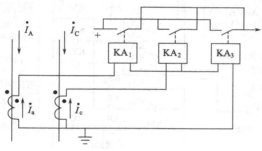

图 4-45　两相三继电器不完全星形接线

　　如图 4-46 所示，在变压器的 △ 侧发生 AB 两相短路时，反应到 Y 侧的电流中，故障相的滞后相 B 相电流最大，是其他任一相的 2 倍，若采用两相两继电器不完全星形接线，B 相无继电器反应，灵敏系数将下降。采用两相三继电器不完全星形接线克服了这一缺点。

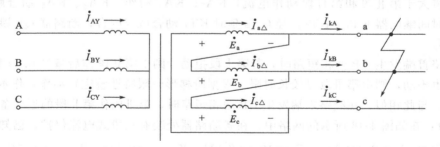

图 4-46　Y、d11 变压器 △ 侧发生 AB 两相短路

4. 三段式电流保护接线

　　阶段式电流保护由无时限电流速断保护、限时电流速断保护和定时限过电流保护组成，也称三段式电流保护，三段保护为或逻辑出口。其中第Ⅰ段无时限电流速断保护、第Ⅱ段限时电流速断保护构成主保护，第Ⅲ段定时限过电流保护是后备保护。保护展开接线图如图 4-47 所示。

　　设在线路首端发生 AB 两相短路，短路电流将大于第Ⅰ段、第Ⅱ段和第Ⅲ段动作电流，电流继电器 KA₁、KA₃、KA₅ 动作（C 相无短路电流，KA₂、KA₄、KA₆ 不动作），KA₁、KA₃、KA₅ 动合触点闭合，分别启动继电器 KM、KT₁、KT₂，KM 动合触点瞬时闭合，接通信号继电器 KS₁、跳闸线圈 YT 回路，断路器 QF 跳闸，同时动合触点 KS₁ 闭合，发出事故信号。

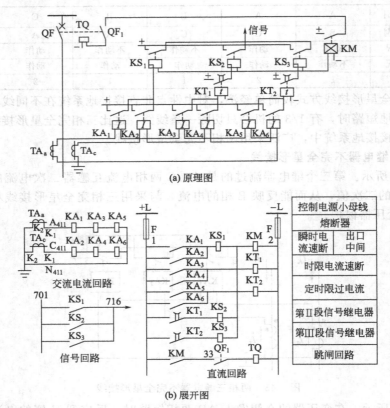

(a) 原理图

(b) 展开图

图 4-47　三段式电流保护原理接线图

若在线路末端发生 AB 两相短路，短路电流将小于第 Ⅰ 段动作电流，KA_1 不动作。但短路电流将大于第 Ⅱ 段和第 Ⅲ 段动作电流，KA_3、KA_5 动作，KA_3、KA_5 动合触点闭合，分别启动时间继电器 KT_1、KT_2，经 0.5s 延时 KT_1 动合触点闭合，断路器 QF 跳闸，并发出事故信号。

在线路首端发生 AB 两相短路时，若第 Ⅰ 段拒动，则由第 Ⅱ 段作后备经 0.5s 延时动作；若第 Ⅱ 段也拒动，则由第 Ⅲ 段以较长时限（根据阶梯形时限特性整定）动作，作本线路的近后备保护。与此相似，在线路末端发生 AB 两相短路时，第 Ⅲ 段作第 Ⅱ 段的近后备。

例 4-1：在如图 4-48 所示的网络中，在各断路器处装有三段式电流保护，已知线路每千米的正序阻抗 $X_1 = 0.4\Omega/km$，$E_s = 10.5/\sqrt{3}\ kV$，$X_{s.max} = 0.5\Omega$，$X_{s.min} = 0.3\Omega$，线路 AB 的最大负荷电流为 150A，保护 3 定时限过电流保护的动作时限为 $t_3^{Ⅲ} = 0.5s$，自启动系数为 1.8，试对保护 1 进行三段式电流保护的整定计算。

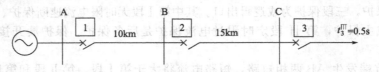

图 4-48　三段式电流保护整定计算系统图

解（1）**短路电流计算**

① B 母线短路时的短路电流为

$$I_{\text{kB. max}}^{(3)} = \frac{E_s}{X_{\text{s. min}} + X_1 L_{\text{AB}}} = \frac{10.5/\sqrt{3}}{0.3 + 0.4 \times 10} = 1.41 \text{ (kA)}$$

$$I_{\text{kB. min}}^{(2)} = \frac{\sqrt{3}}{2} \frac{E_s}{X_{\text{s. max}} + X_1 L_{\text{AB}}} = \frac{\sqrt{3}}{2} \times \frac{10.5/\sqrt{3}}{0.5 + 0.4 \times 10} = 1.18 \text{ (kA)}$$

② C 母线短路时的短路电流为

$$I_{\text{kC. max}}^{(3)} = \frac{E_s}{X_{\text{s. min}} + X_1 L_{\text{AC}}} = \frac{10.5/\sqrt{3}}{0.3 + 0.4 \times 25} = 0.59 \text{ (kA)}$$

$$I_{\text{kC. min}}^{(2)} = \frac{\sqrt{3}}{2} \frac{E_s}{X_{\text{s. max}} + X_1 L_{\text{AC}}} = \frac{\sqrt{3}}{2} \times \frac{10.5/\sqrt{3}}{0.5 + 0.4 \times 25} = 0.5 \text{ (kA)}$$

(2) 保护 1 的整定计算

① 保护 1 电流 I 段整定计算

a. 动作电流为

$$I_{\text{op. 1}}^{\text{I}} = K_{\text{rel}}^{\text{I}} I_{\text{kB. max}}^{(3)} = 1.25 \times 1.41 = 1.76 \text{ (kA)}$$

b. 动作时限为保护固有动作时间。

c. 灵敏度校验

$$l_{\text{min}} = \frac{1}{X_1} \left(\frac{\sqrt{3}}{2} \times \frac{E_s}{I_{\text{op. 1}}^{\text{I}}} - X_{\text{s. max}} \right) = \frac{1}{0.4} \left(\frac{\sqrt{3}}{2} \times \frac{10.5/\sqrt{3}}{1.76} - 0.5 \right)$$
$$= 6.3 \text{ (km)} > 15\% L_{\text{AB}}$$

灵敏度满足要求。

② 保护 1 的电流 II 段整定计算

a. 动作电流为

$$I_{\text{op. 2}}^{\text{I}} = K_{\text{rel}}^{\text{I}} I_{\text{kC. max}}^{(3)} = 1.25 \times 0.59 = 0.74 \text{ (kA)}$$

$$I_{\text{op. 1}}^{\text{II}} = K_{\text{rel}}^{\text{II}} I_{\text{op. 2}}^{\text{I}} = 1.1 \times 0.74 = 0.811 \text{ (kA)}$$

b. 动作时限为

$$t_1^{\text{II}} = t_1^{\text{I}} + 0.5 = 0.5 \text{ (s)}$$

c. 灵敏度校验

$$K_{\text{sen}} = \frac{I_{\text{kB. min}}^{(2)}}{I_{\text{op. 1}}^{\text{II}}} = \frac{1.18}{0.811} = 1.45 > 1.3 \text{ (灵敏度满足要求)}$$

③ 保护 1 的电流 III 段整定计算

a. 动作电流为

$$I_{\text{op. 1}}^{\text{III}} = \frac{K_{\text{rel}}^{\text{III}} K_{\text{st}}}{K_{\text{re}}} I_{\text{L. max}} = \frac{1.2 \times 1.8}{0.85} \times 150 = 381.2 \text{ (A)} = 0.38 \text{ (kA)}$$

b. 动作时限为

$$t_1^{\text{III}} = t_2^{\text{III}} + 0.5 = 0.5 + 0.5 + 0.5 = 1.5 \text{ （s）}$$

c. 灵敏度校验

作为近后备保护有：$K_{\text{sen}} = \dfrac{I_{\text{kB.min}}^{(2)}}{I_{\text{op.1}}^{\text{III}}} = \dfrac{1.18}{0.38} = 3.1 > 1.5$（灵敏度满足要求）

作为远后备保护有：$K_{\text{sen}} = \dfrac{I_{\text{kC.min}}^{(2)}}{I_{\text{op.1}}^{\text{III}}} = \dfrac{0.5}{0.38} = 1.3 > 1.2$（灵敏度满足要求）

【技能训练】

电流保护的整定计算

35kV 电网如下图所示，各线路均装设三段式电流保护，等值电源和线路有关参数如图中所示。已知线路正序电抗 $X_1 = 0.4\Omega/\text{km}$，返回系数 $K_{\text{re}} = 0.85$，自启动系数 $K_{\text{ast}} = 1.5$，AB 线路最大负荷电流 $I_{\text{L.max}} = 250\text{A}$。求线路 AB 三段保护的动作值及灵敏度。

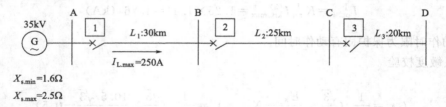

【思考与练习】

一、问答题

1. 什么是电流继电器的动作电流、返回电流？

2. 什么是继电保护装置？其用途是什么？

3. 为什么电流速断保护有的带时限，有的不带时限？

4. 何谓保护装置的接线系数？三相短路时，两相两继电器接线的接线系数为多少？两相一继电器式接线的接线系数又为多少？

5. 为什么要求继电器的动作电流和返回电流均应躲过线路的最大负荷电流？

二、填空题

1. 阶段式电流保护中无时限电流速断保护靠_____来保证选择性。

2. 电流保护的接线方式可分为_____、_____、_____。

3. 过电流保护是指其动作电流按躲过_____来整定，而时限按_____来整定的一种电流保护。

任务五 微机保护的检验与调试

【任务概述】

计算机技术的飞速发展给继电保护带来了技术突破和应用领域的革命，新型的微机保护由于具有灵敏度高、可靠性好、调试维护方便、接线简单、能大量节约连接电缆经济性好等诸多优点，并同时具有故障录波、故障测距、故障诊断分析、显示、报表打印以及功能自检等附加功能，目前已广泛应用于电力系统，从而取代了传统的继电保护装置成会保护系统的绝对主角。本次任务通过学习微机保护的原理与结构特点，了解微机保护的功能，熟悉硬件组成和软件流程，学会检验和调试微机保护自动装置。

【知识准备】

一、微机保护的现状和发展

供配电系统电压等级较低，结构相对简单，主要是单端供电或双端供电，因而其保护也简单，除采用熔断路保护外，主要采用由电磁式或感应式继电器构成的电流保护。这种常规的模拟式继电保护难以满足系统可靠性对保护的要求，主要表现在以下几方面。

① 没有自诊断功能，元件损坏不能及时发现，易造成严重后果。

② 动作速度慢，一般超过 0.02s。

③ 定值整定和修改不便，准确度不高。

④ 难以实现新的保护原理或算法。

⑤ 体积大、元件多、维护工作量大。

微机保护充分利用和发挥微型控制器的存储记忆、逻辑判断和数值运算等信息处理功能，克服模拟式继电保护的不足，获得更好的保护特性和更高的技术指标。微机保护得到发展还是近 40 年的事，20 世纪 60 年代末、70 年代初，美国、澳大利亚等国学者开始研究微机保护，其后微机保护得到迅速发展，80 年代末配电系统微机保护开始得到工业应用，以后配电系统微机保护由初期的微机继电器发展到以保护为核心的具有多种综合功能的微机保护和测控装置。目前国外和国内不少厂商生产此类产品，如通用电气公司生产的数字配电继电保护系统、BBC 公司生产的微机配电保护系统、ABB 公司生产的微机配电保护系统、南京自动化研究院生产的 ISA-1 微机保护装置、许继电气公司生产的 WBK-1 型微机保护装置，等等。这类配电系统微机保护装置一般都具有测量、保护、重合闸、事件记录、通信等功能。

二、微机保护的功能

1. 保护功能

微机保护装置的保护有定时限过电流保护、反时限过电流保护、带时限电流速断保护、瞬时电流速断保护。反时限过电流保护还有标准反时限、强反时限和极强反时限保护等几类。以上各种保护方式可供用户自由选择，并进行数字设定。

2. 测量功能

供配电系统正常运行时，微机保护装置不断测量三相电流，并在 LCD 液晶显示器显示。

3. 自动重合闸功能

当上述的保护功能动作，断路器跳闸后，该装置能自动发出合闸信号，即自动重合闸功能，以提高供电可靠性。自动重合闸功能为用户提供自动重合闸的重合次数、延时时间以及自动重合闸是否投入运行的选择和设定。

4. 人机对话功能

通过 LCD 液晶显示器和简洁的键盘提供良好的人机对话界面。

5. 自检功能

为了保证装置可靠工作，微机保护装置具有自检功能，对装置的有关硬件和软件进行开机自检和运行中的动态自检。

6. 事件记录功能

发生事件的所有数据如日期、时间、电流有效值、保护动作类型等都存在存储器中，事件包括事故跳闸事件、自动重合闸事件、保护定值设定事件等，可保存多达 30 个事件，并不断更新。

7. 报警功能

报警功能包括自检报警、故障报警等。

8. 断路器控制功能

各种保护动作和自动重合闸的开关量输出，控制断路器的跳闸和合闸。

9. 通信功能

微机保护装置能与中央控制室的监控微机进行通信，接受命令和发送有关数据。

10. 实时时钟功能

实时时钟功能能自动生成年月日和时分秒，最小分辨率毫秒，有对时功能。

三、微机保护装置的硬件结构

根据供配电系统微机保护的功能要求，微机保护装置的硬件结构框图如图 4-49 所示。它由数据采集系统、微型控制器、存储器、显示器、键盘、时钟、通信、控制和信号等部分组成。

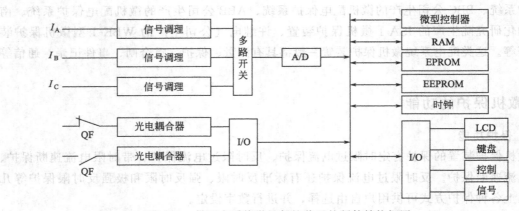

图 4-49　供配电系统微机保护装置的硬件结构框图

数据采集系统主要对模拟量三相电流和开关量断路器辅助触点等采样。模拟量经信号调理、多路开关、AD 转换器送入微控制器，开关量经光电隔离、I/O 口送入微控制器。A/D 变换器一般采用 10～12 位 A/D 变换器。微型控制器通常采用 16 位 CPU，如 80196 系列。存储器包括 EPROM、RAM、EEPROM。EPROM 存放程序、表格、常数；RAM 存放采样数据、中间计算数据等，EEPROM 存放定值、事件数据等。时钟目前均采用硬件时钟，如 DS1302 时钟芯片。它能自动产生年、月、日和时、分、秒，并可对时。显示器可采用点阵字符型和点阵图形型 LCD 显示器，目前常采用后者，用于设定显示、正常显示、事故显示等。键盘已由早期的矩阵式键盘改用独立式键盘，通常设左移、右移、增加、减小、进入等键。开关量输出主要包括控制信号、指示信号和报警信号。

四、微机保护装置的软件系统

微机保护装置的软件系统一般包括设定程序、运行程序和中断微机保护功能程序三部分。程序原理框图如图 4-50 所示。

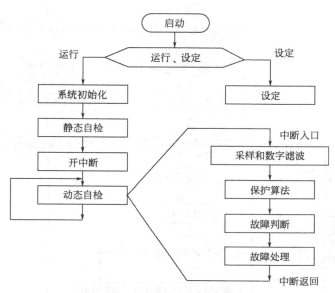

图 4-50　微机保护装置程序原理框图

设定程序主要用于功能选择和保护定值设定。运行程序对系统进行初始化，静态自检，打开中断，不断重复动态自检，若自检出错，转向有关程序处理。自检包括存储器自检、数据采集系统自检、显示器自检等。中断打开后，每当采样周期到，向微控制器申请中断，响应中断后，转入微机保护程序，微机保护程序主要由采样和数字滤波、保护算法、故障判断和故障处理等子程序组成。

保护算法是微机保护的核心，也是正在开发的领域，可以采用常规保护的动作原理，但更重要的是要充分发挥微机的优越性，寻求新的保护原理和算法，要求运算工作量小，计算精度高，以提高微机保护的灵敏性和可靠性。因此，不仅各种微机保护有不同的算法，而且同一种保护也可用不同的算法实现。供配电系统微机保护的算法比较简单，主要是如何实现反时限过电流保护的算法，这里介绍 3 种反时限过电流保护的数学模型，它们由双曲线项、比例项和常数项 3 部分组成。

在保护装置投入运行前，通过键盘选择所采用的保护，并输入各保护的整定数据，过电流保护程序原理框图如图 4-51 所示。图中 $I_{IOC.op}$、$I_{IOCT.op}$ 和 $I_{TOC.op}$ 分别为瞬时速断、时限速断和过电流保护动作电流整定值；$I_{IOCT.re}$ 和 $I_{TOC.re}$ 分别为时限速断和过电流保护动作返回电流，它们由保护装置根据整定值自动产生；SIOCT 和 STOC 分别为时限速断和过电流保护动作启动标志字，动作启动置 1，未动作或返回置 0；保护时限到标志字由定时中断程序产生。

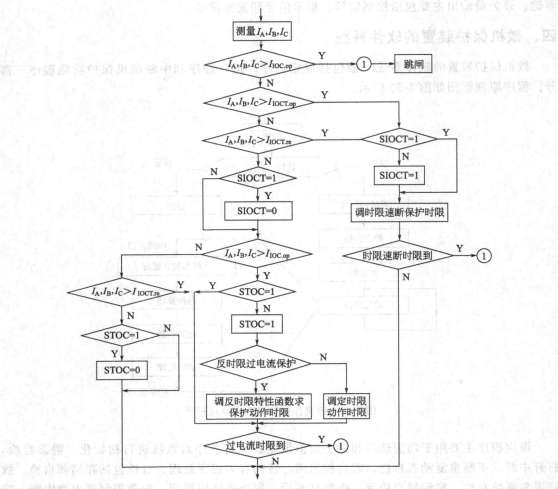

图 4-51　微机过流保护的程序原理图

五、HAS-531　微机线路保护测控装置的使用

1. 测控装置面板

该装置的面板由 LCD 显示器、LED 指示灯及简易键盘组成，如图 4-52 所示。

① LED 指示灯。本装置共有 7 个指示灯，从上至下依次是运行灯、电源灯、告警灯、事故灯、故障灯、合位灯，分位灯，除运行、电源和分位灯是绿灯，其余是红灯，通过信号灯，可以判别装置的工作状态及保护信号，具体意义如下。

运行灯：表示装置的运行状态，装置正常运行情况下该灯应有规律地闪动，不闪烁可判断装置不工作。

电源灯：指示装置工作电源是否正常，正常运行时这个灯应常亮。

告警灯：表示装置检测的设备在不正常的状态发生，正常运行时不显示，出现不正常状态时显示红色。过负荷、PT 断线、PT 失电压、零序过电流、小电流接地、轻瓦斯、温度升高等情况出现时指示灯显示红色。

事故灯：表示装置检测的设备有事故状态发生，正常运行时不显示，出现事故状态时该灯亮，并且保护信号未复归该灯常亮。

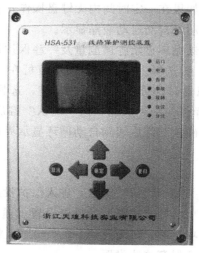

图 4-52　测控装置面板

故障灯：表示装置通过自检发现装置本身的元件是否有故障，装置通过自检发现有故障该灯亮。

合位灯：表示装置所保护的设备开关是否在合闸位置。在合闸位置显示红色指示灯。

分位灯：表示装置所保护的设备开关是否在分闸位置。在分闸位置显示绿色指示灯。

当保护动作或装置发生故障时，面板上相应的"事故""预告""装置故障"信号指示灯会亮，并在 LCD 显示器的最后一行显示保护动作或装置故障的类型。请注意，此时显示的内容不表示事件发生的顺序。若要进一步了解详细情况，可在主菜单中选择"事件记录"来查看事件顺序记录（SOE）。

由于装置不可能检出所有的故障，故运行人员应注意 LED 指示灯在运行中是否正常，保护及测量 CT 采样值是否正常。例如，当装置的 5V 电源故障时，整个装置均不工作，也不会发出信号。这时应采取措施，保证设备正常工作。

装置的当地监控功能通过面板上的 LCD 显示器及简易的键盘操作实现。

② 键盘。本装置有 7 个按键，通过显示菜单进行按键操作，可查看装置的基本信息和状态、测量的保护电量及其计算数据、实现系统设置及定值修改等功能，按键的意义如下。

↑：方向键，上移一行（或一屏）。

↓：方向键，下移一行（或一屏）。

←：方向键，左移一列（或一屏）。

→：方向键，右移一列（或一屏）。

确定：液晶上光标的确定键，保护功能"投"或"退"以及保护定值修改后的确认按键。

取消：使液晶上的显示的内容返回到上一级菜单，如果返回到初始画面，则不再返回。

复归：将液晶上显示的告警信息、故障信息及装置故障信息等从液晶上清除（但该类信息经过复归后仍然保存在"事件记录"菜单中），同时将"告警""事故""故障"信息点亮的红色指示灯熄灭；如果此时的"告警""事故""故障"等事件仍然没有得到处理，则新的信息重新出现。

③ LCD 显示器。LCD 显示器为带背光的 8×4 汉字字符液晶显示模块。液晶显示方式

默认为"自动关"模式。设置如果在一定时间内无键盘操作，将关闭装置的液晶显示；再次有键盘操作或装置通电重新启动时自动启动液晶显示。

正常运行时液晶显示器自动循环显示各遥测量及一些保护模拟量的一次值。若需查看未显示的项目，可按"↑""↓"键选择。需要显示的项目可在"出厂设置"菜单下设定。若需要复归保护动作或装置故障信号，可按下"复归"键，选择"是"后再按"确认"键即可。通过"↑""↓"键可选择任何一种功能，按"确认"键后进入该菜单的功能，按"取消"键或选择"退出"并按"确认"键后回到自动循环显示界面。

2. 操作说明

（1）保护投退

将光标移至"保护投退"并按"确认"键后，进入保护投退设置功能。

此时光标位于第 1 个投退项目即"速断"的投退设置。通过按"↑""↓"键可选择其他投退项目。当光标位于某一项目时，可通过"→""←"键来改变设置。当全部投退项目设置完成后，可按"确认"键来保存这些设置。

当输入正确的 PASSWORD 后，可将所修改的保护投退设置保存。保护投退清单见表 4-5。

表 4-5　保护投退清单

保护序号	代号	保护名称	整定方式
01	RLP1	速断	投入/退出
02	RLP2	速断方向	投入/退出
03	RLP3	限时速断	投入/退出
04	RLP4	限时速断后加速	投入/退出
05	RLP5	限时速断方向	投入/退出
06	RLP6	过电流	投入/退出
07	RLP7	过电流后加速	投入/退出
08	RLP8	过电流方向	投入/退出
09	RLP9	过负荷	投入/退出
10	RLP10	重合闸	投入/退出
11	RLP11	重合闸检无压	投入/退出
12	RLP12	重合闸检同期	投入/退出
13	RLP13	低频减载Ⅰ	投入/退出
14	RLP14	过流反时限	投入/退出
15	RLP15	低压闭锁低频减载	投入/退出
16	RLP16	过电流前加速	投入/退出
17	RLP17	母线接地报警	投入/退出
18	RLP18	PT断线报警	投入/退出
19	RLP19	合闸不检条件	投入/退出
20	RLP20	手合/遥合检无压	投入/退出
21	RLP21	手合/遥合检同期	投入/退出
22	RLP22	同期电压线电压	投入：同期电压为线电压 退出：同期电压为相电压
23	RLP23	零序过电流	投入/退出
24	RLP24	零序电压闭锁	投入/退出
25	RLP25	零序方向	投入/退出
26	RLP26	过流低压闭锁	投入/退出
27	RLP27	零序过电流跳闸	投入：零序过电流跳闸 退出：零序过电流报警
28	RLP28	低电压	投入/退出
32	RLP32	录波	投入/退出

（2）保护定值

进入保护定值功能后，即可对装置的保护定值进行修改。本装置可存储了套定值。"0"号定值为当前使用的定值套号（1、2 或 3），其余号定值为装置对应于 0 号定值的本套定值。

通过"↑""↓"键可选择显示或要修改的定值，按下"→"键进入光标所在定值的编辑状态。在编辑状态下，通过"↑""↓""→""←"键可对定值进行编辑。编辑完成后按"确认"键，在输入正确的口令后，再按"确认"键后本号定值修改有效，按"取消"键无效。

保护定值的代号及说明详见表 4-6。

表 4-6 保护定值的代号及说明

定值序号	代号	定值名称	整定范围
01	Kv1	一次电压比例系数	1（程序内设定为 1）
02	Ki1	一次电流比例系数	1（程序内设定为 1）
03	Idz0	电流速断定值	0～100A
04	Idz1	限时速断定值	0.1～100A
05	tzd1	限时速断延时	0～10s
06	Idz2	过电流定值	0.1～100A
07	tzd2	过电流延时	0～10s
08	备用		
09	Idz3	重合闸检无流定值	0～20A
10	tchzd1	重合闸延时	0～10s
11	Idz4	过电流前加速定值	0.1～100A
12	tdz4	过电流前加速延时	0～10s
13	tchjszd	重合闸后加速延时	0～2s
14	Ch-a	检同期允许角度	0～30
15	Udz1	低压闭锁低频定值	42～99V
16	fdz1	低频减载 I 频率	45～49.5Hz
17	tfzd1	低频减载 I 延时	0～99s
18	Udz2	过电流低压闭锁定值	0.1～100V
19	Idz3	反时限过电流定值	0.1～100A
20	tdz3	反时限过电流延时	0～10s
21	Iodz	零序过电流定值	0.1～100A
22	Tozd	零序过电流延时	0～10s
23	Uodz	零序电压闭锁	5～180V
24	Idz3	过负荷定值	0.1～100A
25	Tzd3	过负荷延时	0.1～10s
26	3U01	PT 断线定值	0～90V
27	Utq	同期电压选择	RLP22 投入时： $1:U_{ab};2:U_{bc};3:U_{ca}$ RLP22 退出时： $1:U_a;2:U_b;3:U_c$
28	3U02	母线接地定值	0～90V
29	tzd3	母线接地延时	0～10s
30	Udz1	低电压定值	0.1～100V
31	tuzd1	低电压延时	0～10s

注：一次电压、电流系数×10 后为实际的一次 PT、CT 变比。

（3）事件记录

本单元可存储 64 次事件记录，其中第 0 号为最新记录，第 1 号为上一次记录，依次类推。该记录存放在非易失性存储器中，具有断电长期保存功能，事件记录分开关变位、保护动作和装置故障 3 种类型。

其中，No. 后为记录号，07-07-15 为该事件发生的日期，即 2007 年 7 月 15 日。15：29：53.611 该事件发生的时间，即 15 时 29 分 53 秒 611 毫秒。

通过按"↑""↓"键可选择显示其余的 64 个事件。

当事件类型为保护动作时，按"确认"键可查看该保护的动作值，再按"确认"键返回。

（4）输入输出

通过"↑""↓"键可选择查看开入量还是进行开出操作。

其中"0"表示输入的开关未闭合，"1"表示输入的开关已闭合。

按"取消"键可退出并返回上一级菜单。

01：分位；02：合位；03～14：对应装置背面开入量 k1～k12. 其余未定义

当选择开出时，屏幕显示如下。

通过"↑""↓""→""←"键可对开出量进行编辑。"1"对应输出继电器闭合或指示灯亮，"0"对应输出继电器断开或指示灯灭。编辑完成后按"确认"键，在核实输入了正确的口令后，再按"确认"键后，相应的继电器就能输出。

键盘上的各按键定义如下：

0—遥控分闸；1—遥控合闸；2—保护跳闸；3—重合闸；4—保护跳闸指示灯；5—备用；6—重合闸指示灯；7—备用；9—事故信号；A—预告信号。其余未定义。

（5）采样数值

在主菜单中选择"采样数值"后屏幕显示以下内容。

0 通道—A 相测量电流；1 通道—B 相测量电流；2 通道—A 相测量电压；

3 通道—B 相测量电压；4 通道—C 相测量电压；5 通道—A 相保护电流；

6 通道—B 相保护电流；7 通道—C 相保护电流；8 通道—零序电流；

9 通道—零序电压。

（6）实时时钟

本单元具有断电运行的实时时钟功能，进入实时时钟模块后，LCD 显示器将显示装置的实时时钟。

通过简易键盘可对时钟进行修正。按"确认"键后进入时钟编辑状态。在编辑状态下，通过"↑""↓""→""←"键可对时钟进行编辑。编辑完成后按"确认"键，在核实输入了正确的口令后，再按"确认"键后，修改有效。若此时不想修改时钟，按"退出"键可退出时钟编辑状态。

该时钟也可由通信网统一校时（精确到 2ms），以使整个系统保持同一时基。

实时时钟主要作为事件顺序记录的时间依据。

（7）电能脉冲

进入电能计量模块后，可对脉冲电度度表脉冲计数进行初值设定，初值设定后，该值将随着电能脉冲的累积而变化，直到下一次重新设定初值。每个装置共安排了 2 路脉冲计数输入。

（8）出厂设置

出厂设置在装置出厂前已经设置完成，用户通常不必更改。出厂设置项目见表4-7。

表4-7 出厂设置项目

序号	代号	名称	整定范围
0	Kv2	二次电压比例系数	11.80(12)
1	Kic	二次测量电流比例系数	235.50(140)
2	Kib	二次保护电流比例系数	14.20(14.8)
3	Ki0	二次零序电流比例系数	235.20(14.8)
4	Kv0	二次零序电压比例系数	11.83
5	Imp/kWh1	脉冲电能表常数1	每千瓦(乏)时脉冲数/1000
6	Imp/kWh2	脉冲电能表常数2	每千瓦(乏)时脉冲数/1000
7	Imp/kWh3	脉冲电能表常数3	每千瓦(乏)时脉冲数/1000
8	Imp/kWh4	脉冲电能表常数4	每千瓦(乏)时脉冲数/1000
9	Inalarm	开入量报警设定	$(\sum 2^{n-1})/100$
10	PU0	PT零序系数	
11	Disp	滚动显示项目选择	
12	Address	装置通信地址	$0 \sim 244$
13	Baud Rate	装置通信波特率	
14	Realy Check	自检出口继电器设置	

其中，二次电压比例系数、二次测量电流比例系数、二次保护电流比例系数、二次零序电流比例系数、二次零序电压比例系数由二次互感器类型及满量程值确定。

开入量报警设定：当某些开入量发生变化时，若需要启动报警信号，可通过设置该项来实现。

滚动显示项目选择：选择显示项目时，大部分可按表4-8的设置值确定，将所选的各项目设置值相加。例如，想要显示U_{ab}、I_a、P和f等的值，设置值为$0.01+0.64+5.12+20.48=27.24$。

表4-8 显示项目设置值

显示项目	设置值	显示项目	设置值
U_{ab}	0.01	I_c	1.28
U_{bc}	0.02	P	2.56
U_{ca}	0.04	Q	5.12
U_a	0.08	$\cos\phi$	10.24
U_b	0.16	f	20.48
U_c	0.32	U_x	40.96
I_a	0.64		

装置通信地址：装置通信地址的设置范围为$0 \sim 244$。

装置通信波特率：装置通信波特率的单位为Kbps。例如要设置通信波特率为9600bps，其设定值为9.60。

自检出口继电器设置：设定值为$\sum 2^{n-1}$，式中n为第n路开出。例如，某装置有J1、J2、J3、J4共4个开出继电器，自检设定值应为$2^0+2^1+2^2+2^3=15$。

（9）设备信息

设备信息将显示装置的一些基本信息，如版本、装置类型及型号，程序存储器校验码等。

（10）采样实时显示

采样实时显示见表 4-9。

表 4-9　采样实时显示

通道	显示信息	通道	显示信息
通道 00	测量电流 I_a（A19，A20）	通道 06	保护电流 I_b（A13，A14）
通道 01	测量电流 I_c（A21，A22）	通道 07	保护电流 I_c（A15，A16）
通道 02	母线电压 U_a（A1）	通道 08	零序电流 I_o（A17，A18）
通道 03	母线电压 U_b（A2）	通道 09	零序电压 U_o（A5，A6）
通道 04	母线电压 U_c（A3）	通道 10	
通道 05	保护电流 I_a（A11，A12）	通道 11	

3. 使用说明

在开始使用装置前，请详细阅读前面"装置面板""后排端子""菜单操作"的说明，同时必须进行如下检查。

（1）通电前检查

① 检查装置型号与各种参数是否与安装一致；

② 检查后排端子的接线是否正确、可靠。

（2）通电后检查

① 运行指示灯是否正常闪烁；

② 键盘能否正常操作；

③ 保护及测量 CT 采样值是否正常。

【技能训练】

技能训练一　熟悉微机线路保护装置基本功能

1. 模拟系统正常、最大、最小运行方式

输电线路长短、电压级数、网络结构等都会影响网络参数。在实际中，由于不同时刻投入系统的发电机变压器数有可能发生改变，或者出现高压线路检修等情况，网络参数也会发生变化。在继电保护课程中规定：通过保护安装处的短路电流最大时的运行方式称为系统最大运行方式，此时系统阻抗最小。反之，当流过保护安装处的短路电流为最小时的运行方式称为系统最小运行方式，此时系统阻抗最大。由此可见，可将电力系统等效成一个电压源，最大、最小运行方式是它在两个极端阻抗参数下的工况。

① 按照正确顺序启动实训装置：依次合上实训控制柜上的"总电源""控制电源Ⅰ"和实训控制屏上的"控制电源Ⅱ""进线电源"开关，依次合上 QS111、QS113、QF11、QS116、QF14、QF15，给输电线路供电。

② 设置微机线路保护装置：在"HSA-531 微机线路保护测控装置"主菜单栏中选择"保护定值"菜单，设定"一次电压比例系数"为 35，"一次电流比例系数"为 1，把装置中的所有保护退出，按"取消"键或按"退出"键后回到自动循环显示界面。

③ 短路故障模拟：在控制柜上把系统运行方式拨到最大，按下 d1 按钮来模拟三相短路故障，记录微机装置上的电流、电压值。改变系统运行方式，读取微机装置在不同运行方式下的电流、电压值（取 A 相电流电压）。将数值记录于表 4-10 中。

表 4-10 电流、电压值记录表

项目	最大方式	正常方式	最小方式
U_a/kV			
I_a/A			

2. 模拟系统短路

输电线路的短路故障可分为两大类：接地故障和相间故障，而相间故障中的三相短路故障又比较典型，在此就以三相短路来完成实训项目。

① 按照正确顺序启动实训装置：依次合上实训控制柜上的"总电源""控制电源Ⅰ"和实训控制屏上的"控制电源Ⅱ""进线电源"开关。依次合上 QS111、QS113、QF11、QS116、QF14、QF15，给输电线路供电（注：在做下面操作前一定要保证微机线路保护装置中的所有保护都处于退出状态）。

② 把系统运行方式设置为最小，分别在 XL-1 段的 d_1、d_2 处和 XL-2 段的 d_3 处发生三相短路故障，记录保护装置中的测量值于表 4-11 中。

表 4-11 测量值记录表

项目	d_1 处短路	d_2 处短路	d_3 处短路
电压 U_a/kV			
电流 I_a/A			

3. HSA-531 微机线路保护测控装置基本功能测试

① 按照正确顺序启动实训装置：依次合上实训控制柜上的"总电源""控制电源Ⅰ"和实训控制屏上的"控制电源Ⅱ""进线电源"开关，依次合上控制屏上的 QS111、QS113、QF11、QS116、QF14、QF15，给输电线路供电。

② 设置"HSA-531 微机线路保护测控装置"：在主菜单栏中选择"保护定值"菜单，设定"一次电压比例系数"为 35，"一次电流比例系数"为 1，"电流速断定值"为 2A，"限时速断定值"为 1.1A，"限时速断延时"为 0.5s，"过电流定值"为 0.5A，"过电流延时"为 1s，保存设置。按微机保护装置面板上的"取消"键返回主菜单栏，选择"保护投退"，按"确定"键进入后选择"速断"投入并保存，按"取消"键返回滚动显示画面。

③ 在控制柜上把系统运行方式选择凸轮开关拨到最大位置处，按下 XL-1 段的短路按钮 d_1，记录断路器的状态及动作值。

④ 断路器动作后，待短路持续时间到，d_1 处短路故障退出后，合上断路器 QF14。按下控制柜上微机线路保护装置上的"复归"键，消除故障并关闭事故灯，按"取消"键返回主菜单栏，选择"保护投退"，按"确定"键进入后选择"速断"退出并保存，再选择"限时速断"投入并保存，按"取消"键返回滚动显示画面。

⑤ 在 XL-2 段的 d_3 处发生短路事故，方法为手动按下 d_3 短路事故模拟按钮。记录断路器的状态及动作值于表 4-11 中。

⑥ 断路器动作后，待短路持续时间到，d_3 处短路故障退出后，合上断路器 QF14。按下控制柜上微机线路保护装置上的"复归"键，消除故障并关闭事故灯，按"取消"键返回主菜单栏，选择"保护投退"，按"确定"键进入后选择"限时速断"退出并保存，再选择"过电流"投入并保存，按"取消"键返回滚动显示画面。

⑦ 在 XL-2 段的 d_3 处发生短路事故，方法为手动按下 d_3 短路事故模拟按钮。记录断路器的状态及动作值于表 4-12 中。

表 4-12　记录断路器的状态与动作值

保护类型	断路器(QF14)的状态	动作值/A
速断		
限时速断		
过电流		

技能训练二　微机定时限过电流保护

① 按照正确顺序启动实训装置：依次合上实训控制柜上的"总电源""控制电源Ⅰ"和实训控制屏上的"控制电源Ⅱ""进线电源"开关。依次合上控制屏上的 QS111、QS113、QF11、QS116、QF14、QF15，给输电线路供电。

② 参照附录 1"保护整定计算"对微机保护装置过电流定值和时间进行定值整定，把"过电流定值"设为 0.5A，"过电流延时时间"设为 1s。投入"过电流"保护功能，其余功能都退出，保存设置。

③ 把系统运行方式设置为最小，打开控制柜上的电秒表电源开关，把"时间测量选择"拨至线路保护侧，工作方式采用"连续"方式，在 XL-1 段 d_2 处进行三相短路，记录电流动作值及电秒表上的数值于表 4-12 中。

④ 待短路故障按钮经延时跳起后，按下电秒表面板上"复位"按钮，清除电秒表数值，合上断路器 QF14，在 XL-2 段 d_3 处进行三相短路，记录电流动作值及电秒表上数值于表 4-13 中。

表 4-13　记录电流动作值及电秒表上的数值

故障位置	XL-1 线路 d_2 处	XL-2 线路 d_3 处
电流整定值/A		
时间整定值/s		
断路器能否动作		
电秒表数值/s		
电流动作值/A		

【思考与练习】

一、问答题

1. 与传统保护相比微机保护有哪些优点和缺点？

2. 微机保护主要的硬件有哪些？

3. 微机电流保护装置的软件系统主程序工作原理是什么？

二、填空题

1. 微机保护的硬件一般包括_____、_____、_____ 3 个主要部分。

2. 供电企业继电保护部门应贯彻执行有关继电保护装置规程、标准和规定，负责为地区调度及现场运行人员编写_____和_____。

3. 微机继电保护装置和继电保护信息管理系统_____时，同一变电站的微机继电保护装置和继电保护信息管理系统应采用_____。

4. 未经相应继电保护运行管理部门同意，不应进行微机继电保护装置_____。

5. 进行微机继电保护装置的检验时，应充分利用其_____。

三、判断题

1. 调度运行人员应参加微机继电保护装置调度运行规程的审核。（　　）

2. 继电保护装置更换备品备件后应对整套保护装置进行必要的检验。（　　）

3. 结合继电保护人员对装置的定期检验，通信部门可以对与微机继电保护装置正常运

行密切相关的光电转换接口、插接部件、PCM（或2M）板、光端机、通信电源的通信设备的运行状况进行检查。（　　）

4．一条线路两端的同一型号微机纵联保护的软件版本应相同。（　　）

5．选择微机继电保护装置时，在本电网的运行业绩应作为重要的技术指标予以考虑。（　　）

任务六　自动装置的检验与调试

【任务概述】

本次任务主要是介绍自动装置的结构和工作原理，让学生掌握自动重合闸装置、备用电源自动投入装置的工作过程，并能够实地进行正确的自动装置的安装调试和运行维护，对一些简单的故障进行分析和维修。

【知识准备】

一、电力线路的自动重合闸装置

1．概念

电力系统会时常出现瞬时性故障，这些故障虽然会引起断路器跳闸，但短路故障后，故障点的绝缘一般都能自动恢复。此时断路器再一次合闸，便可恢复供电，从而提高了供电可靠性。自动重合闸装置是当断路器跳闸后，能够自动地将断路器重合闸的装置，自动重合闸装置简称ARD。自动重合闸装置内部接线图如图4-53所示。

2．对自动重合闸装置的基本要求

① 自动重合闸装置可按控制开关位置与断路器位置不对应的原理启动，对综合重合闸装置，尚宜实现由保护同时启动的方式；

② 用控制开关或通过遥控装置将断路器断开，或将断路器投于故障线路上，而随即由保护将其断开时，自动重合闸装置均不应动作；

③ 在任何情况下（包括装置本身的元件损坏，以及继电器触点被"咬"住或拒动），自动重合闸装置的动作次数应符合预先的规定（如一次重合闸只应动作一次）；

④ 自动重合闸装置动作后，应自动复归；

⑤ 自动重合闸装置，应能在重合闸后加速继电保护的动作；必要时，可在重合闸前加速其动作；

⑥ 自动重合闸装置应具有接收外来闭锁信号的功能。

3．电气一次自动重合闸装置

DH-3型三相一次重合闸装置用于输电线路上

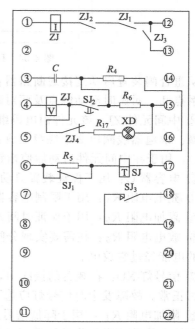

图4-53　自动重合闸装置内部接线图

实现三相一次自动重合闸，它是重要的保护设备。重合闸装置内部接线如图4-54所示。装置由一只DS-22时间继电器（作为时间元件）、一只电码继电器（作为中间元件）及一些电阻、电容元件组成。装置内部的元件及其主要功用如下。

① 时间元件SJ：该元件由DS-22时间继电器构成，其延时调整范围为1.2～5s，用以

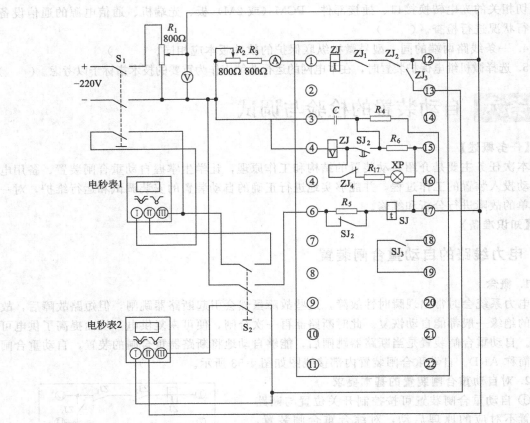

图 4-54　DH-3 型重合闸装置试验接线图

调整从重合闸装置启动到接通断路器合闸线圈实现断路器重合的延时，时间元件有一对延时常开触点和一对延时滑动触点及两对瞬时切换触点。

②　中间元件 ZJ：该元件由电码继电器构成，是装置的出口元件，用以接通断路器的合闸线圈。继电器线圈由 2 个绕组组成：电压绕组 ZJ（V），用于中间元件的启动；电流绕组 ZJ（I），用于在中间元件启动后使衔铁继续保持在合闸位置。

③　电容器 C：用于保证装置只动作一次。

④　充电电阻 R_4：用于限制电容器的充电速度。

⑤　附加电阻 R_5：用于保证时间元件 SJ 的线圈热稳定性。

⑥　放电电阻 R_6：在需要实现分闸，但不允许重合闸动作（禁止重合闸）时，电容器上储存的电能经过它放电。

⑦　信号灯 XD：在装置的接线中，监视中间元件的触点 ZJ_1、ZJ_2、和控制按钮的辅助触点是否正常。故障发生时信号灯应熄灭，当直流电源发生中断时，信号灯也应熄灭。

⑧　附加电阻 R_{17}：用于降低信号灯 XD 上的电压。

在输电线路正常工作的情况下，重合闸装置中的电容器 C 经电阻 R_4 已经充足电，整个装置处于准备动作状态。当断路器由于保护动作或其他原因而跳闸时，断路器的辅助接点启动重合闸装置的时间元件 SJ，经过延时后触点 SJ_2 闭合，电容器 C 通过 SJ_2 对 ZJ（V）放电，ZJ（V）启动后接通了 ZJ（I）回路并自保持到断路器完成合闸。如果线路上发生的是暂时性故障，则合闸成功后，电容器自行充电，装置重新处于准备动作的状态。如线路上存在永久性故障，此时重合闸不成功，断路器第二次跳闸，但这一段时间远远小于电容器充电到使 ZJ（V）启动所必须时间（15~25s），因而保证装置只动作一次。

二、备用电源自动投入装置

1. 概念

备用电源自动投入装置（简称 APD）就是但主电源线路中发生故障而断电时，能自动并且迅速将备用电源投入运行，以确保供电可靠性的装置。

2. 对备用电源自动投入装置的要求

① 当工作电源不论何种原因消失时，APD 应动作；

② 应保证在工作电源断开后备用电源电压正常，才投入备用电源；

③ 备用电源自动投入装置只允许动作一次；

④ 电压互感器二次回路断线时，APD 不应误动作；

⑤ 在采用 APD 的情况下，应检验备用电源的过负荷情况和电动机的自启动情况。如过负荷严重或不能保证电动机自启动，则应在 APD 动作前自动减负荷。

3. 备用电源自动投入装置的接线

① 主电源与备用电源方式的 APD 接线。分析备用电源自动投入装置接线原理图，掌握其工作过程。

② 互为备用电源的 APD 接线。分析互为备用电源的 APD 接线原理图，掌握其工作过程。

【技能训练】

微机备自投装置的接线与设置

在实训控制屏右侧的备自投装置部分线路还没有连好，开始本章实训前，请对照如图 4-55 所示接线图及对照表（表 4-14），完成微机备自投装置的接线。保证接线完成且无误后，再开始下面的实训操作。

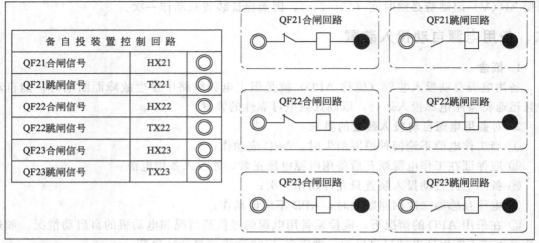

图 4-55 微机备自投装置接线图

表 4-14 备自投装置交流采样信号接线对照表

互感器接线端子		备投装置采样信号	互感器接线端子		备投装置采样信号
TV5	a	10UL11	TV6	a	10UL21
	b	10UL12		b	10UL22
	c	10UL13		c	10UL23
TA21	Iam*	10IL11*	TA22	Iam*	10IL21*
	Iam	10IL11	TV6	Iam	10IL21
	Icm*	10IL12*		Icm*	10IL22*
	Icm	10IL12		Icm	10IL22

备自投装置控制回路部分：只需将相应的信号引入到控制回路中即可（黑色接线柱上不用引线）。

1. 运行情况：运行线路失电，备用电源有电

（1）依次合上实训控制柜上的"总电源""控制电源 Ⅰ"和实训控制屏上的"控制电源 Ⅱ""进线电源"开关。

（2）检查实训控制屏面板上的隔离开关 QS111、QS112、QS113、QS114、QS115、QS213、QS215、QS217 是否处于合闸状态，未处于合闸状态的，手动使其处于合闸状态；手动使实训台上的断路器 QF11、QF13、QF21、QF23 处于"合闸"状态，使其他断路器均处于"分闸"状态；手动投入负荷"Ⅰ♯车间"和"Ⅲ♯车间"，方法为手动合上断路器 QF24 和 QF26。

（3）对实训控制柜上的 THLBT-1 微机备投装置做如下设置。

"备投方式"设置为"进线"；

"无压整定"设置为"20V"；

"有压整定"设置为"70V"；

"投入延时"设置为"1s"；

"自适应方式"设置为"退出"。

（4）模拟运行线路失电，方法为手动按下控制屏上方的 WL1 模拟失电按钮。

（5）1s 后，观察控制屏上断路器 QF11 和 QF12 的状态，将结果填入表 4-15。

注：装置本身固有采集延时 t 大约在 2.5～3s，所以实际投入延时 $T =$"投入延时"$+ t$

表 4-15　断路器状态

序号	运行条件	断路器(QF11,QF12)状态	备投是否投入
1	运行线路失电,备用电源有电		
2	运行线路失电,备用电源无电		

2. 运行情况：运行线路失电，备用电源无电

重复上述步骤（1）～（3）。

（4）模拟备用电源无电，方法为按下控制屏上方的"WL2 模拟失电"按扭；模拟运行线路失电，方法为手动按下控制屏上方的"WL1 模拟失电"按钮。

（5）1s 后，观察控制屏上断路器 QF11 和 QF12 的状态，将结果记录填入表 4-15。

3. 实训内容与步骤

参照本章内容完成备自投装置的接线，在保证接线完成且无误的情况下再开始实训内容。

1）实训一

（1）依次合上实训控制柜上的"总电源""控制电源Ⅰ"和实训控制屏上的"控制电源Ⅱ""进线电源"开关。

（2）检查实训控制屏面板上的隔离开关 QS111、QS112、QS113、QS114、QS115、QS213、QS215、QS217 是否处于合闸状态，未处于合闸状态的，手动使其处于合闸状态；手动使实训控制屏面板上的断路器 QF11、QF13、QF21、QF23 处于"合闸"状态，使其他断路器均处于"分闸"状态；手动投入负荷"Ⅰ♯车间"和"Ⅲ♯车间"，方法为手动合上断路器 QF24 和 QF26。

（3）对实训控制柜上的 THLBT-1 微机备投装置做如下设置：

"备自投方式"设置为"进线"；

"无压整定"设置为"20V"；

"有压整定"设置为"70V"；

"投入延时"设置为"3s"；

"自适应设置"设置为"退出"。

（4）按下控制屏面板上的"WL1 模拟失电"按钮。

（5）当 THLBT-1 微机备投装置显示"进线备投成功"后，按下 THLBT-1 微机备投装置面板上的"退出"键，再按"确认"键进入主菜单，选择"历史记录"，查看"事件记录"，记录事件及时间于表 4-15。

（6）恢复进线 1 供电。方法为按下"WL1 模拟失电"按键，手动使断路器 QF12 处于"分闸"状态，使断路器 QF11 处于"合闸"状态。为后一步操作做准备。

（7）调整控制柜上的 THLBT-1 微机备投装置，将"备投延时"分别设置为"2s"、"1s"、"0s"，重复步骤（4）～（6）。

（8）将实训结果填入表 4-16。

表 4-16　实训结果

序号	备投延时 时间/s	动作过程（投入前和投入后断路器状态）		事件及时间
		投入前	投入后	
1	3			
2	2			
3	1			
4	0			

2）实训二

（1）依次合上实训控制柜上的"总电源""控制电源Ⅰ"和实训控制屏上的"控制电源Ⅱ""进线电源"开关。

（2）检查实训台面板上的隔离开关 QS111、QS112、QS113、QS114、QS115、QS213、QS215、QS217 是否处于合闸状态，未处于合闸状态的，手动使其处于合闸状态；手动使实训台上的断路器 QF11、QF13、QF21、QF23 处于"合闸"状态，使其他断路器均处于"分闸"状态；手动投入负荷"Ⅰ♯车间"和"Ⅲ♯车间"，方法为手动合上断路器 QF24 和 QF26。

（3）对实训控制柜上的 THLBT-1 微机备投装置做如下设置。

"备自投方式"设置为"进线"；

"无压整定"设置为"20V"；

"有压整定"设置为"70V"；

"投入延时"设置为"3s"；

"自适应设置"设置为"投入"；

"自适应延时"设置为"3s"。

（4）按下"WL1 模拟失电"按键。

（5）当 THLBT-1 微机备投装置显示"进线备投成功"后，等装置自动回到初始界面，按"确认"键进入主菜单，选择"历史记录"，查看"事件记录"，并且记录事件及时间于表 4-17。

（6）再次按下"WL1 模拟失电"按键，恢复进线 1 供电，当 THLBT-1 微机备投装置显示"进线备投自适应成功"后，按下 THLBT-1 微机备投装置面板上的"退出"键，再按"确认"键进入主菜单，选择"历史记录"，查看"事件记录"，记录事件及时间于表 4-12。

（7）调整 THLBT-1 微机备投装置，将"备投延时"分别设置为"2s"、"1s"、"0s"，重复步骤（4）～（6）。

（8）进入 THLBT-1 微机备投装置菜单中的"事件记录"，填写表 4-17。

表 4-17 事件记录

序号	备投延时 时间/s	动作过程（投入前和投入后断路器状态）		事件及时间
		投入前	投入后	
1	3			
2	2			
3	1			
4	0			

【思考与练习】

一、问答题

1. 何谓自动重合闸？自动重合闸有何好处？

2. 电源备自投装置起什么作用？

二、判断题

1. 重合闸前加速保护广泛应用在 35kV 以上电网中，而重合闸后加速保护主要用于 35kV 以下的 发电厂和变电所引出的直配线。（   ）

2. 检查同期重合闸是利用重合闸动作时间和同步检查继电器常闭接点闭合时间的大小

来判别频差大小。（　　　）

3. ARD 装置本身的元件损坏，以及继电器触点被"咬"住或拒动时，一次重合闸只应动作一次。（　　　）

4. 在输电功率不大的系统联络线上，以及系统功率平衡点上，为了检查无压状况和检查同期而装设重合闸，其重合成功是不高的。（　　　）

5. 对于重合闸后加速保护，当重合于永久性故障时，一般用于加速保护段瞬时切除故障。（　　　）

三、选择题

1. ARD 装置本身的元件损坏，以及继电器触点被"咬"住或拒动时，一次重合闸应动作（　　　）。

A. 一次　　　　　　　　B. 二次　　　　　　　　C. 多次　　　　　　　　D. 任意

2. 重合闸装置若返回时间太短，可能出现（　　　）。

A. 多次重合　　　　　B. 拒绝合闸　　　　　C. 非同步重合　　　　　D. 同步重合

3. 全线敷设电缆的配电线路，一般不装设重合闸，这是因为（　　　）。

A. 电缆线路故障几率小　　　　　　　　B. 电缆线路故障多系永久性故障

C. 电缆线路不允许重合　　　　　　　　D. 都不对

4. 单电源线路的重合闸装置必须在故障切除后，经一定时间间隔，才允许发出合闸脉冲，这是因为（　　　）。

A. 需要与保护装置配合　　　　　　　　B. 需要与断路器操作机构配合

C. 故障点去游离需要一定时间　　　　　D. 防止多次重合

5. 单侧电源线路上装有三相一次自动重合闸，当发生永久性故障时，断路器将（　　　）切断短路电流。

A. 三次　　　　　　　　B. 二次　　　　　　　　C. 一次　　　　　　　　D. 不定次数

任务七　变电站综合自动化系统的运行管理

【任务概述】

变电站综合自动化就是利用微机技术将变电站的二次设备（包括控制、信号、测量、保护、自动装置及远动装置）进行功能的重新组合和结构的优化设计，对变电站进行自动监视、测量、控制和协调的一种综合性的自动化系统。本次任务是在了解介绍变电站综合自动化系统的基本概念、组成结构、工作原理和通信方式的基础上，熟悉无人值班变电站的运行特征和管理模式。

【知识准备】

一、变电站综合自动化系统概述

变配电站综合自动化系统是利用先进的计算机技术、现代电子技术、通信技术和信息处理技术等实现对变配电站二次设备（包括继电保护、控制、测量、信号、故障录波、自动装置及远动装置等）的功能进行重新组合、优化设计，对变配电站全部设备的运行情况执行监视、测量、控制和协调的一种综合性的自动化系统。通过变配电站综合自动化系统内各设备间相互交换信息，数据共享，完成变配电站运行监视和控制任务。变配电站综合自动化系统替代了常规二次设备，它将传统的变电站内各种分立的自动装置集成在一个综合系统内实现，并具有运行管理上的功能，包括制表、分析统计、防误操作、生成实时和历史数据流、安全运行监视、事故顺序记录、事故追忆、实现就地及远方监控，简化了变配电站二次接线。变配电站综合自动化是提高变电站安全稳定运行水平、降低运行维护成本、提高经济效益、向用户提供高质量电能的一项重要技术措施。

变配电站综合自动化的优点如下。

① 控制和调节由计算机完成，降低了劳动强度，避免了误操作。

② 简化了二次接线，使整体布局紧凑，减少了占地面积，降低了变配电站建设投资。

③ 通过设备监视和自诊断，延长了设备检修周期，提高了运行可靠性。

④ 变电站综合自动化以计算机技术为核心，具有发展、扩充的余地。

⑤ 减少了人的干预，使人为事故大大减少。

⑥ 提高经济效益。减少占地面积，降低了二次建设投资和变电站运行维护成本；设备可靠性增加，维护方便；减轻和替代了值班人员的大量劳动；延长了供电时间，减少了供电故障。

二、变电站综合自动化系统的功能

变配电站综合自动化系统可以完成多种功能，它们的实现主要依靠以下 3 个子系统。

1. 监控子系统

监控子系统是完成模拟量输入、数字量输入、控制输出等功能的系统，一般应用测量和控制器件对站内线路和变压器的运行参数进行测量、监视；以及对断路器、隔离开关、变压器分接头等设备进行投切和调整。监控子系统可以实现的功能主要有以下几种。

① 数据采集功能。定时采集全站模拟量、开关量和脉冲量等信号，经滤波，检出事故、故障、状态变位信号和模拟量参数变化，实时更新数据库，为监控系统提供运行状态的数据。

② 控制操作功能。操作人员可通过 CRT 屏幕执行对断路器、隔离开关、电容器组投切、变压器分接头进行远方操作。

③ 人机联系功能。远程终端 CRT 能为运行人员提供人机交互界面，调用各种数据报表及运行状态图、参数图等。

④ 事件报警功能。在系统发生事故或运行设备工作异常时，进行音响、语言报警、推出事件画面，画面上相应的画块闪光报警，并给出事件的性质、异常参数，也可推出相应的事件处理指导。

⑤ 故障录波、测距功能。能把故障线路的电流、电压的参数和波形进行记录，也可以计算出测量点与故障点的阻抗、电阻、距离和故障性质。

⑥ 系统自诊断功能。系统具有在线自诊断功能，可以诊断出通信通道、计算机外围设备、I/O 模块、工作电源等故障，故障时立即报警、显示，以便及时处理，从而保证了系统运行的较高可靠性。

⑦ 数据处理和参数修改功能。对收集到的各种数据实时进行动态计算和处理，分析运行设备是否处于正常状态，并能根据需要通过 CRT 修改系统所设置的上、下限参数值。

⑧ 报表与打印功能。根据运行要求进行运行参数打印、运行日志打印、操作记录打印、事件顺序记录打印、越限打印等。

2. 保护子系统

在综合自动化系统中，继电保护由微机保护所替代，保护系统是变电站综合自动化系统中最基本、最重要的系统。微机保护包括变电站的主要设备和输电线路的全套保护，具有高压线路、主变压器、无功综合补偿装置、母线和配电线路的成套微机保护及故障录波装置等。微机保护在被保护线路和设备故障下，动作于断路器跳闸；线路故障消除后则执行自动重合闸。微机保护与故障测距录波装置都挂在综合系统网络总线上，通过串口与监控主机通信，召唤传送线路和设备经处理运算后的输入模拟量，故障跳闸后传送故障参数与重合闸信息，保护动作信息等。

3. 电压和无功综合控制子系统

在电力系统中为了将供电电压维持在规定的范围内，保持电力系统稳定和无功功率的平衡，需要对电压进行调节，对无功功率进行补偿，以保证在电压合格的前提下电能损耗最小。在变电站中，对电压和无功功率的控制一般采用调节有载变压器分接头位置和自动控制无功补偿设备（如电容器组、电抗器组及调相机）的投切或控制其运行工况。该功能可通过挂在网络总线上的电压无功控制装置实现。

三、变电站综合自动化系统的体系结构

变电站综合自动化系统的体系结构如图 4-56 所示，从逻辑上可以划分为 3 层，即变电站层、通信层和间隔层（单元层），通过现场总线连接成一个整体，每层由不同设备或不同的子系统组成，完成不同的功能。

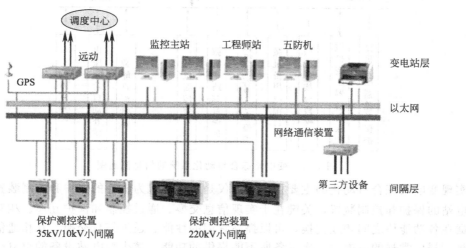

图 4-56 变电站综合自动化系统的体系结构图

1. 间隔层

间隔层是指设备的继电保护和测控装置层。间隔层分单元进行设计，间隔单元通过数据采集模块实时采集各设备的模拟量输入信号，并经离散化和模数转换成数字量；通过开关量采集模块采集断路器的开合、电流脉冲量等信息并经电平变换、隔离处理得到开关量信息。这些数字量和开关量将上传给通信层。

2. 通信层

主要由数据采集控制机和保护管理机组成，主要负责接受从间隔层发送上来的信息，并将信息通过以太网传送到变电站层的监控主机的存储器或数据库中以进一步处理。同时也将

该信息传送至上级调度中心，使得上级调度中心实时掌握该变电站各设备的运行情况，也可由调度中心直接对设备进行远动终端控制和"四遥"功能。

四、综合自动化通信系统

通信是变电站综合自动化系统非常重要的基础功能。借助于通信，各断路器间隔中保护测控单元、变电站计算机系统、电网控制中心自动化系统得以相互交换信息和信息共享，提高了变电站运行的可靠性，减少了连接电缆和设备数量，实现变电站远方监视和控制变电站综合自动化系统的信息流通图如图4-57所示。变电站自动化系统通信主要涉及以下几个方面的内容。

① 各保护测控单元与变电站计算机系统通信。

② 各保护测控单元之间互通信。

③ 变电站自动化系统与电网自动化系统通信。

④ 变电站计算机系统内部计算机间相互通信。

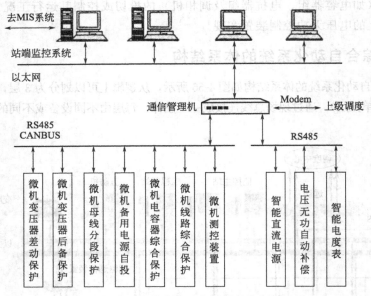

图 4-57　变电站综合自动化系统的信息流通图

实现变电站综合自动化的主要目的不仅仅是用以微机为核心的保护和控制装置来代替传统变电站的保护和控制装置，关键在于实现信息交换。通过控制和保护互连、相互协调，允许数据在各功能块之间相互交换，可以提高它们的性能。通过信息交换，互相通信，实现信息共享，提供常规的变电站二次设备所不能提供的功能，减少变电站设备的重复配置，简化设备之间的互连，从整体上提高自动化系统的安全性和经济性，从而提高整个电网的自动化水平。因此，在综合自动化系统中，网络技术、通信协议标准、数据共享等问题是综合自动化系统的关键问题。

【技能训练】

变电站仿真系统综合自动化监控

一、仿真系统介绍

电网调度及变电站一体化仿真培训系统教学平台，以典型的 500kV、220kV、110kV、

35kV厂站为仿真主站，建立一套电网调度及变电站一体化仿真系统，系统包含变电站监控、电网监控（OPEN3000）、保护盘、交直流、开关室、安全工器具、五防系统，教案管理、用户管理、三维场景等，能对电网运行、电网调度、变电站运行监控、继电保护、系统事故分析和处理、电气一二次设备操作等进行全方位的模拟，系统必须具有很强的先进性、真实性，功能完善，操作方便。

二、主控面板

主控面板的开启方法如下。

（1）双击桌面或"电网调度与变电站一体化仿真培训系统"安装目录下 Main 文件夹中"电网调度与变电站一体化仿真培训系统" 图标，即运行控制面板，控制面板会自动弹出置于计算机桌面上方，如图 4-58 所示。

图 4-58 控制面板

（2）右击主控面板窗口，选择菜单中的"一键启动"即可启动本机仿真培训软件。

对于仿真培训软件中存在多种模式则会出现如图 4-59 所示的界面。

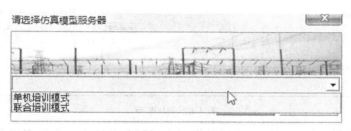

图 4-59 多种模式选择

在弹出窗口内鼠标左键点击下拉按钮，出现多种培训模式，选择需要启动的单机陪训模式，然后单击"确认"按钮，仿真培训软件自动启动培训软件需要的相关服务和通信。

（3）系统自动启动完成后会弹出"启动完成"对话框，如图 4-60 所示。

图 4-60 "启动完成"对话框

（4）启动教练台软件，选择管理员权限弹出权限选择对话框，如图 4-61 所示。

软件启动完毕进入全屏主界面，如图 4-62 所示。

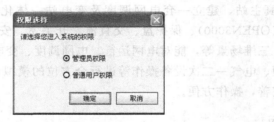

图 4-61　权限选择

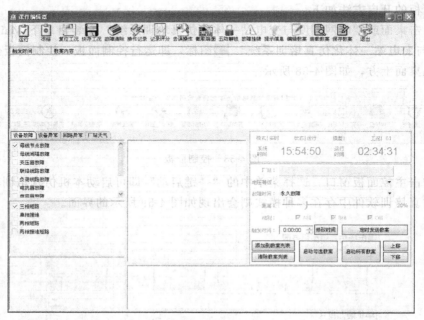

图 4-62　主界面

（5）单击工具栏中的"运行"按钮对模型运算服务器发出运行模型指令。如果指令发送成功，在教练台信息栏的状态中显示运行。

（6）单击工具栏中的"复位工况"按钮弹出工况选择对话框，如图 4-63 所示，选择 15

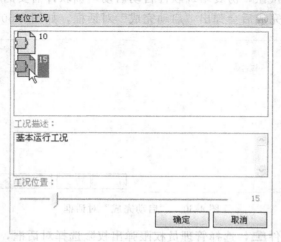

图 4-63　"复位工况"对话框

工况，按"确定"按钮对模型运算服务器发出复位工况指令。

（7）单击"综合自动化监控系统"按钮，会弹出如图 4-64 所示的对话框。

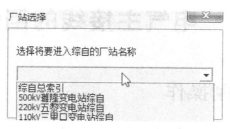

图 4-64　"厂站选择"对话框

（8）选择 220kV 五黎变电站综自，出现五黎变电站的主接线监控界面如图 4-65 所示。

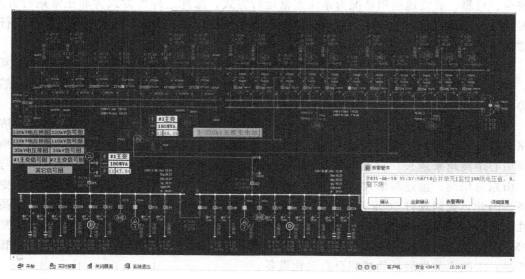

图 4-65　主接线监控界面

主接线启动后自动打开主画面，并且自动启动报警软件。在主界面上分别熟悉设备的图形符号和编号；熟悉主变台数、接线方式、容量大小、中性点运行方式、调压方式等内容；分别熟悉该变电站 220kV、110kV、35kV 三侧的主接线方式；检查它们的电源进线回路和出线回路上断路器和隔离开关的状态，记录每一回路上的有功功率、无功功率和电流大小。

【思考与练习】

1. 变电站综合自动化系统从其测量控制、安全等方面考虑，可分为哪几个系统？

2. 何谓变电站综合自动化系统？其结构体系由哪几部分组成？各部分的作用是什么？

3. 供配电站综合自动化系统的基本功能有哪些？

4. 供配电自动化系统中通信系统的任务和作用是什么？系统传输数据方式有哪几种？

项目五 电气主接线的倒闸操作

任务 电气倒闸操作

【任务概述】

变配电运行方式可分为正常与非正常运行方式两类。根据电网要求，由调度部门制定的最安全、可靠、灵活地运用情况为系统正常运行方式，除此之外的方式为非正常运行方式。学习相关变电运行技术，可以提高运行技术人员贯彻执行相关岗位责任制，保证生产运行的正常进行。

为了提高电力工业的效益，发挥电网在输电以及在水、火、核能等多种能源间的相互补偿，调剂、错峰和互为备用、事故支援等方面的作用，电网间相互连接并逐步扩大是必然的趋势。

1998 年底，我国装机容量 27700 万千瓦，居世界第二位。由于国内能源分布与经济发展格局在地域上的不平衡，西电东送、北电南送的网络格局成为必然。而且新的发电基地离负荷中心距离越来越长，目前大多采用了超高压输电线路。为实现东北与华北、华东与华中、山东与华北、福建与华东、江西与广东等省网间的联网计划，相应需要 500kV 输变电设备。因此，我国现将 500kV 超高压变电设备定为今后几年的发展重点，且重点发展高可靠性、高利用率、低损耗、低造价、占地面积小的一体化产品。其中三相变压器发展 750MV·A 及以上并提高可用系数；断路器断流容量发展 63kA 及以上并发展免维护、智能化产品；二次产品发展计算机综合自动化设备。

此外，一些新技术、新产品也逐步应用于输变电领域。美国、日本和欧洲各国政府大力发展高温超导技术，出现了超导故障电流限制器、高温超导输电电缆、高温超导变压器、高温超导储能系统、高温超导电机等新产品。高温超导材料的发展，必然带动整个电力工业的革新和进步，并形成新的高新技术产业。为此，十分有必要学习一些相关的变电技术相关知识和技能，以适应行业对人才的要求。

【知识准备】

一、电力系统静动稳定及其保持的基本措施

稳定性问题是与电力系统发展密切相关的，对一个孤立的发电厂或较小规模的小区域供配电系统来讲，它们之间并列运行的稳定性问题不是十分重要，当许多发电厂及大型机组并列运行在同一个电力系统时，随着容量和地区的扩大，电力系统运行的稳定性则趋显其重要性。电力系统的稳定性来源于系统的静稳定和动稳定，当失去稳定时，系统内的同步发电机将失步，系统发生振荡，其后果将造成系统局部崩溃，甚至造成大面积用户停电，使国民经济遭受巨大损失。

1. 电力系统静稳定

(1) 影响静稳定性的原因

电力系统的静稳定即系统运行的静态稳定性，指正常运行的电力系统受到很小的扰动之后，自动恢复到原来运行状态的能力。

电力系统所受到的扰动主要有架空线路因风吹动、摆动引起线间距离的变化、发电机组的转速不是绝对均匀和发电机组受到微小的机械振动等。不管哪一种变化，如果它的后果使电力系统静态稳定遭受破坏，都将可能并导致发电机失步，系统解列，大批负荷停电。

从整个系统来看，若要保证其静稳定性，应从整个系统布局、用电负荷中心、线路的送电距离等方面都要统筹安排、精心计算，采用正确的运行方式，防止重要线路跳闸后负荷电流的变化引起系统的稳定受到严重破坏。

（2）维护电力系统静稳定性的措施

① 减少系统各元件的感抗。主要减少发电机、变压器和输电线路的电抗。措施如下。

a. 在有水力发电厂时，根据具体情况选择适当参数的发电机组。

b. 减小变压器电抗来提高系统稳定性。

c. 在远距离输电中使用分裂导线减小线路电抗、采用串联电容补偿以减少线路电抗、合理选择高一级的标准电压减少电抗或合理选择发电厂主接线，使大型发电机组直接与较高电压的电网连接。

② 采用自动调节励磁装置。自动调节励磁装置的方法既经济又行之有效。这种方法是在发电机上装设自动调节励磁装置，维持发电机的端电压恒定不变，以实现减少发电机电抗，从而达到减少系统电抗的目的。自动调节励磁装置不仅在提高发电厂并列运行的稳定性方面有良好的作用，在提高系统的电压稳定性方面也有良好的作用，发电机的无功功率电压静态特性与发电机的电抗有关，同等电抗较大的发电机，在其端电压下降时，输出的无功功率减少；同等电抗较小的发电机，在其端电压下降时，输出的无功功率减少较缓慢，甚至反而增大；当电机装有自动调节励磁装置时，则可等值地减小发电机的电抗，甚至随着发电机端电压的下降还会使无功功率电压静态特性上升，达到电力系统电压稳定极限值下降的效果，以提高系统的电压稳定性。

③ 采用按周波（频率）减负荷装置。按事先制定的程序，当系统频率下降到某一定值而不能满足电能质量，同时也不能保证发电机组的运行，不能保证电力系统的运行时，可自动切除一部分次要负荷，当未恢复到需要状态时，再行切除部分负荷的装置称为采用周波减负荷装置。系统内装设低周波减负荷装置，可阻止系统频率继续下降，从而对系统运行的频率和稳定性直到了良好的作用。但是，按周波减负荷势必降低一部分用户供电的可靠性，所以它是一种"牺牲局部，保存全局"的应急措施。

④ 增大电力系统的有功功率和无功功率的备用容量。

2. 电力系统的动稳定

电力系统动稳定是指当电力系统和发电机在正常运行时受到较大干扰，使电力系统的功率发生相当大的波动时，系统能保持同步运行的能力。

（1）造成动稳定波动的原因

① 负荷的突然变化，例如切除或投入大容量的用电设备。

② 切除或投入电力系统的某些元件，如发电机组、变压器、输电线路等。

③ 电力系统内发生短路故障。

上述因素中，短路故障是最危险的，对中性点直接接地系统而言，三相短路由于其电压急剧下降，发电厂间的联系大大削弱，严重威胁电力系统运行的动态稳定性。

（2）维护电力系统动稳定性的措施

提高动态稳定性的措施很多，主要有以下几种措施。

① 快速切除短路故障。快速切除短路故障，对提高动态稳定性具有决定性的作用。快速切除短路故障，可有效地提高发电厂之间并列运行的稳定性；还可使发电机的端电压迅速回升，提高发电机的稳定性；减少由于短路电流而引起的过热或机械损伤对电气设备造成的危害。目前我国使用的快速切除短路故障的保护装置可从发布跳闸脉冲直至开关跳闸仅需 $0.1s$ 时间。

② 采用自动重合闸装置。由于电力系统内的故障大多数为瞬时性的，特别是超高压输电线路的故障。采用自动重合闸装置后，在故障发生时由保护装置将断路器断开，经一定时限又能自动将这一线路投入运行，从而提高了系统的动稳定性。

在 $220kV$ 及以上的超高压线路中，使用按相重合闸装置，这种装置可以自动选出故障相，切除故障相，并使之重合。由于切除的只是故障相，而不是三相，在切除故障相后至重合闸前的一段时间里，使单回线输电系统送电端的发电厂与受电端的系统也没有完全去联系，从而大大提高了系统的动态稳定性。

③ 采用电气制动和机械制动

a. 电气制动。所谓电气制动，就是当系统发生故障时，发电机输出的功率急剧减小，发电机组因功率过剩而加速时，迅速投入制动电阻，额外消耗发电机的有功功率，以抑制发电机加速，提高电力系统动态稳定。

制动电阻接入系统时，可以是串联接入送至发电厂的主电路，也可以是并联接入送至发电厂的高压母线上或发电机母线上。

采用电气制动提高系统的动态稳定时，制动电阻的大小要选择恰当，否则会发生欠制动，不能限制发电机的加速，发电机仍然会失步，或发生过制动。

b. 机械制动。机械制动是直接在发电机组的转轴上施加制动力矩，抵消机组的机械功率，以提高系统动态稳定性的方法。

④ 变压器中性点经小电阻接地。变压器中性点经小电阻接地的作用原理与电气制动十分相似：在故障发生时，短路电流的零序分量将流过变压器的中性点，在所接的电阻上产生有功功率损耗，当故障发生在送电端时，这一损耗主要由送电端发电厂供给；故障发生在受电端时，则主要由受电端系统供给。所以，当送电端发生接地短路故障时，由于送电端发电厂要额外供给这部分有功功率损耗，能使发电机受到的加速作用减缓，即这些电阻中的功率损耗起到了制动作用，从而提高了系统的动态稳定性。

应当提出的是，由于接地故障发生在靠近受电端时，受电端变压器中性点所接小电阻中消耗的有功功率主要是由受电端系统供给，如果受电端系统容量不够大，将使受电端发电机加剧减速，因此，这一电阻不仅不能提高系统动态稳定性，反而将使系统的动态稳定性恶化。针对这一情况，受电端变压器中性点一般不接小电阻，而是接小电抗。

变压器中性点接小电抗的作用原理与接小电阻不同，它只是起限制接地短路电流的作用，或者说，它增大了接地短路时功角特性曲线的幅值，从而减小发电机的输入功率与输出功率之间的差额，提高系统的动态稳定性。

变压器中性点所接的用以提高系统稳定性的小电阻或小电抗一般不大于百分之几到百分之十几。

⑤ 设置开关站和采用强行串联电容补偿。这两种措施缩短了故障切除后的"电气距

离"，以提高电力系统的动态稳定性。

a. 设置开关站。当输电线路相当长，而沿途又没有大功率的用户需要设置变电站时，可以在输电线路中间设置开关站。

设置开关站后，当输电线上发生永久性故障而必须切除线路时，可以不切除整个一回线路，而只切除其故障段，这样，不仅提高了发生故障时的动态稳定性，而且提高了故障后的静态稳定性，改善了故障后的电压质量。

b. 采用强行串联电容补偿。如果为了提高电力系统正常运行时的静态稳定性，改善正常运行时的电压质量，已经在线路上设置串联电容补偿，那么为了系统的动态稳定和故障后的静态稳定性以及改善故障后的电压质量，可以烤炉采用强行串联电容补偿。

强行串联电容补偿，就是切除故障线段的同时切除部分并联着的电容器组。并联电容器组的切除，增大拉补偿电容的电抗，部分地甚至全部地抵偿了由于切除故障线段而增加的线路感抗。

采用以上两种措施提高电力系统动态稳定性时，应注意以下几个问题。

① 统筹规划。在设计上，从节约投资出发，串联电容补偿，强行串联补偿的接线应与开关站或中间变电站的接线统一考虑。

② 开关站的多少应从技术与经济方面综合确定。开关站的地点应考虑到沿线工农业负荷的发展，尽可能设置在远景规划中拟建立中间变电站的地方。

③ 开关站的接线布置应兼顾到便于扩建为变电站的可能性。

④ 采用强行串联补偿时，电容器组的额定电流比不采用强行串联补偿时大；否则，切除部分电容器后，余下的电容器将过负荷。

除以上所述几点外，还可考虑采用对发电机组连锁切机和使用快速控制调速汽门装置来实现。

二、电力系统经济运行方法和措施

电力系统的经济运行应包含电网的经济运行、发电厂的经济运行、变配电站的经济运行以及综合起来考虑整个电力系统的经济运行。由于这个问题较为复杂，下面仅就电力网、发电厂、变配电站的经济运行作以简要说明。

1. 电力网的经济运行

电力网的年运行费可用下列算式表示。

$$F = \alpha \Delta A + \frac{P_z}{100}K + \frac{P_w}{100} + N \text{（元）} \tag{5-1}$$

式中　α——计算电价或损耗每千瓦小时的电价，元/度；

　ΔA——电网全年的电能损耗，$kW \cdot h$；

　K——电网的初投资，元；

　N——电网的维护管理费用，元；

　P_z——电网的折旧率，又称为折旧费占初投资的百分数；

　P_w——电网的维修率，又称为维修费占初投资的百分数。

从式（5-1）可以清楚地看出，要想降低年运行费用，主要降低电网全年的电能损耗。其方法有以下几种。

（1）提高电网负荷的功率因数降低电能损耗

提高电网的功率因数 $\cos\varphi$，是降低电能损耗的有效措施。提高负荷的功率因数，就要减小电网中通过的无功功率，一般采取如下措施。

① 合理地选择调整异步电动机的运行，提高用户的功率因数。异步电动机在能量转换过程中需要有功功率，同时它也需要无功功率。异步电动机所需的无功功率由两部分组成：一部分是建立磁场所需的空载无功功率，为总无功功率的 $60\%\sim70\%$，这部分无功功率与电动机的负荷系数无关；另一部分是绕组漏抗中消耗的无功功率，这部分无功功率与电动机的负荷系数 P/P_N 的平方成正比。

当电动机的负荷系数较小时，用户的功率因数就很低，因此应尽量使用户的负荷系数趋近于1。

为了减少用户所需要的无功功率，通常在有条件的企业中用同步电动机代替异步电动机，因为同步电动机不仅可以不需要系统供给无功功率，还可以在过励磁情况下向系统送出无功功率。除了异步电动机需要无功功率外，变压器、感应电炉等设备也都需要无功功率，因此，合理地选择变压器容量，并限制变压器的空载运行时间，也是提高功率因数的重要措施。

② 利用并联补偿装置提高用户的功率因数。合理选择异步电动机及变压器容量，可以提高系统的功率因数，降低电能损耗，但不能完全限制无功功率在电网中通过，在用户处或靠近用户的变配电站中，装设无功功率补偿设备，可以就地平衡无功功率，限制无功功率。

（2）提高电网运行的电压水平降低电能损耗

提高电力网运行的电压水平，是降低电力网电能损耗的措施之一。电网运行时，线路和变压器等电气设备的绝缘所容许的最高工作电压，一般不超过额定电压的 10%，因此，电网在运行时，在不超过允许的情况下，应尽量提高运行电压水平，以降低电能损耗。据统计，线路运行电压提高 5%，电能损耗就可降低 9%，效果很明显。

（3）改变电网的接线及运行方式降低电能损耗

在有条件的地方，可将开式网改为闭式网运行，这也是降低电网电能损耗的措施之一。例如有 A、B、C、D 四台变压器，A 到 B、B 到 C、C 到 D 和 D 到 A 的距离相等，每一条辐射电网都是匀布负荷，负荷密度平均，并设材料和截面也都相等，当电网开式运行时改为闭式运行，其有功功率的损耗可降低数倍。

2. 发电厂的经济运行

目前，我国电力系统中的发电厂主要有水力发电厂、凝汽式火力发电厂和热电厂等类型。水力发电厂一般建在江河等水力资源丰富的地方，距离负荷中心较远；为了节约燃料运输费用，火力发电厂通常建在煤炭、燃油等动力资源丰富的产地，距离负荷中心也较远；热电厂则一般建在负荷中心。电力系统经济运行与否，不仅要考虑系统内各电厂的类型、电网功率损耗的大小，而且应考虑各种类型发电厂在电力系统日负荷曲线和年负荷曲线中的位置是否合理。电力系统在统一的调度下，应按负荷曲线的不同部分，调整各类型发电厂的负荷，以保证系统运行的经济性。

火力发电厂在运行时由于要烧燃料，在一般情况下各电厂中的多台汽轮发电机组的特性是不同的，有的机组单位发电量消耗燃料多一些，有的机组则可能消耗的少一些。因此，经济运行问题可归结为如何正确安排系统各机组的发电率，使总的燃料达到最少。

3. 变配电站的经济运行

变配电站的经济运行，实际上就是变压器的经济运行。合理地选择变压器容量，将变压器设置在负荷中心，可以提高电网的功率因数，减小变配电站低压侧线路的长度，还可降低电网的功率损耗与电能损耗。合理确定变配电站的变压器并列运行台数，使其总功率损耗最小。这一点在前面已经讲到，这里不再赘述。

三、变配电所一次系统的防误操作装置

防误操作装置的作用是防止误操作，要求达到五防标准：防止误拉合断路器，防止带负荷拉合隔离开关，防止带接地线合闸，防止带电挂接地线，防止误入有电隔离。变配电所常用的防误装置有机械闭锁、电气闭锁、电磁闭锁、红绿牌闭锁、电脑闭锁等。

1. 机械闭锁

当某元件操作后，另一元件就不能操作的闭锁方式称为机械闭锁，这是靠机械结构制约而达到预定目的的一种闭锁。机械闭锁一般有以下几种。

① 线路（变压器）隔离开关和线路（变压器）接地开关闭锁。

② 线路（变压器）隔离开关和断路器与线路（变压器）侧接地开关闭锁。

③ 母线隔离开关和断路器母线侧接地开关闭锁。

④ 电压互感器隔离开关和电压互感器接地隔离开关闭锁。

⑤ 电压互感器隔离开关和所属母线接地开关闭锁。

⑥ 旁路旁母隔离开关和旁母接地开关闭锁。

⑦ 旁路旁母隔离开关和断路器旁母侧接地开关闭锁。

由于机械闭锁只能和本身隔离开关处的接地开关进行闭锁，所以如果需要和断路器及其他隔离开关或接地开关进行闭锁，机械闭锁就无能为力了。为了解决这一问题，采用了电气闭锁和电磁闭锁。

2. 电磁闭锁

电磁闭锁是利用断路器、隔离开关、设备网门等设备的副触点，接通或断开隔离开关网门电磁锁电源，从而达到闭锁目的的装置。一般有下列几种。

① 线路（变压器）隔离开关或母线隔离开关和断路器闭锁。

② 正、副母线隔离开关之间的闭锁。

③ 母线隔离开关和母联（分段）断路器、隔离开关的闭锁。

④ 所有旁路隔离开关和旁路断路器闭锁。

⑤ 母线接地隔离开关和所有母线隔离开关闭锁。

⑥ 断路器母线侧接地隔离开关和另一母线隔离开关闭锁。

⑦ 线路（变压器）接地开关和线路（变压器）隔离开关、旁路隔离开关闭锁。

⑧ 旁路母线接地开关和所有旁路隔离开关闭锁。

⑨ 母线隔离开关和设备网门之间闭锁。

⑩ 线路（变压器）隔离开关和设备网门之间闭锁。

3. 电气闭锁

电气闭锁是利用断路器、隔离开关副触点接通或断开电气操作电源而达到闭锁目的的一种装置，普遍用于电动隔离开关和电动接地开关上，一般有以下几种。

① 线路（变压器）隔离开关或母线隔离开关和断路器闭锁。

② 正、副母线隔离开关之间的闭锁。

③ 母线隔离开关和母联（分段）断路器、隔离开关的闭锁。

④ 所有旁路隔离开关和旁路断路器闭锁。

⑤ 母线接地隔离开关和所有母线隔离开关闭锁。

⑥ 断路器母线侧接地开关和母线隔离开关之间的闭锁。另一母线隔离开关闭锁。

⑦ 线路（变压器）接地开关和线路（变压器）隔离开关、旁路隔离开关之间的闭锁。

4. 红绿牌闭锁

这种闭锁方式通常用在控制开关上，利用控制开关的分合两种位置和红绿牌配合，进行定位闭锁，以达到防止误拉、合断路器的目的。

5. 微机闭锁（模拟盘）

微机防误操作闭锁装置也称为计算机模拟盘，是专门为电力系统防止电气误操作事故而设计研制的，由计算机模拟盘、计算机钥匙、电编码开锁、机械编码锁几部分组成。可以检验及打印操作票，同时能对所有的一次设备强制闭锁。具有功能强、使用方便、安全简单、维护方便等优点，特别适用于我国早期投运的变电站，可以省去大量的二次电缆安装工作。该装置以计算机模拟盘为核心设备，在主机内预先储存了所有设备的操作原则，模拟盘上所有的模拟元件都有一对触点与主机相连。当运行人员接通电源在模拟盘上预演、操作时，微机就根据预先储存好的规则对每一项操作进行判断，如操作正确则发出一声表示操作正确的声音信号；如操作错误，则通过显示器闪烁显示错误操作项的设备编号，并发出持续的报警声，直至将错误项复位为止。预演结束后，可通过打印机打印出操作票，通过模拟盘上的传输插座，还可以将正确的操作内容输入到计算机钥匙中，然后运行人员就可拿着计算机钥匙到现场进行操作。操作时，运行人员依据计算机钥匙上显示的设备编号，将计算机钥匙插入相应的编码锁内，通过其探头检测操作的对象是否正确，若正确则闪烁显示被操作设备的编号，同时开放其闭锁回路或机构就可以进行倒闸操作了。操作结束后，计算机钥匙自动显示下一项操作内容。若跑错仓位则不能开锁，同时计算机钥匙发出持续的报警声以提醒操作人员，从而达到强制闭锁的目的。

使用计算机模拟盘闭锁，最重要的一点是必须保证该模拟盘的正确性即和现场设备的实际位置完全一致，这样才能达到防误装置的要求。

6. 防误装置

运行人员在倒闸操作中，应牢记防误装置是防止运行人员的人身安全、设备安全和防止误操作的关键设备，但是由于防误装置本身存在着一些缺陷，操作中有时会失灵，同时有些特殊情况必须要解除闭锁才能操作，例如断路器机构故障要停电隔离就只能先拉隔离开关等。任何解锁操作均必须得到有关调度的同意。严禁不认真核对设备铭牌和实际位置随意解锁造成误操作事故。在解锁操作中必须遵守下列规定。

① 防误装置解锁钥匙的保管：运行人员不准随手携带解锁钥匙，解锁钥匙应放在专用信封内封好保管，作为每次交接班内容之一。

② 操作中必须解锁时应做到以下几项。

a. 操作人、监护人发现防误装置失灵时，应停止操作，一同离开操作现场，到控制室向值班长或站长汇报防误装置失灵情况。经值班长或所长会同至少 2 名班员检查设备实际位置，确认解锁不会发生误操作后，才可向当值调度申请使用防误解锁钥匙进行操作。例如线路停电恢复操作，应到达现场检查该断路器在断开位置，线路断路器绿灯亮，控制盘表计指示为零；倒母线操作应到达现场检查母联分段断路器在合上位置，母联分段控制盘上断路器红灯亮，三相电流表计有指示。

b. 值班长将上述情况向当值调度汇报，在调度同意使用防误解锁钥匙进行操作后，值班长应在解锁操作记录簿上做好记录，才可拆开解锁信封取出防误解锁钥匙交监护人使用。

c. 操作人和监护人使用防误解锁钥匙进行操作时，更应认真执行倒闸操作监护制度，再次检查设备的实际位置，认真核对铭牌，防止发生误操作事故。解锁操作只允许在当值调度员批准的内容中进行。

d. 操作结束后，监护人将防误解锁钥匙交还值班长，值班长应将防误解锁钥匙装入专用信封并封好，按值移交，并将缺陷情况填写缺陷单上报。

四、断路器的运行

高压断路器是变电站高压电气设备中的重要设备之一。断路器的作用是切合工作电流和及时断开该回路的故障电流。当线路发生故障时，与保护装置配合，将故障部分从电网中快速切除，以减少停电范围，防止事故扩大，保证电网无故障部分正常运行。

1. 高压断路器的正常运行要求

1）断路器运行操作的要求

① 严禁将拒绝跳闸的断路器投入运行。

② 禁止将有严重缺油，严重漏油或严重漏气的断路器投入运行。

③ 电动合闸时，应监视直流屏电流表的摆动情况，以防烧坏合闸线圈。

④ 电动跳闸时，若发现绿灯不亮，红灯已灭，应立即拔掉短路器操作回路控制熔断器，以防烧坏跳闸线圈。

⑤ 断路器合闸后，因拉杆断裂造成一相未合闸，造成缺相运行时，应立即停止运行。

2）SF_6 断路器运行的有关规定

（1）正常运行及操作时的安全技术措施

① SF_6 断路器装于户内时，距地面人体最高处应设置含氧量报警装置和 SF_6 泄漏报警仪。含氧量浓度低到 18‰ 时应发警报。SF_6 泄漏报警仪在含氧量浓度超过 10^{-3} 时应发警报。这些一起应定期实验，保证完好。

② 为防止低凹处工作缺氧窒息事故，工作前应先开启 SF_6 断路器室底部通风机进行排风，进入低凹处工作前，应先用含氧量报警装置测试含氧量，含氧量浓度应大于 18%，用检漏仪测试 SF_6 浓度，应不大于 10^{-3}。

③ 在 SF_6 断路器进行正常操作时，禁止任何人在设备外壳上工作，并离开设备，直至操作结束为止。

（2）SF_6 断路器发生故障造成气体外溢时的安全技术措施

① 人员立即迅速撤离现场，并立即投入全部通风装置。

② 在事故发生 15min 以内，人员不准进入室内，在 15min 以后，4h 以内，任何人员进入室内都必须穿防护衣，戴手套及防毒面具。4h 以后进入室内进行清扫，仍必须采取上述安全措施。

③ 若故障时有人被外逸气体侵袭，应立即送医院诊治。

（3）SF_6 气体压力的监视内容

① 每周抄表一次，必要时应根据实际情况增加次数。

② 为使环境温度与 SF_6 断路器内部气体温度尽可能一致，抄表时间应选择在日温较平坦的一段时间的末尾进行。通过抄表以便及早发现可能漏气的趋势。

③ 通过抄表发现压力降低或巡视时发现有异臭，应立即通知有关专业人员检查处理。

2. 高压断路器的技术监督

（1）运行监督

① 每年对断路器安装地点的母线短路容量与断路器铭牌做一次校核。

② 对断路器做出运行分析，不断积累运行经验。

③ 对断路器的点动作进行次数统计，正常操作次数和短路故障开段次数分别统计。

（2）绝缘监督

① 定期进行预防性试验。

② 设备大修时，同样应规定进行必要的电气试验。

（3）检修监督

① 应按有关检修工艺规程，定期进行断路器的大、小修。

② 运行人员应监督断路器大、小修计划的执行，对大修报告应存入设备专档，对发现的权限和检修中未能消除的缺陷计入设备缺陷记录中。

③ 对使用液压机构的断路器，运行人员应及时记录液压机构油泵启动情况和次数，记录断路器短路故障分闸次数和正常操作次数，为临时性检修提供依据。

（4）绝缘油油质监督

① 新油或再生油使用前应按有关规定的项目进行试验，注入断路器后再取样实验，结果存入设备档案。

② 断路器在运行时，应按规定周期对绝缘油进行定期试验。

③ 对绝缘油试验发现有水分或电气绝缘强度不合格以及可能影响断路器安全运行的其他不合格项目时应及时处理。

④ 对缺油的断路器补加新油时，应尽可能补充同一牌号的绝缘油，如需与其他牌号混用需要做混油试验。

（5）断路器用压缩空气气质监督

① 高压储气罐的底部输水闸每天清晨放水一次，直至无水雾喷出时为止。

② 应定期对断路器本体储气罐、工作储气罐、工作母管进行排污。

③ 定期对断路器及空气管路系统的过滤器进行清洗滤网。

④ 空压机停机时对空压机出口处的排污阀进行排污。

（6）断路器 SF_6 气体气质监督

① 新装 SF_6 断路器投运之前必须复测断路器本体内部分气体的含水量和漏气率，灭弧室气室的含水量应小于 1.5×10^{-4}（体积比）其他气室应小于 2.5×10^{-4}（体积比），断路器年漏气率小于 1‰。

② 运行中的 SF_6 断路器应定期测量 SF_6 气体含水量，新装或大修后，每三个月测量一次，待含水量稳定后可每年测量一次，灭弧室气室含水量应小于 3×10^{-4}（体积比），其他气室小于 5×10^{-4}（体积比）。

③ 新装或投运的断路器内的 SF_6 气体严禁向大气排放，必须使用 SF_6 气体回放装置回收。

④ SF_6 断路器需要补气时，应使用检验合格的 SF_6 气体。

3. 断路器正常运行的巡视检查

对断路器的检查，应按现场运行规程规定，每天至少进行 1～2 次的巡视。

（1）油断路器的巡视检查项目

① 断路器的分、合位置指示正确，并与当时实际运行情况相符。

② 主触头接触良好不发热，有关测温元件（示温蜡片、变色漆）无熔化、变色现象。

③ 套管油位正常，油色透明无黑色悬浮物。

④ 断路器本体无渗、漏油痕迹，放油阀关闭紧密。

⑤ 套管、瓷瓶无裂痕，无放电声和电晕。

⑥ 引线的连线部位接触良好，无发热。

⑦ 接地良好。

⑧ 防雨帽无鸟窝。

⑨ 户外断路器栅栏完好，设备附近无杂草和杂物。

⑩ 户内配电室的门窗、通气及照明良好。

（2）空气断路器的巡视检查项目

① 断路器的分、合位置指示位置正确，并与当时实际运行工况相符。

② 维持断路器瓷套内壁正压的通风指示正常。

③ 配电箱压力表指示在正常气压范围内，箱内及连接管道和断路器本体无漏气声。

④ 绝缘子、瓷套无破损、无裂纹及放电痕迹。

⑤ 运行中断路器的供气阀在开启位置。

⑥ 断路器工作母管，高压罐定期排污。

⑦ 各接点无发热。

⑧ 灭弧室排气孔的挡板应关闭，无积水或鸟巢。

⑨ 接地完好。

⑩ 设备周围无杂草、杂物。

（3）SF_6 断路器的巡视项目

① 每日定时记录 SF_6 气体压力和温度。

② 断路器各部分及管道无异常音响（漏气、振动声）及异味。

③ 套管无裂痕，无放电声和电晕。

④ 引线接点无发热。

⑤ 断路器分、合位置指示正确，并和当时实际运行工况相符。

⑥ 落地罐式断路器应检查防爆膜有无异常、

⑦ 接地良好。

⑧ 设备周围无杂草、杂物。

（4）电磁机构的巡视检查项目

① 机构箱门平整、开启灵活、关闭紧密。

② 检查分、合闸线圈及合闸接触器线圈无冒烟、异味。

③ 直流电源回路接线端子无松动、脱落及氧化现象。

④ 加热器正常完好。

（5）液压项目的检查项目

① 机构箱门平整、开启灵活、关闭紧密。

② 检查油箱、油位是否正常，有无渗漏油。

③ 高压油的油压在允许范围内。

④ 机构箱内无异味。

⑤ 加热器正常完好。

(6) 弹簧机构的检查项目

① 机构箱门平整、开启灵活、关闭紧密。

② 断路器在运行状态，储能电动机的电源闸刀应在闭合位置。

③ 检查储能电动机，行程开关接点无卡位和变形，分、合闸线圈有无冒烟、异味。

④ 断路器在分闸备用状态时，分闸连杆应复归，分闸锁扣到位，合闸弹簧应储能。

⑤ 防凝露加热器良好。

4. 断路器的特殊巡视

(1) 在系统或线路发生事故使断路器跳闸后，应对断路器进行下列检查。

① 检查有无喷油现象，油色、油位是否正常。

② 检查邮箱有无变形等现象。

③ 检查各部位有无松动、损坏，瓷件是否断裂等。

④ 检查各引线接点有无发热、熔化等。

(2) 高峰负荷是应检查各发热部位是否发热变色，示温片有无熔化、脱落。

(3) 天气突变，气温骤降时检查油位是否正常，连接导线是否紧密等。

(4) 下雪天应观察各接头处有无融雪现象，以便判断接点有无发热。

(5) 雪天、浓雾天气，检查套管有无严重放电闪络现象。

(6) 雷雨、大风过后，检查套管瓷件有无损坏痕迹，室外断路器上有无杂物，导线有无断股或松动现象。

五、电气倒闸操作

变配电所的电气设备有运行、热备用、冷备用和检修 4 种不同的状态。使电气设备从一种状态转换到另一种状态的过程称为倒闸，此过程中进行的操作叫做倒闸操作。

1. 运行人员在倒闸操作中的责任和任务

倒闸操作是电力系统保证安全、经济供配电的一项极为重要的工作。值班人员必须严格遵守规程制度，认真执行倒闸操作监护制度，正确实现电气设备状态的改变和转换，以保证电网安全、稳定、经济的连续运行。倒闸操作人员的责任和任务如下。

① 正确无误地接受当值调度员的操作预令，并记录。

② 接受工作票后，认真审查工作票中所列安全措施是否正确、完备、是否符合现场条件。

③ 根据调度员或工作票所发任务填写操作票。

④ 根据当值调度员的操作指令按照操作票操作，操作完成后应进行一次全面检查。

⑤ 向调度员汇报并在操作票上盖"已执行"章，并按要求将操作情况记入运行记录。

⑥ 收存操作票于专用夹中。

2. 倒闸操作现场必须具备的条件

正确执行倒闸操作的关键一是发令受令准确无误，二是填写操作票准确无误，三是具体操作过程中要防止失误。除此之外，倒闸操作现场还必须具备以下条件。

　　① 变配电所的电气设备必须标明编号和名称，字迹清楚、醒目，不得重复，设备有传动方向指示、切换指示，以及区别相位的漆色，接地闸刀垂直连杆应漆黑色或黑白环色。

　　② 设备应达到防误要求，如达不到，必须经上级部门批准。

　　③ 各控制盘前后、保护盘前后、端子箱、电源箱等均应标明设备的编号、名称，一块控制盘或保护盘有 2 个及以上回路时要画出明显的红白分界线。运行中的控制盘、保护盘盘后应有红白遮栏。

　　④ 所内要有和实际电路相符合的电气一次系统模拟图和继电保护图。

　　⑤ 变配电所要备有合格的操作票，还必须根据设备具体情况制定出现场运行有关规程、操作注意事项和典型操作票。

　　⑥ 要有合格的操作工具和安全用具，如验电器、验电棒、绝缘棒、绝缘手套、绝缘靴和绝缘垫等，接地线和存放架均应编号并对号入座。

　　⑦ 要有统一的、确切的调度术语，操作术语。

　　⑧ 值班人员必须经过安全教育、技术培训，熟悉业务和有关规章制度，经上岗考试合格后方能担任副值、正值或值班长，接受调度命令进行倒闸操作或监护工作。

　　⑨ 值班人员如调到其他所值班时也必须按第⑧条规定执行。

　　⑩ 新进值班人员必须经过安全教育技术培训 3 个月，培训后由所长、培训员考试合格后，经工区批准才可担任实习副值，而且必须在双监护下才能进行操作。

　　⑪ 值班人员在离开值班岗位 1~3 个月后，再回到岗位时必须复习规章制度，并经所长和培训员考核及格后方可上岗工作。离开岗位 3 个月以上者，要经上岗考核合格后方能上岗。

3. 设备倒闸操作的规定

1）断路器操作规定

（1）操作断路器的基本要求

　　① 断路器无影响安全运行的缺陷。断路器遮断容量应满足母线短路电流要求，若断路器遮断容量等于或小于母线短路电流时，断路器与操动机构之间应有金属隔板或用墙隔离。有条件时应进行远程操作，重合闸装置应停用。

　　② 断路器位置指示器应与指示灯信号及表计指示对应。

　　③ 断路器合闸前，应检查继电保护按规定投入。分闸前应考虑所带负荷的安排。

　　④ 一般不允许用手动机械合断路器。

　　⑤ 液压机构在压力异常信号发出时，禁止操作弹簧储能机构。在储能信号发出时，禁止合闸操作。

　　⑥ 断路器跳闸次数临近检修周期时，需解除重合闸装置。

　　⑦ 操作时控制开关不应返回太快，应待红、绿灯信号发出后再放手，以免分、合闸线圈短时通电而拒动。电磁机构不应返回太慢，防止辅助开关故障，烧毁合闸线圈。

　　⑧ 断路器合闸后，应确认三相均已接通，自动装置已按规定设置。

（2）操作断路器时应重点检查的项目

　　① 根据电流及现场机械指示等检查断路器位置。

　　② 有表计实时监控的断路器应逐项检查电流、负荷和电压情况。

　　③ 操作前应检查控制回路、辅助回路控制电源的液压回路是否正常，检查动力机构是否正常，如果储能机构已储能，则开关具备运行操作条件。

④ 对油和空气断路器，还应检查油断路器的油色、油位及为断路器气体压力和空气断路器储气罐压力是否在规定范围内。

⑤ 对长期停运的断路器，在正式执行操作前应通过远方控制方式进行 2～3 次试操作，无异常情况方能按操作票拟定方式操作。

⑥ 发现异常情况时，应立即通知操作人员和专业人员，并进行有关处理。

（3）断路器操作规定

① 用控制开关拉合断路器，不要用力过猛，以免损坏控制开关，操作时不要返回太快，以免断路器合不上或拉不开。

② 设备停役操作前，对终端线路应先检查负荷是否为零。对并列运行的线路，在一条线路停役前应考虑有关整定值的调整，并注意在该线路拉开后另一线路是否过负荷。如有疑问应问清调度后再操作。断路器合闸前必须检查有关继电保护是否已按规定投入。

③ 断路器操作后，应检查与其相关的信号，如红绿灯、光示牌的变化，测量表计的指示。装有三相电流表的设备，应检查三相表计，并到现场检查断路器的机械位置以判断断路器分合的正确性，避免由于断路器假分假合造成误操作事故。

④ 操作主变压器断路器停役时，应先拉开负荷侧后再拉开电源侧，复役时的操作顺序相反。

⑤ 如装有母差保护时，当断路器检修或二次回路工作后，断路器投入运行前应先停用母差保护再合上断路器，充电正常后才能用上母差保护，并且有负荷电流时必须测量母差不平衡电流应为正常值。

⑥ 断路器出现非全合闸时，首先要恢复其全相运行。当两相合上一相合不上时，应再合一次，如仍合不上则应将合上的两相拉开；如一相合上两相合不上时，则应将合上的一相拉开，然后再作其他处理。

⑦ 断路器出现非全相分闸时，应立即设法将未分闸相拉开，如仍拉不开应利用母联或旁路进行倒换操作，之后通过隔离开关将故障断路器隔离。

⑧ 对于储能机构的断路器，检修前必须将能量释放，以免检修时引起人员伤亡。检修后的断路器必须放在分开位置上，以免送电时造成带负荷合隔离开关的误操作事故。

⑨ 断路器累计分闸或切断故障电流的次数达到规定时，应停役检修。还要特别注意当断路器跳闸次数只剩一次时，应停用合闸，以免故障重合时造成跳闸引起断路器损坏。

2）隔离开关操作规定

（1）操作隔离开关的基本要求和注意事项

① 操作前应确保断路器在相应分、合闸位置，以防带负荷拉合隔离开关。

② 操作中，如发现绝缘子严重破损，隔离开关传动杆严重损坏等严重缺陷时，不得进行操作。

③ 进行隔离开关倒闸操作时应严格监视隔离开关的动作情况，如发现卡涩和隔离开关有声音，应查明原因，并进行处理，严禁强行操作。

④ 隔离开关、接地开关和断路器之间安装有防误操作的闭锁装置时，倒闸操作一定要按顺序进行，如倒闸操作被闭锁不能操作时，应查明原因，正常情况下不得随意解除闭锁。

⑤ 如确实因闭锁装置失灵而造成隔离开关和接地开关不能正确操作时，必须严格按闭锁要求的条件，检查相应的断路器和隔离开关的位置状态，只有在核对无误后才能解除闭锁进行操作。

⑥ 解除闭锁后应按规定方向迅速、果断地操作，即使带负荷合上隔离开关，也禁止再返回原状态，以免造成事故扩大，但也不要用力过猛，以防损坏隔离开关；对单极刀闸，合闸时应先合两边相，后合中间相，拉闸时的顺序相反。

⑦ 拉、合负荷及空载电流应符合有关章程的规定。

⑧ 对具有远程控制操作功能的隔离开关操作，一般应在主控室进行操作，只有在远控电气操作失灵时，才可在征得所长和所技术负责人的许可后，且有现场监督的情况下在现场就地进行电动或手动操作。

⑨ 远程控制操作完毕应检查隔离开关的实际位置，以免因控制回路中传动机构故障而出现拒分、拒合现象，同时应检查隔离开关的触头是否到位。发现隔离开关绝缘子断裂时，应根据规定拉开相应断路器。

⑩ 操作时应戴好安全帽、绝缘手套，穿好绝缘靴。

（2）发生带负荷拉、合隔离开关的处理

① 带负荷错拉隔离开关时，在动触头刚离开固定触头时，便产生电弧，这时应立即合上隔离开关，以消除电弧，避免事故。如隔离开关已全部拉开，则不许将误拉的隔离开关再合上。

② 带负荷合隔离开关时，如发生弧光，应立即将隔离开关合上，即使发现合错，也不准将隔离开关再拉开，只能用断路器断开该回路后，才允许将误合的隔离开关拉开，因为带负荷拉隔离开关会造成三相弧光短路事故。

（3）隔离开关操作

① 拉合隔离开关前必须查明有关断路器和隔离开关的实际位置，隔离开关操作后应查明实际分合位置。

② 手合上隔离开关时，必须迅速果断。在隔离开关快合到底时，不能用力过猛，以免损坏支持绝缘子。当合到底时发现有弧光或为误合时，不准再将隔离开关拉开，以免由于误操作而发生带负荷拉隔离开关，扩大事故。

③ 手动拉开隔离开关时，应慢而谨慎。如触头刚分离时发生弧光应迅速合上并停止操作，立即检查是否为误操作而引起电弧。值班不员在操作隔离开关前，应先判断拉开该隔离开关是否会产生弧光，在确保不发生差错的前提下，对于会产生的弧光操作则应快而果断，尽快使电弧熄灭，以免烧坏触头。

④ 装有电磁闭锁的隔离开关当闭锁失灵时，应严格遵守防误装置解锁规定，认真检查设备的实际位置，并得到当班调度员同意后，方可解除闭锁进行操作。

⑤ 电动操作的隔离开关如遇电动失灵，应查明原因和与该隔离开关有闭锁关系的所有断路器、隔离开关、接地开关的实际位置，正确无误后才可拉开隔离开关操作电源而进行手动操作。

⑥ 隔离开关操作机构的定位销操作后一定要销牢，以免滑脱发生事故。

⑦ 隔离开关操作后，检查操作应良好，合闸时三相同期且接触良好；分闸时判断断口张开角度或闸刀拉开距离应符合要求。

六、操作票

1. 操作票技术要领

① 倒闸操作应由二人进行，一人监护、一人操作。单人值班的变电站可由一人操作。

除事故处理、拉合断路器（开关）的单一操作、拉开接地刀闸或全站仅有的一组接地线外的倒闸操作，均应使用操作票。事故处理的善后操作也应使用操作票。

② 变电站倒闸操作票使用前应统一编号，每个变电站（集控站）在一个年度内不得使用重复号，操作票应按编号顺序使用。

③ 操作票应根据值班调度员（或值班负责人）下达的操作命令（操作计划和操作预令及检修单位的工作票内容）填写。调度下达操作命令（操作计划）时，必须使用双重名称（设备名称和编号），同时必须录音，变电站要由有接令权的值班人员受令，认真进行复诵，并将接受的操作命令（操作计划）及时记录在《运行日志》中。

④ 开关的双重编号（设备名称和编号）可只用于"操作任务"栏，"操作项目"栏只写编号可不写设备名称。

⑤ 操作票填写完后，要进行模拟操作，正确后，方可到现场进行操作。

⑥ 操作票在执行中不得颠倒顺序，也不能增减步骤、跳步、隔步，如需改变应重新填写操作票。

⑦ 在操作中每执行完一个操作项后，应在该项前面"执行"栏内划执行勾"√"。整个操作任务完成后，在操作票上加盖"已执行"章。

⑧ 执行后的操作票应按值移交，复查人将复查情况记入"备注"栏并签名，每月由专人进行整理收存。

⑨ 若一个操作任务连续使用几页操作票，则在前一页"备注"栏内写"接下页"，在后一页的"操作任务"栏内写"接上页"，也可以写页的编号。

⑩ 操作票因故作废应在"操作任务"栏内盖"作废"章，若一个任务使用几页操作票均作废，则应在作废各页均盖"作废"章，并在作废操作票页"备注"栏内注明作废原因，当作废页数较多且作废原因注明内容较多时，可自第二张作废页开始只在"备注"栏中注明"作废原因同上页"。

⑪ 在操作票执行过程中因故中断操作，应在"备注"栏内注明中断原因。若此任务还有几页未操作的票，则应在未执行的各页"操作任务"栏盖"作废"章。

⑫ "操作任务"栏写满后，继续在"操作项目"栏内填写，任务写完后，空一行再写操作步骤。

⑬ 开关、刀闸、接地刀闸、接地线、压板、切换把手、保护直流、操作直流、信号直流、电流回路切换连片（每组连片）等均应视为独立的操作对象，填写操作票时不允许并项，应列单独的操作项。

⑭ 填入操作票中的检查项目（填写操作票时要单列一项）。

⑮ 拉、合刀闸前，检查相关开关在分闸位置。

⑯ 在操作中拉开、合上开关后检查开关的实际分合位置。

⑰ 拉、合刀闸或拆地线后的检查项目。

⑱ 并、解列操作（包括变压器并、解列，旁路开关带路操作时并、解列等），检查负荷分配（检查三相电流平衡），并记录实际电流值；母线电压互感器送电后，检查母线电压表指示正确（有表计时）。

⑲ 设备检修后合闸送电前，检查待送电范围内的接地刀闸确已拉开或接地线确已拆除。

2. 倒闸操作术语及要求

① 各网、省公司应对倒闸操作术语做统一规定。

② 填写操作票严禁并项（如：验电、装设接地线不得合在一起）、添项及用勾划的方法颠倒操作顺序。

③ 操作票填写要字迹工整、清楚，不得任意涂改。

④ 手工填写的操作票应统一印刷，未填写的操作票应预先统一编号。

⑤ 对使用计算机生成操作票，各单位应制定相应的管理制度并严格执行。

⑥ 倒闸操作安全管理。

3. 倒闸操作票的格式

倒闸操作票的格式见表 5-1。

表 5-1　××省电力公司　变（配）电站倒闸操作票

编号№：××

变（配）电站　　　　　　（省）调令 ××　号

发令人		接令人		发令时间	年　月　日　时　分
操作开始时间： 年　月　日　时　分				操作结束时间： 年　月　日　时　分	
（　）监护下操作		（　）单人操作		（　）检修人员操作	

操作任务：220kV　淮五Ⅱ线 2742 开关由运行转检修

顺序	操　作　项　目	执行时间	√
1			
2			
3			
4			
5			
6			
备注：	接下页		

填票人：	审票人：	值班负责人(值长)：
操作人：	监护人：	填票时间：

七、变电站倒闸操作程序

1. 操作准备

操作前由站长或值长组织全体当值人员做好如下准备。

① 明确操作任务和停电范围，并做好分工。

② 拟定操作顺序，确定挂地线部位、组数及应设的遮栏、标示牌。明确工作现场临近带电部位，并制定出相应措施。

③ 考虑保护和自动装置相应变化及应断开的交、直流电源和防止电压互感器、所用变二次反高压的措施。

④ 分析操作过程中可能出现的问题和应采取的措施。

⑤ 与调度联系后写出操作票草稿，由全体人员讨论通过，站长或值长审核批准。

⑥ 预定的一般操作应按上述要求进行准备。

⑦ 设备检修后，操作前应认真检查设备状况及一、二次设备的分合位置与工作前相符。

2. 接令

① 接受调度命令，应由上级批准的人员进行，接令时主动报出变电站名和姓名，并问清下令人姓名、下令时间。

② 接令时应随听随记，接令完毕，应将记录的全部内容向下令人复诵一遍，并得到下令人认可。

③ 接受调度命令时，应做好录音。

④ 如果认为该命令不正确时，应向调度员报告，由调度员决定原调度命令是否执行。但当执行该项命令将威胁人身、设备安全或直接造成停电事故，则必须拒绝执行，并将拒绝执行命令的理由，报告调度员和本单位领导。

3. 操作票填写

① 操作票由操作人填写。

② "操作任务"栏应根据调度命令内容填写。

③ 操作顺序应根据调度命令参照本站典型操作票和事先准备好的操作票草稿的内容进行填写。

④ 操作票填写后，由操作人和监护人共同审核（必要时经值长审核）无误后监护人和操作人分别签字，在开始操作时填入操作开始时间。

4. 模拟操作

① 模拟操作前应结合调度命令核对当时的运行方式。

② 模拟操作由监护人按操作票所列步骤逐项下令，由操作人复诵并模拟操作。

③ 模拟操作后应再次核对新运行方式与调度命令相符。

5. 操作监护

每进行一步操作，应按下列步骤进行。

① 操作人和监护人一起到被操作设备处，指明设备名称和编号，监护人下达操作命令。

② 操作人手指操作部位，复诵命令。

③ 监护人审核复诵内容和手指部位正确后，下达"执行"令。

6. 操作人执行操作。

① 监护人和操作人共同检查操作质量。

② 监护人在操作票本步骤前划执行勾"√"，再进行下步操作内容。

③ 操作中发生疑问时，应立即停止操作并向值班调度员或值班负责人报告，弄清问题后，在进行操作。

④ 不准擅自更改操作票，不准随意解除闭锁装置。

⑤ 由于设备原因不能操作时，应停止操作，检查原因，不能处理时应报告调度和生产管理部门。禁止使用非正常方法强行操作设备。

7. 质量检查

① 操作完毕全面检查操作质量。

② 检查无问题应在操作票上填入终了时间，并在最后一步下边加盖"已执行"章，报告调度员操作执行完毕。

八、巡回检查制度

1. 巡回检查制度的一般要求

① 对各种值班方式下的巡视时间、次数、内容，各单位应做出明确规定。

② 值班人员应按规定认真巡视检查设备，提高巡视质量，及时发现异常和缺陷，及时汇报调度和上级，杜绝事故发生。

2. 变电站的设备巡视检查的分类

（1）正常巡视（含交接班巡视）

正常巡视的内容，按本单位《变电运行规程》规定执行。

（2）全面巡视

每周应进行全面巡视一次，内容主要是对设备全面的外部检查，对缺陷有无发展做出鉴定，检查设备的薄弱环节，检查防火、防小动物、防误闭锁等有无漏洞，检查接地网及引线是否完好。

（3）熄灯巡视

每周应进行熄灯巡视一次，内容是检查设备有无电晕、放电、接头有无过热现象。

（4）特殊巡视

特殊巡视检查的内容，按本单位《变电运行规程》规定执行。遇有以下情况，应进行特殊巡视：

① 大风前后的巡视。

② 雷雨后的巡视。

③ 冰雪、冰雹、雾天的巡视。

④ 设备变动后的巡视。

⑤ 设备新投入运行后的巡视。

⑥ 设备经过检修、改造或长期停运后重新投入系统运行后的巡视。

（5）异常情况下的巡视

主要是指：过负荷或负荷剧增、超温、设备发热、系统冲击、跳闸、有接地故障情况等，应加强巡视。必要时，应派专人监视。

（6）其他巡视

设备缺陷近期有发展时、法定节假日、上级通知有重要供电任务时，应加强巡视。站长应每月进行一次巡视。严格监督、考核各班的巡视检查质量。

【技能训练】

技能训练一　110kV 五马线路由运行转检修仿真倒闸操作

（1）在"电网调度与变电站一体化仿真培训系统"主控面板上双击打开"五防系统"软件，选择"220kV 五黎变"。

（2）单击五防开票软件右上角的"登录"按钮，选择用户登录进行登录，密码为空，如图 5-1 所示。

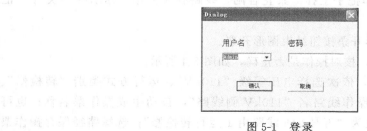

图 5-1　登录

（3）单击工具栏左上角第四个按钮选择"是"进行图形开票，如图5-2所示。

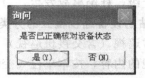

图5-2　进行图形开票

（4）操作票开票

① 单击746断路器进行图形开票，然后右键单击746断路器，在弹出的菜单中选择"增加提示项"，在对话框中输入"检查五马746开关位置信号灯正确"；然后单击746隔离开关，如图5-3所示。

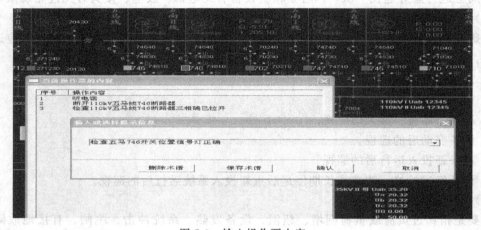

图5-3　输入操作票内容

② 右键单击746断路器添加提示项"在五马746闸刀机构箱内拉开闸刀电机电源"；再次添加提示项输入"在五马746闸刀机构箱内合上闸刀电机电源"；然后单击746隔离开关。

③ 在746断路器上单击右键，在弹出的选项中选择"增加提示项"，在对话框中输入"在五马746闸刀机构箱内拉开闸刀电机电源"；依次添加提示项输入"检查110kV母差保护闸刀模拟屏与一次系统一致""在五马线路保护屏继电器操作箱内检查'L1'灯灭"。

④ 在746刀闸上单击右键，在弹出的选项中选择"检查110kV五马线746隔离开关确在断开位置"；然后单击746接地开关。

⑤ 依次添加提示项"在五马746隔离开关操作把手上挂'禁止合闸，线路有人工作'标示牌一块"；"在五马746隔离开关开关操作把手上挂'禁止合闸，线路有人工作'标示牌一块"；"在五马746断路器操作把手上挂'禁止合闸，线路有人工作'标示牌一块"；"汇报"。

（5）再次单击左上角的图形开票按钮结束图形开票。

（6）选择"预演该操作票"，核对操作是否正确，如图5-4所示。

（7）选择"导出该操作票"，依次选择电压等级"110kV"、运行方式类别"转检修"、运行方式内容"停电检修"、所操作线路名"110kV侧线路"，自动生成操作票名称；也可在生成的操作票名称上手动修改为"五马746线路由1运行转检修"；选择路径保存操作票为Word文档。

图 5-4　"预演该操作票"

图 5-5　五防钥匙

（8）在主控面板上双击打开"五防钥匙"，然后返回五防开票软件选择"传到电脑钥匙"，将操作票传至五防钥匙中。

（9）按照导出的 Word 操作票，按顺序执行操作任务；打开五防钥匙，可以看到界面上显示"断开 110kV 五马线 746 断路器"，单击五防钥匙右上角的操作按钮，对 746 断路器进行解锁，如图 5-5 所示。

（10）在主控面板上双击打开"变电站监控系统"软件，选择"220kV 五黎变电站综自"。在主接线图上单击 746 断路器，在对话框中单击"遥控"按钮，在弹出的对话框中选择操作员"administrator"，密码为空，单击"确定"按钮；之后单击"遥控选择"按钮，下方显示"遥控选择成功"后，单击"遥控执行"按钮完成对 746 断路器的遥控操作；单击"报警确认"按钮确认报警并关闭对话框，如图 5-6 所示。

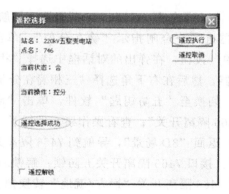

图 5-6　遥控选择

（11）切换到"五防钥匙"软件，单击右侧的"确认"按钮进入下一步"检查 110kV 五马线 746 断路器三相确已拉开"；查看操作票，进行下一步操作。

（12）在主控面板上双击打开"五黎变 3D 通信"，待通信程序启动完成后，单击"五黎变 3D 场景"按钮打开五黎变 3D 场景软件；进入 3D 场景后，单击右侧的"单航图"按钮，或者按 F1 键打开导航图；用鼠标左键拖动导航图，找到"安全工器具室"并双击导航到"安全工器具室"，如图 5-7 所示。

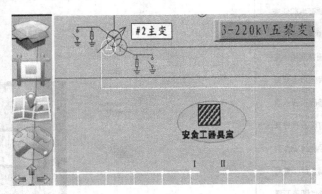

图 5-7　安全工器具室

（13）移动视角，依次单击选择"绝缘手套""绝缘靴""安全帽""110kV 验电器""工作牌"等操作所需的安全工器具；单击右侧的"安全工器具"按钮或者按 F3 键打开"安全工器具"工具栏，单击"绝缘手套"按钮，然后选择"检查"，确认完好后选择"使用"，同样操作，检查并穿戴"绝缘靴"与"安全帽"，如图 5-8 所示。

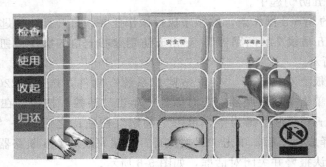

图 5-8　使用安全工器具

（14）打开导航图，双击 746 断路器，导航到 746 断路器位置，调整位置和视角，观察 746 断路器机构分合闸指示"确在分位"，单击 746 断路器任意位置，然后单击右上角的"设备菜单"按钮，在弹出的对话框中选择"状态确认"，在窗口上方确认当前选择的设备是 746 断路器，然后在右下角选择"三相确在分闸位置"，如图 5-9 所示。

（15）切换至"五防钥匙"软件，单击"确定"按钮进入下一步"拉开 110kV 五马线 746 线 7466 隔离开关"；查看操作票，进行下一步操作。

（16）返回"3D 场景"，导航到 7466 隔离开关出；切换至"五防钥匙"软件，单击"操作"按钮，接口 7466 隔离开关五防锁；解锁后单击 7466 隔离开关机构操作箱门打开操作箱门，查看 7466 隔离开关"远方/就地"转换把手在"就地"状态，单击"控制电源"旋钮将 7466 隔离开关控制电源合上，然后单击"分"按钮拉开 7466 隔离开关；切换至"五防钥匙"软件，单击"确认"按钮进入下一步"检查 110kV 五马线 7466 隔离开关三相确已拉开"；查看操作票，进行下一步操作，如图 5-10 所示。

（17）返回"3D 场景"，调整位置和视角，观察 7466 隔离开关三相确在分闸状态；依次单击"设备菜单"↗"状态确认"，选择"三相确在分闸位置"。然后拉开 7466 隔离开关机

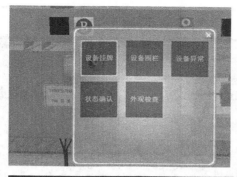

请确认当前设备状态：746断路器

图 5-9　选择"三相确在分闸位置"

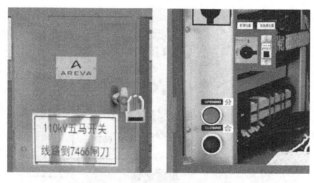

图 5-10　110kV 五马线 7466 刀闸

构操作箱中的"控制电源"，关上柜门，锁上五防锁；返回"五防钥匙"软件，单击"确认"按钮进入下一步"拉开 110kV 五马线 7462 隔离开关"；查看操作票，进行下一步操作。

（18）操作方式同拉开 7466 隔离开关，参照步骤（16）、（17）拉开 7462 隔离开关并检查 7642 隔离开关位置正确；完成后进入下一步"检查 110kV 五马线 7465 隔离开关确在断开位置"；查看操作票，进行下一步操作。

（19）在主控面板是双击打开"保护盘"软件，单击选择"五黎变保护室"，进入五黎变保护室界面后，选择"110kV 母线差动保护屏"（图 5-11），查看刀闸模拟位置与一次系统一致，然后单击"巡视到此"按钮，在空白处单击右键退出保护屏界面；查看操作票，进行下一步操作。

（20）打开"110kV 五马线 746 保护屏"，查看"1PT"灯灭；然后单击"巡视到此"按钮；查看操作票，进行下一步操作。

（21）导航到 7465 隔离开关，观察 7465 隔离开关三相确在断开位置后，单击"五防钥匙"的"确认"按钮进入下一步"验明 110kV 五马线 7466 与 7465 之间三相确无电压"；查

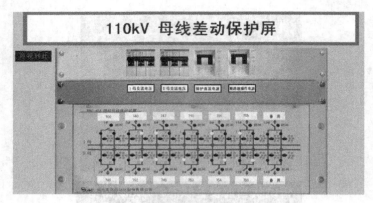

图 5-11　110kV 母线差动保护屏

看操作票，进行下一步操作。

（22）返回"3D 场景"，打开安全工机具栏，选择"110kV　验电器"并检查，手动验证验电器完好，打开导航图，导航到 746 相邻带电间隔 7482 隔离开关处，打开安全工器具栏，选择使用"110kV 验电器"，调整位置和视角，单击 7482 隔离开关线夹处，听到验电器发出"滴滴"声并弹出"有电"对话框（图 5-12），单击"确定"按钮，确认验电器完好。

图 5-12　验电器"有电"对话框

（23）导航到 7466 隔离开关的位置，同上步 7482 隔离开关验电操作使用"110kV 验电器"在 7466 隔离开关出线侧依次验明三相却无电压；打开安全工器具栏，收起验电器，切换至"五防钥匙"，单击"确认"按钮进入下一步"合上 110kV 五马线 74640 接地开关"，查看操作票，进行下一步操作。

（24）返回"3D 场景"，导航到 74640 接地开关，切换到"五防钥匙"软件，单击"操作"按钮解开 74640 接地开关五防锁；单击 74640 接地开关操作把手合上 74640 接地开关；切换至"五防钥匙"，单击"确认"按钮进入下一步"检查 110kV 五马线 74640 接地开关三相确已合上"，查看操作票，进行下一步操作。

（25）返回"3D 场景"，返回"3D 场景"，调整位置和视角，观察 74640 接地开关三相确在合闸状态；依次单击"设备菜单"→"状态确认"，单击"三相确在合闸位置"选项，锁上 74640 接地开关五防锁；切换至"五防钥匙"单击"确定"按钮，显示"操作结束，将钥匙放回充电座"，单击左下角"开/关"按钮，关闭五防钥匙；查看操作票，进行下一步操作。

（26）返回"3D 场景"，导航到 7466 隔离开关位置，单击"7466 开关需要挂牌处"，然后单击右上角的"设备菜单"，选择"设备挂牌"，在弹出的对话框中选择"增加挂牌""禁止合闸，线路有人工作"选项，单击"确定"按钮在 7466 隔离开关操作箱挂上标志牌；同上操作，分别在在 7465 隔离开关操作箱和 746 断路器操作箱挂上"禁止合闸，线路有人工作"的标示牌，如图 5-13 所示。

图 5-13　挂标示牌

（27）切换至"变电站监控系统"软件，在空白处单击右键，选择"汇报市调"；返回"3D 场景"，导航至"安全工器具室"，打开安全工器具栏，选择相应安全工器具，单击收起、归还，归还安全工器具。

（28）操作任务结束。

技能训练二　工厂供电倒闸操作实训

1. THSPGC-1 型工厂供电技术实训装置简介

THSPGC-1 工厂供电技术实训装置，如图 5-14 所示。

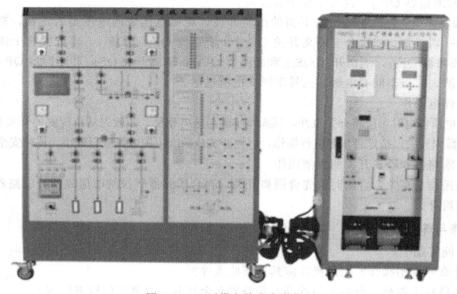

图 5-14　工厂供电技术实训装置

　　　　THSPGC-1 型工厂供电技术实训装置是由工厂供配电网络单元、微机线路保护及其设置单元、10kV 母线低压减载单元、电秒表计时单元、微机电动机保护及其设置单元，电动机组启动及负荷控制单元、PLC 控制单元、仪表测量单元、有载调压分接头控制单元、无功自动补偿控制单元、备自投控制单元、上位机系统管理单元、接口备用扩展单元及电源单元构成。

　　　　该装置主要对教材中的 35kV 总降压变电所、10kV 高压变电所及车间用电负荷的供配电线路中涉及的微机继电保护装置、备用电源自动投入装置、无功自动补偿装置、智能采集模块以及工业人机界面等电气一次、二次、控制、保护等重点教学内容进行设计开发和研制的，通过在该装置中的技能训练，能在深入理解专业知识的同时，培养学生的实践技能，并且还有利于学生对变压器、电动机组、电流互感器、电压互感器、模拟表记、数字电秒表及开关元器件工作特性和接线原理的理解和掌握。

2. 模拟工厂供配电电力网络单元

　　　　整个工厂的供配电电力一次主接线线路结构如图 5-15 所示。

　　　　本系统模拟有 35kV、10kV、380kV/220V 三个不同的电压等级的中型工厂供电系统。通过操作面板上的按钮和选择开关可以接通和断开线路，进行系统模拟倒闸操作。

　　　　(1) 送电操作

　　　　变配电所送电时，一般从电源侧的开关合起，依次合到负荷侧的各开关。按这种步骤进行操作，可使开关的合闸电流减至最小，比较安全。如果某部分存在故障，该部分合闸便会出现异常情况，故障容易被发现。但是在高压断路器——隔离开关及低压断路器——刀开关电路中，送电时一定要按照先操作母线侧隔离开关（或刀开关），再操作线路侧隔离开关（或刀开关），最后操作高压或低压断路器的顺序依次操作。

　　　　① 在"WL$_1$"或"WL$_2$"上任选一条进线，在此以选择进线 I 为例：合上隔离开关 QS$_{111}$，拨动"WL$_1$ 进线电压"电压表下面的凸轮开关，观察电压表的电压是否正常，有无缺相现象。然后再合上隔离开关 QS$_{113}$，接着合上断路器 QF$_{11}$，如一切正常，合上隔离开关 QS$_{115}$ 和断路器 QF$_{13}$，这时主变压器投入。

　　　　② 拨动 10kV 进线 I 电压表下面的凸轮开关，观察电压表的电压是否正常，有无缺相现象。如一切正常，依次合上隔离开关 QS$_{213}$ 和断路器 QF$_{21}$、QF$_{23}$，再依次合上隔离开关 QS$_{215}$ 和断路器 QF$_{24}$，隔离开关 QS$_{216}$ 和断路器 QF$_{25}$，隔离开关 QS$_{217}$ 和断路器 QF$_{26}$ 给一号车间变电所、二号车间变电所、三号车间变电所送电。

　　　　(2) 停电操作

　　　　变配电所停电时，应将开关拉开，其操作步骤与送电相反，一般先从负荷侧的开关拉起，依次拉到电源侧开关。按这种步骤进行操作，可使开关分断产生的电弧减至最小，比较安全。

　　　　(3) 断路器和隔离开关的倒闸操作

　　　　倒闸操作步骤为：合闸时应先合隔离开关，再合断路器；拉闸时应先断开断路器，然后再拉开隔离开关。

【思考与练习】

一、问答题

1. 什么叫倒闸操作？倒闸操作应具备哪些条件？

2. 断路器不能分、合闸如何处理？断路器非全相分、合闸如何检查处理？

3. 变配电所在运行过程中如果进线突然停电后，则为何应该把出线开关全部拉开？

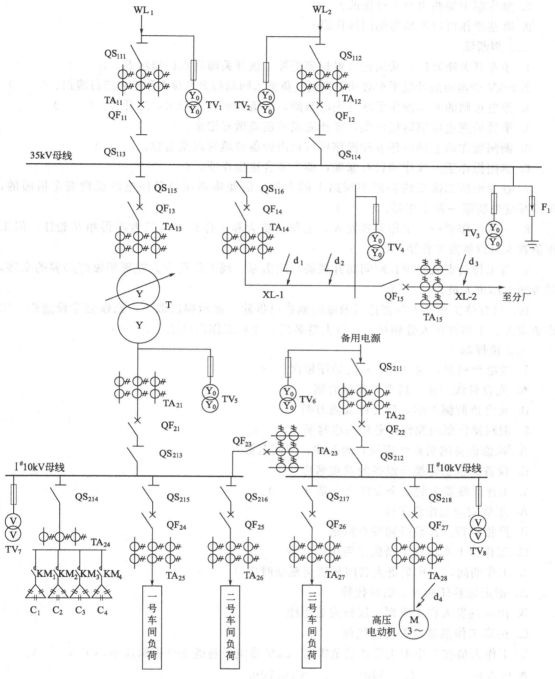

图 5-15 工厂供配电主接线结构

4. 送电过程中为什么要先合隔离开关后合断路器？如果不按这样的操作规则会产生什么样的后果？

5. 技术中有哪些常用的防误装置？

6. 闭锁操作有何规定？

7. 说出在变电所电气设备上工作保证安全的组织措施和技术措施。

8. 操作票中哪些内容不得涂改？

9. 哪些操作可以不填写倒闸操作票？

二、判断题

1. 手车开关断开后，从运行位置拉到柜外，该开关即处在检修状态。（　　）

2. 10kV 变电所的计量手车必须得到电气负责人同意后方可拉出和推入进行清扫。（　　）

3. 停电拉闸的基本操作顺序是先电源侧，后负荷侧，先刀闸，后开关。（　　）

4. 事故处理也应填写操作票，操作完成后还应做好记录。（　　）

5. 倒闸操作票上操作任务和操作项目栏内设备要填写双重名称。（　　）

6. 倒闸操作票上操作项目有漏项，即为不合格操作票。（　　）

7. 在变电所二次系统和照明回路上的工作，需要将高压设备停电的或做安全措施的，应填写变电所第一种工作票。（　　）

8. 一张工作票中，工作票签发人，工作负责人和工作许可人三者不得相互兼任，但工作负责人可以签发工作票。（　　）

9. 若工作负责人必须长时间离开现场，应由原、现工作负责人在现场做好必要的交接，并告知工作班人员。（　　）

10. 只有待工作票上的接地线及临时遮栏已拆除，标示牌已取下，已恢复常设遮栏，工作负责人、工作许可人分别在工作票上签名后，才算工作票终结。（　　）

三、选择题

1. 送电合闸时，应（　　）的顺序依次进行。

A. 先合母线刀闸，后合负荷侧刀闸

B. 先合负荷侧刀闸，后合母线侧刀闸

2. 倒闸操作票的操作任务栏内应写明（　　）。

A. 检修设备的名称和应拉合的开关、刀闸名称

B. 设备的状态转换和设备的双重名称

3. 工作票签发人的安全责任之一是（　　）。

A. 正确安全地组织工作

B. 严格执行工作票所列安全措施

C. 工作票上所填安全措施是否正确完备

4. 工作期间，工作负责人若因故暂离现场时应（　　）。

A. 指定能胜任的人员临时代替

B. 由原签发人在工作票上履行变更手续

C. 由原工作票签发人自行代理

5. 工作人员在工作中正常活动范围与 10kV 带电设备的安全距离应不小于（　　）。

A. 0.35m　　　　　　B. 0.60m　　　　　　C. 0.70m

6. 设备停电后，应在（　　）的顺序依次进行。

A. 检修设备电源侧　　　　　　B. 装设接地线或合接地刀闸处

C. 检修设备两侧对各相分别验电

7. 接地线与检修设备之间（　　）。

A. 允许连有开关　　　B. 不得连有开关或熔断器　　　C. 可以连有熔断器

8. 在室外配电装置的构架上工作时，在构架供工作人员上下的铁架或梯子上应悬挂

（　　）。

A. "从此上下！"　　　B. "禁止攀登，高压危险！"　　　C. "止步，高压危险！"标示牌

9. 开关检修，其两侧装两组接地线的顺序是（　　）。

A. 先装电源侧 1 组　　　　　B. 先装出线侧 1 组　　　　　C. 任意装

10. 装设旁路母线及旁路断路器，可以在不中断供电的情况下检修（　　）。

A. 母线侧隔离开关　　　B. 分段断路器　　　C. 出线断路器　　　D. 旁路断路器

A.以从地上下来 B.停电后进行接地时，先接导体端，后接接地端
D.开关检修时应挂接地线 A.未接地
10.某负荷容量及分布图如图所示，可将此图中的负荷分成以下几种。
A.集中固定负荷 B.分公布负荷 C.电感性负荷 D.分散固定负荷

项目六　供配电系统的方案设计

任务一　电气主接线方案设计

【任务概述】

电气主接线方案设计是《供配电系统运行与维护》课程中的一次综合性实践环节，通过对变配电所电气主接线的设计，巩固和加深对供配电系统的认识和理解，培养学生独立分析问题和解决问题的能力，理论联系实际的能力，初步学习工程设计的方法。本次任务要求。

① 设计应根据设计任务书以及国家的有关政策和各专业的设计技术规程、规定进行。学习用已学知识解决工程实际问题的一般方法。

② 能够读懂电气主接线图，且能根据原始资料对变电站和中小型企业配电室进行主接线设计。

③ 能够根据原始资料初步拟出 2~3 个技术合理的电气主接线方案，并进行技术经济比较，确定出一个最优方案，并绘出该方案的草图。

【知识准备】

一、工厂供配电系统设计基本知识

1.企业供配电系统设计的基本原则

根据国家标准《供配电系统设计规范》（GB 50052—2009）、《10kV 及以下变电所设计规范》（GB 50053—2013）、《低压配电设计规范》（GB 50054—2011）等的规定，工厂供配电系统设计的基本原则如下。

① 严格遵循规范、规程，为使工厂供配电系统设计贯彻执行国家的技术经济政策，做到保障人身安全、供电可靠、技术先进和经济合理，设计中必须严格遵循国家颁发的各种相关规范、标准和有关行业规程。

② 工厂供配电系统设计必须从全局出发，统筹兼顾，按照负荷性质、用电容量、工程特点和地区供电条件，合理确定设计方案，以满足供电要求。

③ 工厂供配电系统设计应根据工程特点、规模和发展规划，正确处理近期建设和远期发展的关系，做到以近期为主、远近期相结合，适当考虑扩建的可能。

④ 工厂供配电系统设计应选用国家推荐的效率高、低能耗、性能先进的新型产品，以节约能源。

2.工厂供配电系统设计基本内容

工厂供配电系统设计的基本内容包括以下几个方面。

（1）工厂变配电所的设计

根据工厂的类型不同，有总降压变电所、总配电所、车间变电所之分。总降压变电所与车间变电所的设计内容基本相同，高压配电所除没有主变压器的选择外，其余设计内容与变电所基本相同。变配电所的设计内容应包括变配电所负荷的计算和无功功率补偿，变配电所

所址的选择、变电所主变压器台数和容量、型式的确定，变配电所主接线方案的选择，进出线的选择，短路电流计算及开关设备的选择，二次回路方案的确定及继电保护的选择与整定，防雷保护与接地装置的设计，变配电所的照明设计等。最后应编制设计说明书、设备材料清单及工程概算，绘制变配电所主接线图、平面图、剖面图、二次回路图及其施工图。

（2）供配电线路的设计

工厂供配电线路设计分工厂范围供配电线路设计和车间供配电线路设计。

工厂范围供配电线路设计包括高压供配电线路设计及车间外部低压供配电线路设计。设计内容有：供配电线路电压等级的确定、线路路径及线路结构型式的确定，负荷的计算，导线或电缆型号和截面的确定、配电设备的选择、架空线路杆位的确定、电杆与绝缘子及其他线路配件的选择、电缆线的敷设方式、线路走向、施工方式及其配件的选择、防雷及接地装置设计计算等。最后应编制设计说明书、设备材料清单及工程概算，绘制车间供配电线路系统图、平面图及其他施工图纸。

车间供配电线路的设计通常包括车间供配电线路布线方案的确定、负荷的计算、线路导线及配电设备和保护设备的选择、线路敷设设计等。最后也应编制设计说明书、设备材料清单及工程预算，绘制工厂配电线路系统图、平面图及其他施工图纸。

3. 工厂电气照明的设计

工厂供配电系统设计有室外照明设计、各车间照明设计、工厂内各建筑物的照明设计、变配电所内的照明设计等。以上各部分的照明设计基本上都包括如下几个内容。

① 照明灯具型式的选择与布置。

② 照明光源的选择和照度计算。

③ 照明线路的接线方式确定、照明线路的负荷计算、导线及敷设方式的设计。

④ 照明配电箱及保护与控制设备的选择等。

最后也要编制设计说明书、设备材料清单及工程预算，绘制照明系统图、平面图及其他施工图纸。

4. 工厂供配电系统设计的程序和要求

工厂供配电系统的设计通常分为扩大初步设计和施工设计两个阶段。对于设计规模较小、任务紧迫，经技术论证许可时，也可直接进行施工设计。

（1）扩大初步设计

扩大初步设计的任务主要是根据设计任务书的要求，进行负荷的统计计算，确定选择工厂的用电容量，选择工厂供配电系统的原则性方案及主要设备，提出主要设备材料清单，编制工程预算，报上级主管部门审批。因此，扩大初步设计的资料应包括工厂供配电系统的总体布置图、主接线图、平面布置图等图纸及设计说明书和工程概算等。

（2）施工设计

施工设计是在扩大初步设计经上级主管部门批准后，为满足安装施工要求而进行的技术设计，重点是绘制施工图，因此也称为施工图设计。施工设计必须对扩大初步设计的原则性方案进行全面的技术经济分析和必要的计算与修订，以使设计方案更加完善和精确，有助于安装施工图的绘制。安装施工图是进行安装施工所必需的全套图纸资料。安装施工图应尽可能采用国家颁发的标准图样。

施工设计资料应包括施工说明书，各项工程的平面和剖面图以及各种设备的安装图，各种非标准件的安装图，设备与材料明细表以及工程预算等。

施工设计由于是即将付诸安装施工的最后决定性设计，因此设计时更有必要深入现场调查研究，核实资料，精心设计，以确保工厂供配电工程的质量。

5. 工厂供配电系统设计的基础资料

设计之前应向当地供电部门收集下列资料。

① 对工厂的可供电源容量和备用电源容量。

② 供电电源的电压等级，供电方式是架空线还是电缆，专用线还是公用线，供电电源的回路数，导线或电缆的型号规格、长度以及进入工厂的方位。

③ 对工厂供电的电力系统在最大和最小运行方式下的短路数据或供电电源线路首端的断路器断流容量。

④ 供电电源首端的继电保护方式及动作电流和动作时限的整定值，向工厂供电的电力系统对工厂进线端继电保护方式及动作时限配合的要求。

⑤ 供电部门对工厂电能计量方式的要求及电费计收办法。

⑥ 对工厂功率因数的要求。

⑦ 电源线路工厂外部设计和施工的工厂应负担的投资费用等。

向当地气象、地质及建筑安装等部门收集下列资料。

① 当地气温数据，如年最高温度、年平均温度、最热月平均最高温度、最热月平均温度以及当地最热月地面下 0.8～1.0m 处的土壤平均温度等，以供选择电器和导体之用。

② 当地的年平均雷暴日数，供防雷设计用。

③ 当地土壤性质或土壤电阻率，供设计接地装置用。

④ 当地常年主导风向，地下水位及最高洪水位等，供选择变、配电所所址用。

⑤ 当地曾经出现过或可能出现的最高地震烈度，供考虑防震措施用。

⑥ 当地海拔高度、最高温度与最低温度，供选择电气设备参考。

⑦ 当地电气设备生产供应情况，以便就地采购或订货。

⑧ 当地水文地质资料和地形勘探资料。

⑨ 当地环境污染情况，供选择绝缘参考。

必须注意的是，在向当地供电部门收集有关资料的同时，也应向当地供电部门提供一定的资料，如工厂的生产规模，负荷的性质，需电容量及供电的要求等，并与供电部门妥善达成供用电协议。

二、主接线方案的经济比较计算

1. 计算综合投资 Z

$$Z = Z_0\left(1 + \frac{a}{100}\right) \tag{6-1}$$

式中　Z_0——主体设备费用，包括变压器、开关设备、配电装置设备的费用，元；

　　　a——不明显的附加费用比例系数，包括设备运输、安装、架构、基础及辅助设备的费用，一般 35kV 取 100；110kV 取 90；220kV 取 70。

2. 计算年运行费用 $U = U_Z + U_{\Delta A}$

（1）年折旧维护检修费 $U_Z = CZ$

（2）年电能损耗费 $U_{\Delta A} = \alpha \Delta A$

① 双绕组主变的 ΔA 计算。

$$\Delta A = n \left[\Delta p_0 t + \Delta p_k \left(\frac{S_m}{S_n} \right)^2 \tau \right] \tag{6-2}$$

② 三绕组主变的 ΔA 计算。

$$\Delta A = n \left[\Delta p_0 t + \Delta p_{k1} \left(\frac{S_{m1}}{S_{n1}} \right)^2 \tau_1 + \Delta p_{k2} \left(\frac{S_{m2}}{S_{n2}} \right)^2 \tau_2 + \Delta p_{k3} \left(\frac{S_{m3}}{S_{n3}} \right)^2 \tau_3 \right] \tag{6-3}$$

式中　S_{n1}、S_{n2}、S_{n3}——三绕组变压器高、中、低三侧绕组的额定容量，$kV \cdot A$；

　　　S_{m1}、S_{m2}、S_{m3}——高、中、低压侧最大持续负荷，$kV \cdot A$；

　　　τ_1、τ_2、τ_3——高、中、低压侧最大负荷年损耗小时数；

　　　Δp_{k1}、Δp_{k2}、Δp_{k3}——高、中、低压侧绕组中的额定铜损耗；

$$\Delta p_{k1} = \frac{\Delta p_{k1-2} + \Delta p_{k1-3} - \Delta p_{k2-3}}{2}$$

$$\Delta p_{k2} = \frac{\Delta p_{k2-2} + \Delta p_{k2-3} - \Delta p_{k1-2}}{2}$$

$$\Delta p_{k3} = \frac{\Delta p_{k1-3} + \Delta p_{k2-3} - \Delta p_{k1-2}}{2}$$

③ 架空线路的 ΔA 计算。

$$\Delta A = \Delta P_m \tau \tag{6-4}$$

3. 经济最优方案的确定

（1）$Z_1 > Z_2$　　$(U_1 > U_2)$　　选择方案 2。

（2）$Z_1 > Z_2$　　$(U_1 < U_2)$　　有动态比较法和静态比较法。

① 静态比较法：抵偿年限法计算公式为：

$$T = \frac{Z_1 - Z_2}{U_2 - U_1} \tag{6-5}$$

若 $T < 5 \sim 8$ 年，则选择方案 1。

若 $T > 5 \sim 8$ 年，则选择方案 2。

② 计算费用最小法：第 i 种方案的计算费用公式为

$$C_i = \frac{Z_i}{T} + U_i \tag{6-6}$$

【技能训练】

工厂供配电系统的设计任务书

工厂供配电系统的设计任务书包括原始基础资料和设计任务、设计安排等部分。

1. 原始基础资料

（1）建设性质及规模

为满足某工厂生产用电需要，计划在工厂范围内新建一座 35kV 降压变电所，电压等级为 35kV/0.4kV。35kV 线路有两回，其中一回为开发区数家近期待建企业的穿越功率；0.4kV 将设计为多回路，分别送往工厂内车间及其附近的生活区。降压变电所占地东西长为 300m，南北宽为 200m。

（2）供电电源的情况

按照工厂与当地供电部门签订的供电协议规定，该工厂可由附近 3km 处一电力系统变电所 35kV 母线上取得工作电源。该电源线路将采用 LGJ-35 架空导线送至工厂变电所，并经高压母线穿越送至待建变电所。该架空线为等边三角形排列，线距为 2m。已知该线路定时限过电流保护整定的动作时限为 1.5s，线路首端最大运行方式下三相短路容量为 195.5MV·A，最小运行方式下三相短路容量为 150MV·A。为满足新建变电所二级负荷的要求，可通过邻近企业变电所向本厂新建变电所的联络线路临时供电，将来也可作为新建变电所低压侧备用电源。同时可采用低压联络线由邻近企业取得备用电源，作为新建变电所及生活用电。

（3）工厂负荷情况

工厂多数车间为两班制。变压器全年投入运行时间为 8000h，最大负荷利用小时 T_{max} 为 4000h。新建工厂变电所的负荷统计资料见表 6-1。

表 6-1 新建变电所负荷统计资料表

负荷性质	负荷名称	设备容量/kV·A	功率因数	需要系数	负荷类别
全厂动力	铸造车间	500	0.70	0.4	Ⅱ
	锻压车间	450	0.65	0.3	Ⅲ
	金工车间	400	0.65	0.3	Ⅲ
	工具车间	300	0.65	0.2	Ⅲ
	电镀车间	400	0.75	0.6	Ⅱ
	热处理车间	300	1.00	0.5	Ⅲ
	装配车间	200	0.70	0.4	Ⅲ
	机修车间	150	0.60	0.3	Ⅲ
	锅炉房	80	0.70	0.6	Ⅱ
	仓库	20	0.60	0.3	Ⅲ
全厂照明	照明	80	0.90	0.85	Ⅲ
生活照明	宿舍区	300	0.90	0.8	Ⅲ

（4）新建变电所选址条件

新建变电所位于工厂区内，该片海拔为 200m，地层以黏土为主，地下水位为 3m，最高气温为 39℃，最低气温为 −10℃，最热月的平均最高气温为 32℃，最热月的平均气温为 28℃，最热月地下 0.8m 处平均温度为 20℃，年主导风向为南风，年雷暴日为 40。

（5）电价制度

工厂与当地供电部门达成协议，35kV 输电架空线路由供电部门负责设计、施工。新建变电所按主变压器容量向供电部门一次性交纳供电贴费，标准为 x 元/kV·A。电费核算按两部制电价制度，基本电价标准为 y 元/kW·h；为鼓励提高功率因数，供电部门规定，凡功率因数低于规定值 0.9 时，将予以罚款，相反，功率因数高于规定值 0.9 时，将得到奖励，即采用"高奖低罚"的原则。因此，供电部门还将根据该变电所月加权平均功率因数，对实收电费进行调整，见表 6-2（x、y 可按当地情况确定）。

表 6-2 以 0.90 为标准值的功率因数调整电费表

减收电费		增收电费			
实际功率因数	月电费减少/%	实际功率因数	月电费增加/%	实际功率因数	月电费增加/%
0.90	0.00	0.89	0.5	0.75	7.5
0.91	0.15	0.88	1.0	0.74	8.0
0.92	0.30	0.87	1.5	0.73	8.5
0.93	0.45	0.86	2.0	0.72	9.0
0.94	0.60	0.85	2.5	0.71	9.5

续表

减收电费		增收电费			
实际功率因数	月电费减少/%	实际功率因数	月电费增加/%	实际功率因数	月电费增加/%
0.951~1.00	0.75	0.84	3.0	0.70	10.0
		0.83	3.5	0.69	11.0
		0.82	4.0	0.68	12.0
		0.81	4.5	0.67	13.0
		0.80	5.0	0.66	14.0
		0.79	5.5	0.65	15.0
		0.78	6.0	功率因数自0.64及以下,每降低0.01电费增加2%	
		0.77	6.5		
		0.76	7.0		

2. 设计任务

要求在规定的设计时间内独立完成下列工作量。

（1）编写设计说明书

设计说明书包括以下部分：

① 前言；

② 目录；

③ 负荷计算，计算结果应列表；

④ 无功功率补偿，包括补偿方式的选择、补偿容量的计算、接线及电容器型号、台数的选择；

⑤ 变电所位置和型式的选择；

⑥ 通过比较确定变压器的容量和台数，指出其节电性能和经济运行方式；

⑦ 设计接线方案的选择；

⑧ 短路电流计算、计算结果应列表；

⑨ 变电所高、低压线路的选择；

⑩ 变电所一次设备的选择与校验；

⑪ 主变压器继电保护整定计算，原理接线图；

⑫ 变电所二次回路方案设计；

⑬ 变电所防雷计算及接地装置设计；

⑭ 参考文献。

（2）绘制设计图纸

绘制设计的图纸包括变电所主接线图1张（A2图纸）、变电所平面布置图1张和主变压器继电保护原理图1张（A2图纸）。

3. 设计安排

（1）设计时间

按照教学计划执行，通常为2~4周。

（2）设计的安排

设计中，应有设计日程表，按日程表有序进行。设计中除正常辅导外，还宜根据日程对重点设计内容进行必要的辅导以及参观有关现场，以保证设计的正确性，按时完成设计。

（3）设计过程

① 分析原始资料，初步拟定几个技术可行方案；

② 选择主变，包括台数、运行方式、容量、型式、参数；

③ 分别拟定高、低压侧的基本接线形式；

④ 经过技术比较，选出 2～3 个较优方案；

⑤ 通过经济比较、计算，确定最优方案。

【思考与练习】

根据本任务【技能训练】提供的原始基础资料，编写工厂供配电系统的设计任务书，通过经济和技术比较、计算，确定最优方案。

任务二　电力负荷的计算

【任务概述】

在工厂供电系统中装设了各种不同的用电设备，由于它们的工作方式不同，有时工作有时停止，单个设备的最大功率也不会在同一时间出现，使得工厂的总负荷就会随着用电设备数量不同而经常变化，其中最大负荷总是比全厂用电设备总的额定容量要小。在设计新建工厂时，需要选择供配电设备，选择电气设备要依据其最大负荷，因此，计算最大负荷是选择电气设备的前提，本次任务目标为：

① 了解企业用电设备的工作制、负荷曲线的变化规律和有关物理量；

② 掌握按需要系数法确定计算负荷的方法，会用二项式法确定计算负荷，熟悉单相用电设备等效三相负荷的计算方法；

③ 了解工厂供电系统的功率损耗及电能损耗；

④ 熟悉功率因素的概念，掌握无功功率补偿的计算方法；

⑤ 了解单台和多台用电设备尖峰电流的计算方法。

【知识准备】

一、工厂的电力负荷和负荷曲线

电力负荷也称电力负载，是指企业耗用电能的用电设备或用电单位。有时也把用电设备或用电单位所耗用的电功率或电流大小称为电力负荷。学会计算或估算电力负荷的大小是供配电技术中很重要的一种技能，它是正确选择供配电系统中开关电器、变压器、导线、电缆等的基础，也是保障供配电系统安全可靠运行必不可少的环节。

1. 企业用电设备的工作制

企业的用电设备种类繁多，用途各异，工作方式不同，按其工作制可分以下 3 类。

（1）连续运行工作制

连续工作制的电气设备在恒定负荷下运行，且运行时间长到足以使之达到热平衡状态，如通风机、水泵、空气压缩机、电炉、照明灯或电机发电机组等。

（2）短时工作制

短时工作制的用电设备特点是工作时间很短，而停歇时间相当长。如水闸用电动机、机床上进给电动机类辅助电动机等。

（3）断续周期工作制

断续周期工作制的用电设备，时而工作、时而停歇，如此反复运行，而工作周期一般不超过 10min。如吊车电动机和电焊变压器等。为表示其反复短时工作的情况，用它们在一个工作周期里的工作时间与整个周期时间的百分比值来描述，这比值称为暂载率或负荷持续率（ε），计算公式如下。

$$\varepsilon = \frac{t}{T} \times 100\% = \frac{t}{t+t_0} \times 100\% \tag{6-7}$$

式中　T——工作周期；

t——工作周期内的工作时间；

t_0——工作周期内的停歇时间。

2. 负荷曲线

（1）负荷曲线的类型与绘制方法

负荷曲线是表示电力负荷随时间变动情况的一种图形，反映了电力用户用电的特点和规律。在负荷曲线中通常用纵坐标表示负荷大小，横坐标表示对应负荷变动的时间。

负荷曲线可根据需要绘制成不同的类型。如按所表示负荷变动的时间可分为日、月、年或工作班的负荷曲线，按负荷范围可分为全厂的、车间的或某设备的负荷曲线；按负荷的功率性质，可分为有功和无功负荷曲线等。

日负荷曲线表示负荷在一昼夜间（0～24h）变化情况。日负荷曲线可用测量的方法绘制。绘制的方法是：①以某个监测点为参考点，在 24h 中各个时刻记录有功功率表的读数，逐点绘制而成折线形状，称为折线形负荷曲线，如图 6-1（a）所示。②通过接在供电线路上的电度表，每隔一定的时间间隔（一般为半小时）将其读数记录下来，求出 0.5h 的平均功率，再依次将这些点画在坐标上，把这些点连成阶梯状的是阶梯形负荷曲线，如图 6-1（b）所示。

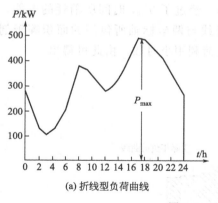

(a) 折线型负荷曲线

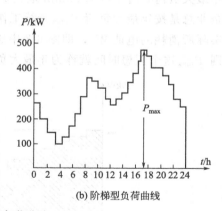

(b) 阶梯型负荷曲线

图 6-1　日负荷曲线

为了计算方便，负荷曲线多绘成阶梯形。其时间间隔取的愈短，曲线愈能反映负荷的实际变化情况。日负荷曲线与横坐标所包围的面积代表全日所消耗的电能。

年负荷曲线反映负荷全年（8760h）变动情况，如图 6-2 所示。

年负荷曲线又分为年运行负荷曲线和年持续负荷曲线。年运行负荷曲线可根据全年日负荷曲线间接制成；年持续负荷曲线的绘制，要借助一年中有代表性的冬季日负荷曲线和夏季日负荷曲线。通常用年持续负荷曲线来表示年负荷曲线。其中夏季和冬季在全年中占的天数

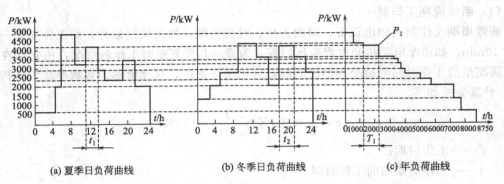

(a) 夏季日负荷曲线　　　　(b) 冬季日负荷曲线　　　　(c) 年负荷曲线

图 6-2　年负荷曲线及绘制方法

视地理位置和气温情况而定。一般在北方，近似认为冬季 200 天，夏季 165 天；南方近似认为冬季 165 天，夏季 200 天。如图 6-2（c）所示是南方某用户的年负荷曲线，图中 P_1 在年负荷曲线上所占的时间计算为 $T_1 = 200t_1 + 165t_2$。

注意：日负荷曲线是按时间的先后绘制，而年负荷曲线是按负荷的大小和累计时间绘制。

（2）负荷曲线的有关物理量

分析负荷曲线可以了解负荷变动的规律，对供配电设计人员来说，可从中获得一些对设计有用的资料；对运行来说，可合理地、有计划地安排用户、车间、班次或大容量设备的用电时间，降低负荷高峰，填补负荷低谷，这种"削峰填谷"的办法可使负荷曲线比较平坦，提高企业的供电能力，也有利用企业降损节能。

① 年最大负荷和年最大负荷利用小时数。年最大负荷是指全年中负荷最大的工作班内（为防偶然性，这样的工作班至少要在负荷最大的月份出现 2～3 次）30min 平均功率的最大值，因此年最大负荷有时也称为 30min 最大负荷 P_{30}。

假设企业总是按年最大负荷 P_{max} 持续工作，经过了 T_{max} 时间所消耗的电能，恰好等于企业全年实际所消耗的电能 W_a，即图 6-3 中虚线与两坐标轴所包围的面积等于剖面线部分的面积，则 T_{max} 这个假想时间就称为年最大负荷利用小时数。由此可得出

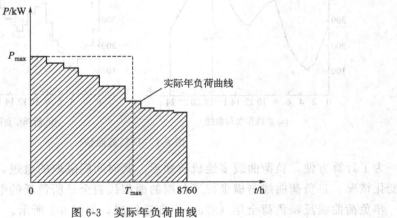

图 6-3　实际年负荷曲线

$$T_{\max} = \frac{W_{a}}{P_{\max}} \qquad (6\text{-}8)$$

年最大负荷利用小时数与企业类型及生产班制有较大关系，其数值可查阅有关参考资料或到相同类型的企业去调查收集。大体情况是，一班制企业 $T_{\max}$ 为 1800～2500h；两班制企业 $T_{\max}$ 为 3500～4500h；三班制企业 $T_{\max}$ 为 5000～7000h；居民用户 $T_{\max}$ 为 1200～2800h。

② 平均负荷和负荷系数。平均负荷就是指电力负荷在一定时间内消耗的功率的平均值。如在 t 这段时间内消耗的电能为 W_{t}，则 t 时间的平均负荷为

$$P_{av} = \frac{W_{t}}{t} \qquad (6\text{-}9)$$

利用负荷曲线求年平均负荷如图 6-4 所示。图中剖面线部分为年负荷曲线所包围的面积，也就是全年电能的消耗量。另外再作一条虚线与两坐标轴所包围的面积与剖面线部分的面积相等，则图中 P_{av} 就是年平均负荷。

年平均负荷 P_{av} 与最大负荷 $P_{\max}$ 的比值称为负荷率，也叫做负荷系数，用 K_{L} 表示

$$k_{L} = \frac{P_{av}}{p_{\max}} \qquad (6\text{-}10)$$

负荷系数的大小可以反映负荷曲线波动的程度。

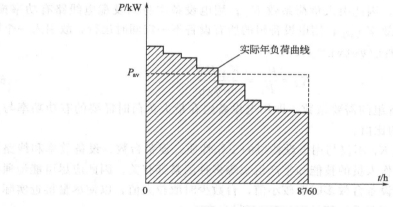

图 6-4　求年平均负荷

二、电力负荷的计算

1. 计算负荷的概念

全年中负荷最大工作班内消耗电能最大的半小时，其平均功率称之为半小时最大负荷 P_{30}。通常把半小时最大负荷 P_{30} 称为"计算负荷"，并作为按发热条件选择电气设备的依据。

当供电线路上只连接一台用电设备时，线路的计算负荷可按设备容量来确定，此时求单台电动机的计算负荷公式为

$$P_{30} = P_{N}/\eta_{N} \qquad (6\text{-}11)$$

对白炽灯、电热设备、电炉变压器等的计算负荷公式为

$$P_{30} = P_{N} \qquad (6\text{-}12)$$

式中　P_{N}——用电设备的额定功率，kW；

η_{N}——用电设备额定容量时的效率。

当工厂、车间供配电干线上均连接有多台用电设备时，由于用电设备的特性各异，各个设备不一定同时工作，同时工作的设备也不一定都满负荷，设备本身及配电线路有功率损耗，还有其他人为用电因素，这些都影响到电力负荷，所以负荷计算无法用一个"精确"的公式来确定。

计算负荷是供配电系统设计计算的基本依据。计算负荷的确定是否合理，将直接影响到电气设备和导线电缆的选择是否经济合理。工程上依据不同的计算目的，针对不同类型的用户和不同类型的负荷，在实践中总结出了各种负荷的计算方法。有估算法、需要系数法、二项式法、单相负荷计算等。

2. 按需要系数法确定计算负荷

(1) 需要系数的含义

需要系数的含义可用一组用电设备为例来进行说明。设某组设备有几台电动机，其额定总容量为 P_N，由于该组电动机实际上不一定都同时运行，而且运行的电动机也不可能都满负荷，同时设备本身及配电线路也有功率损耗，因此这组电动机的有功计算负荷应为

$$P_{30} = \frac{K_\Sigma K_L}{\eta_N \eta_{WL}} P_e \tag{6-13}$$

式 (6-13) 中，η_N 是指用电设备的输出容量与输入容量之间具有的平均效率；因用电设备不一定满负荷运行，因此引入负荷系数 K_L；用电设备本身以及配电线路有功率损耗，所以引入一个线路平均效率 η_{WL}；用电设备组的所有设备不一定同时运行，故引入一个同时系数 K_Σ。令式中 $K_\Sigma K_L / \eta_N \eta_{WL} = K_d$，即

$$K_d = \frac{P_{30}}{P_e} = \frac{K_\Sigma K_L}{\eta_N \eta_{WL}} \tag{6-14}$$

式中　K_d——用电设备组的需要系数，即用电设备组在最大负荷时需要的有功功率与其设　　　　备容量的比值。

实际上，需要系数 K_d 不仅与用电设备组的工作性质、设备台数、设备效率和线路损耗等因素有关，而且与操作人员的技能和生产组织等多种因素都有关，因此应尽可能地通过实际测量分析确定，一般设备台数多时取较小值，台数少时取较大值，以使尽量接近实际。

各种用电设备组的需要系数值见表 6-3，可供参考。

表 6-3　用电设备组的需要系数、二项式系数及功率因数值

用电设备组名称	需要系数 K_d	二项式系数		最大容量设备台数	$\cos\varphi$	$\tan\varphi$
		b	c			
小批生产的金属冷加工机床电动机	0.16~0.2	0.14	0.4	5	0.5	1.73
大批生产的金属冷加工机床电动机	0.18~0.25	0.14	0.5	5	0.5	1.73
小批生产的金属热加工机床电动机	0.25~0.3	0.24	0.4	5	0.6	1.33
大批生产的金属热加工机床电动机	0.3~0.35	0.26	0.5	5	0.65	1.17
通风机、水泵、空压机及电动发电机组电动机	0.7~0.8	0.65	0.25	5	0.8	0.75
非连锁的连续运输机械及铸造车间整砂机械	0.5~0.6	0.4	0.4	5	0.75	0.88
连锁的连续运输机械及铸造车间整砂机械	0.65~0.7	0.6	0.2	5	0.75	0.88
锅炉房和机加、机修、装配等类车间的吊车	0.1~0.15	0.06	0.2	2	0.5	1.73
铸造车间的吊车 ($\varepsilon = 25\%$)	0.15~0.25	0.09	0.3	3	0.5	1.73
自动连续装料的电阻炉设备	0.75~0.8	0.7	0.3	2	0.95	0.33
实验室用的小型电阻炉、干燥箱等电热设备	0.7	0.7	0	—	1.0	0
不带无功补偿装置的工频感应电炉	0.8	—	—	—	0.35	2.67
不带无功补偿装置的高频感应电炉	0.8	—	—	—	0.6	1.33

续表

用电设备组名称	需要系数 K_d	二项式系数		最大容量设备台数	$\cos\varphi$	$\tan_{\varphi}$
		b	c			
电弧熔炉	0.9	—	—	—	0.87	0.57
点焊机、缝焊机	0.35	—	—	—	0.6	1.33
对焊机、铆钉加热机	0.35	—	—	—	0.7	1.02
自动弧焊变压器	0.5	—	—	—	0.4	2.29
单头手动弧焊变压器	0.35	—	—	—	0.35	2.68
多头手动弧焊变压器	0.4	—	—	—	0.35	2.68
单头弧焊电动发电机组	0.35	—	—	—	0.6	1.33
多头弧焊电动发电机组	0.7	—	—	—	0.75	0.88
生产厂房及办公室、阅览室、实验室照明	0.8~0.1	—	—	—	1.0	0
变配电所、仓库照明	0.5~0.7	—	—	—	1.0	0
宿舍、生活区照明	0.6~0.8	—	—	—	1.0	0
室外照明、事故照明	1	—	—	—	1.0	0

（2）三相用电设备组计算负荷的基本公式

由式（6-14）可知，有功计算负荷为

$$P_{30}=K_dP_e \qquad (6\text{-}15)$$

无功计算负荷

$$Q_{30}=P_{30}\tan\varphi \qquad (6\text{-}16)$$

视在计算负荷

$$S_{30}=\sqrt{P_{30}^2+Q_{30}^2}=P_{30}/\cos\varphi \qquad (6\text{-}17)$$

计算电流

$$I_{30}=S_{30}/\sqrt{3}U_N \qquad (6\text{-}18)$$

下面结合例题讲解按需要系数法确定三相用电设备组的计算负荷的计算公式。

① 单组用电设备组的计算负荷。

例 6-1　已知某机修车间的金属切削机床组，有电压为 380V 的电动机 30 台，其总的设备容量为 120kW。试求其计算负荷。

解：查表 6-3 中的"小批生产的金属冷加工机床电动机"项，可得 $K_d=0.16\sim0.2$（取 0.18 计算），$\cos\varphi=0.5$，$\tan\varphi=1.73$。根据公式（6-15）得：

$$P_{30}=K_dP_e=0.18\times120=21.6 \text{ (kW)}$$

根据式（6-16）得：$Q_{30}=P_{30}\tan\varphi=21.6\times1.73=37.37$ （kvar）

根据式（6-17）得：$S_{30}=P_{30}/\cos\varphi=21.6/0.5=43.2$ （kV·A）

根据式（6-18）得：$I_{30}=S_{30}/\sqrt{3}U_N=\dfrac{43.2}{\sqrt{3}\times0.38}=65.6$ （A）

② 多组用电设备组的计算负荷。确定拥有多组用电设备的干线上或车间变电所低压母线上的计算负荷时，考虑到干线上各组用电设备的最大负荷不同时出现的因素，求干线上的计算负荷时，将干线上各用电设备组用电设备的计算负荷相加后应乘以相应的最大负荷同时系数。有、无功同时系数可取 $K_{\Sigma P}$ 为 0.85~0.95，$K_{\Sigma Q}$ 为 0.9~0.97。

若进行计算的负荷有多种，则可将用电设备按其设备性质不同分成若干组，对每一组选用合适的需要系数，算出每组用电设备的计算负荷，然后由各组计算负荷求总的计算负荷。所以需要系数法一般用来求多台三相用电设备的计算负荷。

求车间变电所低压母线上的计算负荷时，如果是以车间用电设备为范围进行分组，求出各用电设备组的计算负荷，然后相加求车间低压母线计算负荷，此时同时系数取 $K_{\Sigma P}$ 为 0.8~0.9，$K_{\Sigma Q}$ 为 0.85~0.95。如果是用车间干线计算负荷相加来求出低压母线计算负荷，则同

时系数取 $K_{\Sigma P}$ 为 $0.9 \sim 0.95$，$K_{\Sigma Q}$ 为 $0.93 \sim 0.97$。

求多组用电设备或多条干线总的计算负荷时，所用公式如下。

总有功计算负荷为 $\qquad P_{30} = K_{\Sigma P} \sum P_{30i}$ $\qquad\qquad$ (6-19)

总无功计算负荷为 $\qquad Q_{30} = K_{\Sigma Q} \sum Q_{30i}$ $\qquad\qquad$ (6-20)

总视在计算负荷为 $\qquad s_{30} = \sqrt{P_{30}^2 + Q_{30}^2}$ $\qquad\qquad$ (6-21)

总的计算电流为 $\qquad I_{30} = S_{30} / \sqrt{3} U_N$ $\qquad\qquad$ (6-22)

例 6-2 某机修车间的 380V 线路上，接有金属切削机床电动机 20 台共 50kW，其中较大容量电动机有 7.5kW 的 2 台，4kW 的 2 台，2.2kW 的 8 台；另接通风机 1.2kW 的 2 台；电阻炉 1 台 2kW。试求计算负荷（设同时系数 $K_{\Sigma p}$、$K_{\Sigma Q}$ 均为 0.9）。

解： 以车间为范围，将工作性质、需要系数相近的用电设备合为一组，共分成以下 3 组。先求出各用电设备组的计算负荷

第一组，冷加工电动机组。查表 6-3 可得：$K_{d1} = 0.2$，$\cos\varphi_1 = 0.5$，$\tan\varphi_1 = 1.73$

因此 $\qquad\qquad P_{301} = K_{d1} P_{e1} = 0.2 \times 50 = 10 \ (\text{kW})$

$\qquad\qquad\qquad Q_{301} = P_{301} \tan\varphi_1 = 10 \times 1.73 = 17.3 \ (\text{kvar})$

第二组，通风机组。查表 6-3 可得：$K_{d2} = 0.8$，$\cos\varphi_2 = 0.8$，$\tan\varphi_2 = 0.75$。

因此 $\qquad\qquad P_{302} = K_{d2} P_{e2} = 0.8 \times 2.4 = 1.92 \ (\text{kW})$

$\qquad\qquad\qquad Q_{302} = P_{302} \tan\varphi_2 = 1.92 \times 0.75 = 1.44 \ (\text{kvar})$

第三组，电阻炉。因只有一台，所以计算负荷等于设备容量，即

$\qquad\qquad\qquad P_{303} = P_{e3} = 2 \ (\text{kW})$

$\qquad\qquad\qquad Q_{303} = 0 \ (\text{kvar})$

以车间为范围，已知同时系数 $K_{\Sigma p}$、$K_{\Sigma Q}$ 均为 0.9，则车间计算负荷：

总有功计算负荷为 $\quad P_{30} = K_{\Sigma P} \sum P_{30i} = 0.9 \times (10 + 1.92 + 2) \approx 12.5 \ (\text{kW})$

总无功计算负荷为 $\quad Q_{30} = K_{\Sigma Q} \sum Q_{30i} = 0.9 \times (17.3 + 1.44 + 0) \approx 16.9 \ (\text{kvar})$

总视在计算负荷为 $\quad s_{30} = \sqrt{P_{30}^2 + Q_{30}^2} = \sqrt{12.5^2 + 16.9^2} \approx 21.02 \ (\text{kV} \cdot \text{A})$

总的计算电流为 $\quad I_{30} = \dfrac{S_{30}}{\sqrt{3} U_N} = \dfrac{21.02}{1.732 \times 0.38} \approx 31.9 \ (\text{A})$

用此电流即可选择这条 380V 导线的截面及型号。

需要系数值与用电设备的类别和工作状态有关，计算时一定要正确判断，否则会造成错误。如机修车间的金属切削机床电动机属于小批生产的冷加工机床电动机；各类锻造设备应属热加工机床；起重机、行车或电葫芦都属吊车等。

用需要系数法来求计算负荷，其特点是简单方便，计算结果较符合实际，而且长期使用已积累了各种设备的需要系数，因此是世界各国均普遍采用的基本方法。但是，把需要系数看作与一组设备中设备的多少及容量是否相差悬殊等都无关的固定值，就会考虑不全面。实际上只有当设备台数较多、总容量足够大、没有特大型用电设备时，表 6-3 中的需要系数值才较符合实际。所以，需要系数法普遍应用于求用户、全厂和大型车间变电所的计算负荷。

需要系数法由于简单易行，为设计人员普遍接受，是目前通用的求取计算负荷的方法。但这种方法的缺点是将需要系数 K_d 看作与负荷群中设备多少及设备容量悬殊情况都无关的固定值，这是不严格的。事实上，只有设备数量足够多，总容量足够大，且无特大型用电设备时，K_d 才能趋于稳定。比较适合全厂或大型变电所的计算负荷。

（3）连续工作制和短时工作制的用电设备的容量

对连续工作制和短时工作制的用电设备组，设备容量是所有设备的铭牌额定容量之和。

（4）对断续周期工作制的用电设备组的设备容量

对断续周期工作制的用电设备组的设备容量，就是将其所有设备在不同负荷持续率下的铭牌额定容量统一换算到一个规定的负荷持续率下的容量之和。其中电焊机要求容量统一换算到 $\varepsilon = 100\%$，故有设备容量为

$$P_e = P_N\sqrt{\frac{\varepsilon_N}{\varepsilon}} = P_N\sqrt{\frac{\varepsilon_N}{100\%}} = S_N\cos\varphi\sqrt{\varepsilon_N} \tag{6-23}$$

吊车电动机组，要求容量统一换算到 $\varepsilon = 25\%$，由此可得吊车电动机组的设备容量为

$$P_e = P_N\sqrt{\frac{\varepsilon_N}{\varepsilon}} = P_N\sqrt{\frac{\varepsilon_N}{25\%}} = 2P_N\sqrt{\varepsilon_N} \tag{6-24}$$

3. 按二项式法确定计算负荷

用二项式法进行负荷计算时，既考虑用电设备组的平均负荷，又考虑到几台最大用电设备引起的附加负荷，其计算公式为

$$P_{30} = bP_e + cP_x \tag{6-25}$$
$$Q_{30} = P_{30}\tan\varphi \tag{6-26}$$

S_{30} 和 I_{30} 的计算公式同式（6-17）和式（6-18）。

（1）单组用电设备组的计算负荷

式（6-25）中的 b、c 为二项式系数；P_e 是该组用电设备组的设备总容量；P_x 为 x 台最大设备的总容量（b、c 值可查表 6-3），当用电设备组的设备总台数 $n < 2x$ 时，则最大容量设备台数取 $x = n/2$，且按"四舍五入"法取整，当只有一台设备时，可认为 $P_c = P_e$；$\tan\varphi$ 为设备功率因数角的正切值。在确定总计算负荷时，考虑到用电设备各组的最大负荷不同时出现因素，只能在各组用电设备中取一组最大的附加负荷，再加上各组用电设备的平均负荷，即

$$P_{30} = \sum (bP_e)_i + (cP_x)_{max} \tag{6-27}$$
$$Q_{30} = \sum (bP_x\tan\varphi)_i + (cP_x)_{max}\tan\varphi_{max} \tag{6-28}$$

式中　$(bP_e)_i$——各用电设备组的平均功率，其中 P_e 是各用电设备组的设备总容量；

cP_x——每组用电设备组中 x 台容量较大的设备的附加负荷；

$(cP_x)_{max}$——附加负荷最大的一组设备的附加负荷；

$\tan\varphi_{max}$——最大附加负荷设备组的功率因数角的正切值。

例 6-3 试用二项式法来确定例 6-2 中的计算负荷。

解： 求出各组的平均功率 bP_e 和附加负荷 cP_x

① 金属切削机床电动机组

查表 6-3，取 $b_1 = 0.14$，$c_1 = 0.4$，$x_1 = 5$，$\cos\varphi_1 = 0.5$，$\tan\varphi_1 = 1.73$，$x = 5$，则

$$(bP_e)_1 = 0.14 \times 50 = 7 \text{ (kW)}$$
$$(cP_x)_1 = 0.4 (7.5 \times 2 + 4 \times 2 + 2.2 \times 1) = 10.08 \text{ (kW)}$$

② 通风机组

查表 6-3，取 $b_2 = 0.65$，$c_2 = 0.25$，$\cos\varphi_2 = 0.8$，$\tan\varphi_2 = 0.75$，$n = 2 < 2x$，并且取 $x_2 = n/2 = 1$，则

$$(bP_e)_2 = 0.65 \times 2.4 = 1.56 \text{ (kW)}$$

$$(cP_x)_2 = 0.25 \times 1.2 = 0.3 \text{ (kW)}$$

③ 电阻炉

$$(bP_e)_3 = 2\text{kW}$$

$$(cP_x)_3 = 0$$

显然，三组用电设备中，第一组的附加负荷 $(cP_x)_1$ 最大，故总计算负荷为

$$P_{30} = \sum (bP_e)_l + (cP_x)_i = (7+1.56+2) + 10.08 = 20.64 \text{ (kW)}$$

$$P_{30} = \sum (bP_e)_i + (cP_x)_{max} = (7+1.56+2) + 10.08 = 20.64 \text{ (kW)}$$

$$Q_{30} = \sum (bP_x\tan\varphi)_i + (cP_x)_{max}\tan\varphi_{max}$$

$$= (7\times1.73+1.56\times0.75+0) + 10.08\times1.73$$

$$\approx 30.72 \text{ (kvar)}$$

$$S_{30} = \sqrt{P_{30}^2 + Q_{30}^2} = \sqrt{20.64^2 + 30.72^2} \approx 37.01 \text{ (kV·A)}$$

$$I_{30} = \frac{S_{30}}{\sqrt{3}U_N} = \frac{37.01}{1.732 \times 0.38} \approx 56.2 \text{ (A)}$$

比较例 6-2 和例 6-3 的计算结果可知，按二项式系数法计算的结果比按需要系数法计算的结果大得多，可见二项式系数法不太适合于此类负荷的计算。

由于二式项系数法不仅考虑了用电设备最大负荷时的平均功率，而且考虑了少数容量最大的设备投入运行时对总计算负荷的额外影响，所以该法比较适用于确定设备台数较少而容量差别很大的低压干线和分支线的计算负荷。但是二项式系数法计算系数 b，c，x 的值，缺乏充分的理论依据，而且这些系数，只适用于机械加工工业，其他行业的这方面数据缺乏，从使其应用受到一定局限。

(2) 单相用电设备等效三相计算负荷的确定

在企业里，除了广泛应用的三相设备外，还有一些单相用电设备，如电焊机、电炉和照明等设备，单相设备可接于相电压或线电压，但应尽可能使三相均衡分配，以使三相负荷尽量平衡。由于确定计算负荷的目的主要是为了选择线路上的设备和导线，使其在计算电流通过时不至过热或损坏，因此在接有较多单相设备的三相线路中，不论单相设备接于相电压还是接于线电压，只要三相不平衡，就应以最大负荷相有功负荷的 3 倍作为等效三相有功负荷进行计算。具体进行单相用电设备的负荷计算时，可按下述方法处理。

① 如果单相设备的总容量不超过三相设备总容量的 15%，则不论单相设备如何连接，均可作为三相平衡负荷对待。

② 单相设备接于相电压时，在尽量使三相负荷均衡分配后，取最大负荷相所接的单相设备容量乘以 3，便可求得其等效三相设备容量。

③ 单相设备接于线电压时，其等效三相设备容量 P_e。

单台设备时　　　　　　　　　　　$P_e = \sqrt{3}P_{eg\varphi}$　　　　　　　　　(6-29)

2～3 台设备时　　　　　　　　　　$P_e = 3P_{eg\varphi g \, max}$　　　　　　　(6-30)

式中　$P_{eg\varphi}$——单相设备的设备容量，kW；

　　　$P_{eg\varphi g \, max}$——负荷最大的单相设备的设备容量，kW。

等效三相设备容量是从产生相同电流的观点来考虑的。当设备为单台时，单台单相设备接于线电压产生的电流为 $P_{eg·\varphi}/U_N$，与等效三相设备产生的电流相同；当用电设备为 2～3 台时，则考虑的是最大一相电流，并以此求等效三相设备的容量。

④ 单相设备分别接于线电压和相电压时，首先应将接于线电压的单相设备容量换算为接于相电压的设备容量，然后分相计算各相的设备容量和计算负荷。而总的等效三相有功计算负荷就是最大有功负荷相的有功计算负荷的 3 倍。总的等效三相无功计算负荷就是最大无功负荷相的无功计算负荷的 3 倍。特别注意的是：最大相的有功计算负荷和最大相的无功计算负荷不一定在同一相上。

4. 工厂电气照明负荷的确定

照明供电系统是工厂供电系统的一个组成部分。电气照明负荷也是电力负荷的一部分。良好的照明环境是保证工厂安全生产、提高劳动生产率、提高产品质量、改善职工劳动环境、保障职工身体健康的重要方面。工厂的电气照明设计，一般应根据生产的性质、厂房自然条件等因素选择合适的光源和灯具，进行合理的布置，使工作场所的照明度达到规定的要求。

(1) 照明设备容量的确定

① 白炽灯、碘钨灯等不用镇流器的照明设备，容量通常指灯头的额定功率，即 $P_e = P_N$。

② 荧光灯、高压汞灯、金属卤化物灯需用镇流器的照明设备，其容量包括镇流器中的功率损失，所以一般略高于灯头的额定功率，即 $P_e = 1.1 P_N$。

③ 照明设备的额定容量还可按建筑物的单位面积容量法估算，即

$$P_e = \omega S / 1000$$

式中　ω——建筑物单位面积的照明容量，W/m^2；

　　　　S——建筑物的面积，m^2。

(2) 照明计算负荷的确定

照明设备通常都是单相负荷，在设计安装时应将它们均匀地分配到三相上，力求减少三相负荷不平衡的状况。设计规范规定，如果三相电路中单相设备总容量不超过三相设备容量的 15% 时，且三相明显不对称时，则首先应将单相设备容量换算为等效三相设备容量。换算的简单方法是：选择其中最大的一相单相设备容量乘以 3，作为等效三相设备容量，再与需要系数及功率因数值按表 6-4 选取，负荷计算公式如前面所讲的需要系数法。

表 6-4　照明设备组的需要系数及功率因数值

光源类别	需要系数 K_d	功率因数 $\cos\varphi$				
		白炽灯	荧光灯	高压汞灯	高压钠灯	金属卤化物灯
生产车间办公室	0.8～1	1	0.9(0.55)	0.45～0.65	0.45	0.40～0.61
变配电所、仓库	0.5～0.7	1	0.9(0.55)	0.45～0.65	0.45	0.40～0.61
生活区宿舍	0.6～0.8	1	0.9(0.55)	0.45～0.65	0.45	0.40～0.61
室外	1	1	0.9(0.55)	0.45～0.65	0.45	0.40～0.61

5. 全厂计算负荷的确定

(1) 用需要系数法计算全厂计算负荷

在已知全厂用电设备总容量 P_e 的条件下，乘以一个工厂的需要系数 K_d 即可求得全厂的有功计算负荷，即 $P_{30} = K_d P_e$，其中 K_d 是全厂需要系数值。

其他计算负荷求法与前面讲得相同，全厂负荷的需要系数及功率因数值见表 6-5。

表 6-5　全厂负荷的需要系数及功率因数值

工厂类别	需要系数	功率因数	工厂类别	需要系数	功率因数
汽轮机制造厂	0.38	0.88	石油机械制造厂	0.45	0.78
锅炉制造厂	0.27	0.73	电线电缆制造厂	0.35	0.73
柴油机制造厂	0.32	0.74	开关电器制造厂	0.35	0.75
重型机床制厂	0.32	0.71	橡胶厂	0.5	0.72
仪器仪表制造厂	0.37	0.81	通用机械厂	0.4	0.72
电机制造厂	0.33	0.81			

例 6-4　已知某开关电器制造厂用电设备总容量为 4500kW，试估算该厂的计算负荷。

解：查表 6-3 取 K_d 为 0.35，$\cos\varphi = 0.75$，则 $\tan\varphi = 0.882$，可得

$$P_{30} = K_d P_e = 0.35 \times 4500 = 1575 \text{ (kW)}$$

$$Q_{30} = P_{30} \tan\varphi = 1575 \times 0.88 = 1386 \text{ (kvar)}$$

$$S_{30} = \sqrt{P_{30}^2 + Q_{30}^2} = \sqrt{1575^2 + 1386^2} \approx 2098 \text{ (kV·A)}$$

$$I_{30} = \frac{S_{30}}{\sqrt{3} U_N} = \frac{2098}{1.732 \times 0.38} \approx 3188 \text{ (A)}$$

（2）用逐级推算法计算全厂的计算负荷

在确定了各用电设备组的计算负荷后，要确定车间或全厂的计算负荷，可以采用由用电设备组开始，逐级向电源方向推算的方法，在经过变压器和较长的线路时，应加上变压器和线路的损耗。

图 6-5 所示为逐级推算法示意图。

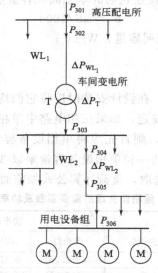

图 6-5　逐级推算法示意图

在确定全厂计算负荷时，应从用电末端开始，逐步向上推算至电源进线端。

P_{305} 是图示所有出线上的计算负荷 P_{306} 等之和，再乘上同时系数 K_Σ；由于 P_{304} 要考虑线路 WL_2 的损耗，因此 $P_{304} = P_{305} + \Delta P_{WL_2}$；$P_{303}$ 由 P_{304} 等几条高压配电线路上计算负荷之和乘以一个同时系数 K_Σ 而得；P_{302} 还要考虑变压器的损耗，因此 $P_{302} = P_{303} + \Delta P_{WL_1} + \Delta P_T$；$P_{301}$ 由 P_{302} 等几条高压配电线路上计算负荷之和乘以一个同时系数 K_Σ 而得。

对中小型工厂来说，厂内高低压配电线路一般不长，其功率损耗可略去不计。

电力变压器的功率损耗，在一般的负荷计算中，可采用简化公式来近似计算。

有功功率损耗　　　　　　　　　　　　　$\Delta P_T = 0.015 S_{30}$　　　　　　　　　　　　　　　　（6-31）

无功功率损耗　　　　　　　　　　　　　$\Delta Q_T = 0.06 S_{30}$　　　　　　　　　　　　　　　　（6-32）

式中　　S_{30}——变压器二次侧的视在计算负荷，是选择变压器的基本依据。

（3）按年产量和年产值估算全厂的计算负荷

已知全厂的年产量 A 或年产值 B，就可根据全厂的单位产量耗电量 a 或单位产值耗电量 b，求出全厂的全年耗电量。

$$W_a = Aa = Bb \tag{6-33}$$

求出全年耗电量后，即可根据下式求出全厂的有功计算负荷为

$$P_{30} = \frac{W_a}{T_{max}} \tag{6-34}$$

式中　　T_{max}——工厂的年最大负荷利用小时。

三、工厂供电系统的电能损耗及无功补偿

工厂供电系统中的线路和变压器由于常年运行，其电能损耗相当可观，直接关系到供电系统的经济效益问题。作为供配电技术人员，应了解和掌握降低供电系统电能损耗的相关知识和技能。

1. 线路的电能损耗

线路上全年的电能损耗用 ΔW 表示，其计算公式为：

$$\Delta W_a = 3 I_{30}^2 R_{WL} \tau \tag{6-35}$$

式中　　I_{30}——通过线路的计算电流；

　　　　R_{WL}——线路每相的电阻值；

　　　　τ——年最大负荷损耗小时。

在供配电系统中，因负荷随时间不断变化，其电能损耗计算困难，通常利用年最大负荷损耗小时 τ 来近似计算线路和变压器的有功电能损耗。τ 的物理含义可以这样理解：当线路或变压器中以最大计算电流 I_{30} 流过 τ 小时后所产生的电能损耗，恰与全年流过实际变化的电流时所产生的电能损耗相等。可见，τ 是一个假想时间，与年最大负荷利用小时 T_{max} 有一定的关系。图 6-6 所示即为不同功率因数下的 τ 与 T_{max} 的关系。

即　　　　　　　　　　　　　　　　$\tau = \frac{T_{max}^2}{8760} \tag{6-36}$

当 $\cos\varphi = 1$，且线路电压不变时，全年的电能损耗为

$$\Delta W_a = 3 I_{30}^2 R_{WL} \frac{T_{max}^2}{8760} \tag{6-37}$$

2. 变压器的电能损耗

变压器的电能损耗包括两个部分：一是由铁损引起的电能损耗。

$$\Delta W_{a1} = \Delta P_{Fe} \times 8760 \approx \Delta P_0 \times 8760 \tag{6-38}$$

式（6-38）表明：只要外施电压和频率不变，铁损所引起的电能损耗也固定不变，且近似于空载损耗 ΔP_0。

二是由铜损引起的电能损耗。

$$\Delta W_{a2} = \Delta P_{cu} \beta^2 \tau \approx \Delta P_k \beta^2 \tau \tag{6-39}$$

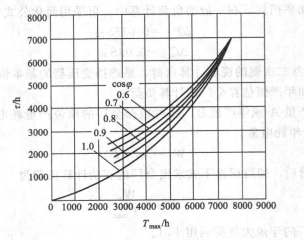

图 6-6　τ-T_{max} 关系曲线

由式（6-39）可知，由变压器铜损（与负荷电流的平方成正比）引起的电能损耗，与变压器负荷率 β 的平方成正比，且近似于短路损耗 ΔP_k。

因此，变压器全年的电能损耗为

$$\Delta W_a = \Delta W_{a1} + \Delta W_{a2} \approx \Delta P_0 \times 8760 + \Delta P_k \beta^2 \tau \tag{6-40}$$

3. 工厂的功率因数和无功补偿

（1）工厂的功率因数

① 瞬时功率因数。瞬时功率因数可由功率因数表直接测量，也可间接测量，即由功率表、电流表和电压表的读数按式（6-41）求出。

$$\cos\varphi = \frac{P}{\sqrt{3}UI} \tag{6-41}$$

式中　P——三相总有功功率，kW；

　　　I——线电流，A；

　　　U——线电压，V。

瞬时功率因数只用来了解和分析工厂或设备在生产过程中无功功率的变化情况，以便采取适当的补偿措施。

② 平均功率因数。平均功率因数又称为加权平均功率因数，按式（6-42）计算。

$$\cos\varphi = \frac{W_p}{\sqrt{W_p^2 + W_q^2}} = \frac{1}{\sqrt{1 + \left(\dfrac{W_q}{W_p}\right)^2}} \tag{6-42}$$

式中　W_p——某一时间内消耗的有功电能，由有功电度表读取；

　　　W_q——某一时间内消耗的无功电能，由无功电能表读取。

我国电业部门每月向工业用户收取的电费，规定要按月平均功率因数的高低来调整。

③ 最大负荷时的功率因数。最大负荷时功率因数指当年最大负荷时的功率因数。可按式（6-43）计算。

$$\cos\varphi = \frac{P_{30}}{S_{30}} \qquad (6\text{-}43)$$

（2）功率因数对供配电系统的影响

所有具有电感特性的用电设备都需要从供配电系统中吸收无功功率，从而降低功率因数。功率因数太低将会给供配电系统带来以下不良影响：

① 电能损耗增加。当输送功率和电压一定时，由 $P = \sqrt{3}UI\cos\varphi$ 可知，功率因数越低，线路通电流越大，因此在输电线上产生的电能损耗 $\Delta p = I^2 R_1$ 增加。

② 电压损失增大。线路通电流增大，必然也造成线路压降的增大，而线路压降增大，又会造成用户端电压降低，从而影响供电质量。

③ 供电设备利用率降低。无功电流增加后，供电设备的温升会超过规定范围。为控制设备温升，所以工作电流也受到控制，在功率因数降低后，不得不降低输送的有功功率 P 来控制电流 I 的值，这样就降低了供电设备的供电能力。

正是由于功率因数在供配电系统中影响很大，所以要求电力用户功率因数达到一定的值，不能太低，太低就必须进行补偿。国家标准 GB/T 3485—1998《评价企业合理用电技术导则》中规定："在企业最大负荷时的功率因数应不低于 0.9，凡功率因数未达到上述规定的，应在负荷侧合理装置集中与就地无功补偿设备"。为鼓励提高功率因数，供电部门规定，凡功率因数低于规定值时，将予以罚款，相反，功率因数高于规定值时，将得到奖励，即采用"高奖低罚"的原则。

这里所指的功率因数，即为最大负荷时的功率因数。

（3）电力电容器

电力电容器在交流电路中，其电流始终超前电压 90°，发出容性无功功率，并具有聚集电荷而储存电场能量的基本性能，因此电力系统中常利用电力电容器进行无功补偿。

① 电力电容器在电力系统中的作用。在供配电系统中，电力电容器具有多种直接和间接用途。其主要用途之一是补偿电力系统中的无功功率，从而大量节约电力，这种电容器就是移相电容器。其次，电容器还可以用来补偿长距离输电线路本身的电感损失，提高输电线路的输送电力容量。

电力系统的负荷如感应电动机、电焊机、感应电炉等，除了在交流电能的发、输、用过程中，用来转换成光能、热能和机械能消耗的有功功率外，还要用于与磁场交换的电路内电能，即"吸收"无功电力。这里所说的有功功率是指消耗掉的平衡功率；无功功率则是指波动的交换功率。在电力系统中，无功是用于建立磁场的能量，这部分能量给有功功率的转换创造了条件。

由于电力系统中许多设备不仅要消耗有功功率，设备本身的电感损失也要消耗无功功率，使系统的功率因数降低。如果把能"发出"无功电力的电力电容器并接在负荷或供电设备上运行，那么，负荷或供电设备要"吸收"的无功电力正好由电容器"发出"的无功电力供给，从而起到无功补偿作用，这就是电力电容器在电力系统中的主要作用。在电力线路两端并联上移相电容器，线路上就可避免无功电力的输送，以达到减少线路能量损耗、减小线路电压降，提高系统有功功率的效益，因此，移相电容器是提高电力系统功率因数的一种重要电力设备。

② 电力电容器部分型号表示。电力电容器部分型号表示见表 6-6。

表 6-6 电力电容器部分型号表示

第一位字母	含义	第二位字母	含义	第三位字母	含义
B	标准	D	充氮单相	F	复合介质
Y	移相用			W	户外式
C	串联用	Y	油浸	S	水冷
J	均压			T	可调
O	耦合	L	氯化联苯浸渍	C	冲击放电
L	滤波用			B	薄膜
M	脉冲用			D	一般接地
F	防护用			R	电容式
R	电热				

例 6-5 试述 CY0.6-10-1 型串联电容器的型号含义。

解：查表 6-6 可知，C 表示串联用电容，Y 表示油浸式。另外：0.6 表示额定电压 0.6kV，10 表示标称容量为 10kvar，1 表示单相。

（4）调相机

调相机是吸收系统少量有功功率来供给本身的能量损耗，向系统发出无功功率和吸收无功功率的一种电气设备。调相机不需要原动机拖动，但必须和电网并列运行而不能单独运行。

① 调相机在电力系统中的作用。随着电力系统不断扩大和发展，无功功率也随着增加。有功与无功的比率比例为 1：（1.2～1.3），因而单靠发电机供电，必然会影响其有功功率的功率。为了减少系统输电线往返传送中的各种损耗，减少电能损失，改善功率因数，有效地提高系统电压水平，提高发电设备的利用率，电力系统一般要在负荷中心或附近设置一定数量的无功电源设备，以补偿无功功率的不足，提高电力系统的经济运行。

电力系统设置一定数量的无功补偿设备——调相机和电容器后，不但可以降低电网中的功率和电能损耗，提高系统运行的经济性，还可调整电网的节点电压，维持负荷的电压水平，提高供电电能的质量。

② 调相机与电容器的比较

a. 静电电容器的最大优点是损耗小、效率高，损耗占本身容量的 0.3%～0.5%，调相机的有功功率损耗为额定容量的 1.5%～5.5%。

b. 电容器设备费与总容量几乎无关，调相机则不然，当容量较大时，其单位造价比较低，而容量减小时，单位造价偏高。

c. 补偿方式上，调相机只能在负荷中心使用，静电电容器既可以集中使用，又可以分散使用。

d. 调相机最大优点是装设励磁装置，能得到均匀调压，既能发出无功功率又能吸收无功功率；电容器可用分级调压，当网络电压降低时输出功率急剧下降，$Q = \omega C U^2$。

e. 调相机装有自动励磁装置，在故障时能保持电力系统的电压，从而达到提高系统稳定性的目的；电力电容器对系统稳定性不起作用。

f. 调相机的维护工作量大，电容器的维护工作量小。

③ 调相机的型号表示。例如 TT-15-8 型号调相机，其含义为：第一位字母 T 表示同步；第二位字母 T 表示调相机；数字 15 表示调相机的功率为 15Mvar；而最后的数字 8 表示其磁极数为 8 极（第二位数字有时也表示调相机的额定电压 kV）。

（5）无功功率补偿

工厂中的电气设备绝大多数都是感性的，因此功率因数偏低。若要充分发挥设备潜力、改善设备运行性能，就必须考虑用人工补偿的方法提高工厂的功率因数。提高功率因数进行无功功率的补偿方法有以下几种。

① 提高自然功率因数。功率因数不满足要求时，首先应提高自然功率因数。自然功率因数是指未装设任何补偿装置的实际功率因数。提高自然功率因数，就是不添置任何补偿设备，采用科学措施减少用电设备的无功功率的需要量，使供配电系统的总功率因数提高。因为不需增加设备，所以是最理想最经济改善功率因数的方法。这种方法包括以下几种。

a. 合理选择电动机的规格、型号。笼型异步电动机的功率因数比绕线式异步电动机的功率因数高，开启式和封闭式电动机比密闭式电动的功率因数高。所以在满足工艺要求的情况下，尽量选用功率因数高的电动机。

由于异步电动机的功率因数和效率在70%至满载运行时较高，在额定负荷时功率因数为0.85～0.9，而在空载或轻载运行时的功率因数和效率都要降低，空载时功率因数只有0.2～0.3，所以在选择电动机的容量时要防止容量选择过大，从而造成空载或轻载。一般选择电动机的额定容量为拖动负载的1.3倍左右。

异步电动机要向电网吸收无功，而同步电动机则可向电网送出无功，所以对负荷率不大于0.7及最大负荷不大于90%的绕线式异步电动机，必要时可使其同步化，从而提高功率因数。

b. 防止电动机空载运行。如果由于工艺要求，电动机在运行中必然要出现空载情况，则必须采取相应的措施解决。如装设空载自停装置，或降电压运行（如将电动机的定子绕组由三角形接线改为星形接线；或由自耦变压器、电抗器、调压器实现降压）等。

c. 保证电动机的检修质量。电动机的定转子间气隙的增大和定子线圈的减少都会使励磁电流增加，从而增加向电网吸收的无功量而使功率因数降低，因此检修时要严格保证电动机的结构参数和性能参数。

d. 合理选择变压器的容量。变压器轻载时功率因数会降低，但满载时有功损耗会增加。因此选择变压器的容量时要从经济运行和改善功率因数两方面来考虑，一般选择电力变压器在负荷率为0.6以上运行比较经济。

e. 交流接触器的节电运行。用户中存在着大量的电磁开关（交流接触器），其线圈是感性负载，消耗无功。由于交流接触器的数量较多、运行时间长，故所消耗的无功不容忽视。因此可以用大功率晶闸管取代交流接触器，这样可大量减少电网的无功功率负担。晶闸管开关不需要无功功率，开关速度远比交流接触器快，且还具有无噪声、无火花、拖动可靠性强等优点。

如果不想用大功率晶闸管代替交流接触器，为了减少其功率消耗，可将交流接触器改为直流运行或使其无电压运行（即在交流接触器合闸后用机械锁扣装置自行锁扣，此时线圈断电不再消耗电能）。

② 人工补偿法。用户的功率因数光是靠提高自然功率因数一般是不能满足要求的，因此，还必须进行人工补偿。人工补偿的方法有以下几种。

a. 并联电容器。即采用并联电力电容器的方法来补偿无功功率，从而提高功率因数。因具有下列优点，所以这是目前用户、企业内广泛采用的一种补偿方法。

• 有功损耗小，为0.25%～0.5%，而同步调相机为1.5%～3%。

• 无旋转部分，运行维护方便。

• 可按系统需要，增加或减少安装容量和改变安装地点。

• 个别电容器损坏不影响整个装置运行。

• 短路时，同步调相机增加短路电流，增大了用户开关的断流容量，电容器无此缺点。用电容器改善功率因数，可以获得经济效益。但如果电容性负荷过大会引起电压升高，带来不良影响。所以在用电容器进行无功功率补偿时，应适当选择电容器的安装容量。在变电所6～10kV高压母线上进行人工补偿时，一般采用固定补偿，即补偿电容器不随负荷变化投入或切除，其补偿容量按下式计算。

$$Q_{30C} = P_{av}(\tan\varphi_{av1} - \tan\varphi_{av2}) \tag{6-44}$$

式中　Q_{30C}——补偿容量；

　　　P_{av}——平均有功负荷；

　　　$\tan\varphi_{av1}$——补偿前平均功率因数角的正切值；

　　　$\tan\varphi_{av2}$——补偿后平均功率因数角的正切值；

$\tan\varphi_{av1} - \tan\varphi_{av2}$——补偿率。

在变电所0.38kV母线上进行补偿时，都采用自动补偿，即根据$\cos\varphi$测量值按功率因数设定值，自动投入或切除电容器。确定了并联电容器的容量后，根据产品目录就可以选择并联电容器的型号规格，并确定并联电容器的数量。如果计算出并联电容器的数值在某一型号下不是整数时，应取相近偏大的整数，如果是单相电容器，还应取为3的倍数，以便三相均衡分配，实际工程中，都选用成套电容器补偿柜（屏）。

当然，该补偿方法也存在缺点，如只能有级调节，而不能随无功变化进行平滑的自动调节，当通风不良及运行温度过高时，电容器易发生漏油、鼓肚、爆炸等故障。

b. 同步电动机补偿。在满足生产工艺的要求下，选用同步电动机，通过改变励磁电流来调节和改善供配电系统的功率因数。过去，由于同步电动机的励磁机是同轴的直流电动机，其价格高，维修麻烦，所以同步电动机的应用范围不广。现在随着半导体变流技术的发展，励磁装置已比较成熟，因此采用同步电动机补偿是一种比较经济实用的方法。

同步电动机与异步电动机相比有不少优点。

• 当电网频率稳定时，转速稳定。

• 转矩仅和电压的一次方成正比，电压波动时，转矩波动比异步电动机小。

• 便于制造低速电动机，可直接和生产机械连接，减少损耗。

• 铁芯损耗小，同步电动机的效率比异步电动机的效率高。

c. 动态无功功率补偿。在现代工业生产中，有一些容量很大的冲击性负荷（如炼钢电炉、黄磷电炉、轧钢机等），使电网电压严重波动，功率因数恶化。一般并联电容器的自动切换装置响应太慢无法满足要求。因此必须采用大容量、高速的动态无功功率补偿装置，如晶闸管开关快速切换电容器、晶闸管励磁的快速响应式同步补偿机等。

目前已投入到工业运行的静止动态无功补偿装置有可控饱和电抗器式静补装置、自饱和电抗器式静补装置、晶闸管控制电抗器式静补装置、晶闸管开关电容器式静补装置、强迫换流逆变式静补装置以及高阻抗变压器式静补装置等。

例6-6　已知某工厂的有功计算负荷为650kW，无功计算负荷为800kvar。为使工厂的功率因数不低于0.9，现要在工厂变电所低压侧装设并联电容器组进行无功补偿，问需装设多少补偿容量的并联电容器？补偿前工厂变电所主变压器的容量选择为1250kV，则补偿后工厂变电所主变压器的容量有何变化？

解：（1）补偿前的变压器容量

$$S_{30(2)} = \sqrt{650^2 + 800^2} \approx 1031 \ (kV \cdot A)$$

变电所二次侧的功率因数

$$\cos\varphi_{(2)} = P_{30(2)}/S_{30(2)} = 650/1031 \approx 0.63$$

（2）按相关规定，补偿后变电所高压侧的功率因数不应低于 0.9，即 $\cos\varphi_{(2)} \geqslant 0.9$。考虑到变压器的无功功率损耗远大于有功功率损耗，所以低压侧补偿后的功率因数应略高于 0.9，取 0.92。因此，在低压侧需要装设的并联电容器容量为

$$Q_{30C} = 650 \times (\tan\arccos0.63 - \tan\arccos0.92) \approx 524 \text{ (kvar)}$$

取整数 530kvar。

（3）变电所低压侧的视在计算负荷为

$$S'_{30(2)} = \sqrt{650^2 + (800-530)^2} \approx 704 \text{ (kV·A)}$$

补偿后重新选择变压器的容量为 800kV·A。

（4）补偿后变压器的功率损耗为

$$\Delta P_T = 0.015S'_{30(2)} = 0.015 \times 704 \approx 10.6 \text{ (kW)}$$

$$\Delta Q_T = 0.06S'_{30(2)} = 0.06 \times 704 \approx 42.2 \text{ (kvar)}$$

变电所高压侧的计算负荷为

$$P'_{30(1)} = 650 + 10.6 = 661 \text{ (kW)}$$

$$Q'_{30(1)} = 800 - 530 + 42.2 \approx 312 \text{ (kvar)}$$

$$S'_{30(1)} = \sqrt{661^2 + 312^2} \approx 731 \text{ (kV·A)}$$

补偿后的功率因数为

$$\cos\varphi' = 661/731 \approx 0.904 > 0.9$$

（5）无功补偿前后进行比较

$$S'_N - S_N = 1250 - 800 = 450 \text{ (kV·A)}$$

补偿后主变压器的容量减少了 450kV·A，由此可以看出，在变电所低压侧装设了无功补偿装置后，低压侧总的视在功率减小，变电所主变压器的容量也减小，功率因数提高。因为我国电业部门对工业用户实行的是"两部电费制"：一部分叫基本电费，是按所装用的主变压器容量来计费的，规定每月按 kV·A 容量要交多少钱，容量越大交的基本电费就越多；另一部分叫电度电费，是按每月实际耗用的电能 kW·h 数来计算电费的，而且要根据月平均功率因数的高低乘上一调整系数，凡月平均功率因数高于一定值（如 0.85）的，可按一定比率减收电费。而低于一定值时，则要按一定比率加收电费。可见提高功率因数一方面可对电力系统带来好处，另一方面可以少交基本电费和电度电费。

四、尖峰电流的计算

尖峰电流 I_{pk} 是指单台或多台用电设备持续 1～2s 的短时最大负荷电流。尖峰电流是由于电动机启动、电压波动等原因引起的，与计算电流不同，计算电流是指半小时最大电流，尖峰电流比计算电流大的多。

计算尖峰电流的目的是选择熔断器、整定低压断路器和继电保护装置、计算电压波动及检验电动机自启动条件等。

1. 单台用电设备尖峰电流的计算

单台用电设备的尖峰电流就是其启动电流，因此

$$I_{pk} = K_{st}I_N \tag{6-45}$$

式中　I_N——用电设备的额定电流；

　　　K_{st}——用电设备的启动电流倍数（可查样本或铭牌，对笼型电动机一般为 5～7，对绕线型
　　　　　　电动机一般为 2～3，对直流电动机一般为 1.7，对电焊变压器一般为 3 或稍大）。

2. 多台用电设备尖峰电流的计算

多台用电设备的线路上，其尖峰电流应按下式计算。

$$I_{pk} = K_{\Sigma} \sum_{i=1}^{n-1} I_{Ni} + I_{stmax} \tag{6-46}$$

或者

$$I_{pk} = I_{30} + (I_{st} - I_N)_{max} \tag{6-47}$$

式中　$\sum_{i=1}^{n-1} I_{Ni}$——将启动电流与额定电流之差为最大的那台设备除外的其他 $n-1$ 台设备的
　　　　　　额定电流之和；

　　　I_{stmax}——用电设备组中启动电流与额定电流之差为最大的那台设备的启动电流；

　　$(I_{st}-I_N)_{max}$——用电设备组中启动电流与额定电流之差，等于最大的那台设备的启动电流
　　　　　　与额定电流之和；

　　　K_{Σ}——上述 $n-1$ 台设备的同时系数，其值按台数多少选取，一般为 0.7～1；

　　　I_{30}——全部设备投入运行时线路的计算电流。

例 6-7　有一条 380V 的配电干线，给三台电动机供电，已知 $I_{N1}=5A$，$I_{N2}=4A$，$I_{N3}=10A$，$I_{st1}=35A$，$I_{st2}=16A$，$K_{st3}=3$，求该配电线路的尖峰电流。

　　解：
$$I_{st1} - I_{N1} = 35 - 5 = 30 \text{（A）}$$
$$I_{st2} - I_{N2} = 16 - 4 = 12 \text{（A）}$$
$$I_{st3} - I_{N3} = K_{st3} I_{N3} - I_{N3} = 3 \times 10 - 10 = 20 \text{（A）}$$

可见，$(I_{st}-I_N)_{max}=30A$，则 $I_{stmax}=35A$，取 $K_{\Sigma}=0.9$，因此该线路的尖峰电流为
$$I_{pk} = K_{\Sigma}(I_{N2}+I_{N3}) + I_{stmax} = 0.9 \times (4+10) + 35 = 47.6 \text{（A）}$$

【技能训练】

供配电系统的负荷计算

1. 工厂负荷情况

工厂多数车间为两班制。变压器全年投入运行时间为 8000h，最大负荷利用小时 T_{max} 为 4000h。新建工厂变电所的负荷统计资料见表 6-7。

表 6-7　新建工厂变电所的负荷统计资料

负荷性质	负荷名称	设备容量/kV·A	功率因数	需要系数	负荷类别
全厂动力	铸造车间	500	0.70	0.4	Ⅱ
	锻压车间	450	0.65	0.3	Ⅲ
	金工车间	400	0.65	0.3	Ⅲ
	工具车间	300	0.65	0.2	Ⅲ
	电镀车间	400	0.75	0.6	Ⅱ
	热处理车间	300	1.00	0.5	Ⅲ
	装配车间	200	0.70	0.4	Ⅲ
	机修车间	150	0.60	0.3	Ⅲ
	锅炉房	80	0.70	0.6	Ⅱ
	仓库	20	0.60	0.3	Ⅲ
全厂照明	照明	80	0.90	0.85	Ⅲ
生活照明	宿舍区	300	0.90	0.8	Ⅲ

2. 工厂供配电系统的负荷计算

① 低压侧各车间的负荷计算，并列于统一的表中。

② 无功补偿的计算。

③ 变压器容量的确定。

④ 高压侧进线的负荷计算。

【思考与练习】

一、问答题

1. 什么叫平均功率因数和最大负荷时的功率因数？各因数如何计算？各有何用途？

2. 提高功率因数进行无功功率补偿有什么意义？进行无功补偿有哪些方法？

3. 什么叫计算负荷？为什么计算负荷通常采用半小时最大负荷？正确确定计算负荷有何意义？

4. 确定计算负荷的需要系数法和二项式法各有什么特点？各适用哪些场合？

5. 如何将单相负荷简便地换算为三相负荷？

二、选择题

1. 对称三相负载接成星形时，其所消耗的功率为接成三角形时消耗功率的（　　　）。

A. 1/3　　　　　　　B. 1/2　　　　　　　C. 相等　　　　　　　　D. 1

2. 照明用电的额定电压通常为 220V，在三相四线制电路中，各相上的照明负荷不完全相等，若中线断线，则各相负载上所承受的相电压（　　　）。

A. 相等　　　　　　　　　B. 不相等

C. 380V　　　　　　　　　D. 220V

3. 采用三相四线制供电，负载为额定电压 220V 的白炽灯，负载就采用（　　　）连接方式，白炽灯才能在额定情况下正常工作。

A. 负载应采用星形连接　　　　　B. 负载应采用三角形连接

C. 直接连接　　　　　　　　　　D. 不能相连

4. 中断供电将造成人身伤亡时，应为（　　　）。

A. 一级负荷　　　　　B. 二级负荷　　　　　C. 三级负荷　　　　D. 一级负荷中特别重要负荷

5. 对一级负荷中的特别重要负荷（　　　）。

A. 必须要两路电源供电系统

B. 除由两个电源供电外，尚应增设应急电源，并严禁将其他负荷接入应急供电系统

C. 应由两个电源供电，当一个电源发生故障时，另一个电源应不致同时受到损坏

D. 可采用一路电源供电，但必须采用应急发电机组作为第二电源

三、计算题

1. 在饭店中的一组负荷内有空调风机的设备容量为 35kW，$K_d = 0.75$，$\cos\varphi = 0.8$；电热器的设备容量为 18kW，$K_d = 0.8$，$\cos\varphi = 0.8$；照明设备容量为 40kW，$K_d = 0.8$，$\cos\varphi = 0.98$，采用同一线路低压三相四线 220V/380V 供电；

（1）试求这一供电线路上的计算有功、无功、视在功率及电流。

（2）要求功率因数补偿到 0.95，求补偿电容器的容量。

2. 有一 380V 的三相线路，供电给 35 台小批生产的冷加工机床电动机，总容量为 85kW，其中较大容量的电动机有 7.5kW 的 1 台，4kW 的 3 台，3kW 的 12 台。试用需要系

数法计算负荷 P_{30}、Q_{30}、S_{30} 和 I_{30}。

任务三 短路故障和短路电流计算

【任务概述】

在供配电系统的设计和运行中，不仅要考虑系统的正常运行状态，还要考虑系统的不正常运行状态和故障情况，最严重的故障是短路故障。

短路电流计算的目的一是校验所选设备在短路状态下是否满足动稳定和热稳定的要求；二是为线路过电流保护装置动作电流的整定提供依据。本次任务为：

① 熟悉供配电系统短路的原因，了解短路的后果及短路的形式；

② 掌握用欧姆法进行短路计算的方法；

③ 掌握采用标玄法进行短路计算的方法；

【知识准备】

一、短路故障的原因和种类

1. 短路故障的原因

短路故障是指运行中的电力系统或工厂供配电系统的相与相或者相与地之间发生的金属性非正常连接。短路产生的原因主要是系统中带电部分的电气绝缘出现破坏，造成的直接原因一般是由于过电压、雷击、绝缘材料的老化以及运行人员的误操作和施工机械的破坏，或鸟害、鼠害等原因造成的。

2. 短路故障的种类

在电力系统中，短路故障对电力系统的危害最大，按照短路的情况不同，短路的类型可分为 4 种，各种短路的符号和特点见表 6-8。

表 6-8 短路种类、表示符号、性质及特点

短路名称	表示符号	示意图	短路性质	特点
单相短路	$K^{(1)}$		不对称短路	短路电流仅在故障相中流过，故障相电压下降，非故障相电压会升高
二相短路	$K^{(2)}$		不对称短路	短路回路中流过很大的短路电流，电压和电流的对称性被破坏
二相短路接地	$K^{(1.1)}$		不对称短路	短路回路中流过很大的短路电流，故障相电压为零
三相短路	$K^{(3)}$		对称短路	三相电路中都流过很大的短路电流，短路时电压和电流保持对称，短路点电压为零

三相交流系统的短路种类主要有上表中所示的三相短路、两相短路、单相短路和两相接地短路。其中单相短路是指供配电系统中任一相经大地与中性点或与中线发生的短路，用

$K^{(1)}$ 表示；两相短路是指三相供配电系统中任意两相导体间的短路，用 $K^{(2)}$ 表示；三相短路是指供配电系统三相导体间的短路，用 $K^{(3)}$ 表示；两相接地短路是指中性点不接地系统中任意两相发生单相接地而产生的短路，用 $K^{(1,1)}$ 表示。

当线路设备发生三相短路时，由于短路的三相阻抗相等，因此，三相电流和电压仍是对称的，所以三相短路又称为对称短路，其他类型的短路不仅相电流、相电压大小不同，而且各相之间的相位角也不相等，这些类型的短路统称为不对称短路。

电力系统中，发生单相短路的可能性最大，而发生三相短路的可能性最小，但通常三相短路电流最大，造成的危害也最严重。因此常以三相短路时的短路电流热效应和电动力效应来校验电气设备。

3. 短路的危害

发生短路时，由于短路回路的阻抗很小，产生的短路电流较正常电流大数十倍，可能高达数万甚至数十万安培。同时系统电压降低，离短路点越近电压降低越大，三相短路时，短路点的电压可能降到零。因此，短路将造成严重危害。

① 短路产生很大的热量，导体温度升高，将绝缘损坏。

② 短路产生巨大的电动力，使电气设备受到机械损坏。

③ 短路使系统电压严重降低，电气设备的正常工作受到破坏。例如异步电动机的转矩与外施电压的平方成正比，当电压降低时，其转矩降低使转速减慢，造成电动机过热烧坏。

④ 短路造成停电，给国民经济带来损失，给人民生活带来不便。

⑤ 严重的短路将影响电力系统运行的稳定性，使并联运行的同步发电机失去同步，严重的可能造成系统解列，甚至崩溃。

⑥ 单相短路产生的不平衡磁场，对附近的通信线路和弱电设备产生严重的电磁干扰，影响其正常工作。

由此可见，短路产生的后果极为严重，在供配电系统的设计和运行中应采取有效措施，设法消除可能引起短路的一切因素，使系统安全可靠地运行。同时，为了减轻短路的严重后果和防止故障扩大，需要计算短路电流，以便正确地选择和校验各种电气设备，计算和整定保护短路的继电保护装置和选择限制短路电流的电气设备（如电抗器）等。

4. 短路计算方法

短路计算的方法常用的有两种：有名值法和标幺值法。当供配电系统中某处发生短路时，其中一部分阻抗被短接，网络阻抗发生变化，所以在进行短路电流计算时，应先对各电气设备的参数进行计算。如果各种电气设备的电阻和电抗及其他电气参数用有名值表示，称为有名值法；如果各种电气设备的电阻和电抗及其他电气参数用相对值表示，称为标幺值法；如果各种电气设备的电阻和电抗及其他电气参数用短路容量表示，称为短路容量法。

在低压系统中，短路电流计算通常用有名值法，这种方法简单明了。而在高压系统中，通常采用标幺值法或短路容量法计算。这是由于高压系统中存在多级变压器耦合，如果用有名值法，当短路点不同时，同一元件所表现的阻抗值就不同，必须对不同电压等级中各个元件的阻抗值按变压器的变比归算到同一电压等级，使短路计算的工作量增加。

① 用有名值法进行短路计算的步骤归纳为：绘制短路回路等效电路；计算短路回路中各元件的阻抗值；求等效阻抗，化简电路；计算三相短路电流周期分量有效值及其他短路参数；列短路计算表。

② 用标幺值法进行短路计算的步骤归纳为：选择短基准容量、基准电压、计算短路点

的基准电流；绘制短路回路的等效电路；计算短路回路中各元件的电抗标幺值；求总电抗标幺值，化简电路；计算三相短路电流周期分量有效值及其他短路参数；列短路计算表。

二、短路电流的计算概述

进行短路电流计算，首先要绘出计算电路图，如图 6-7 所示。

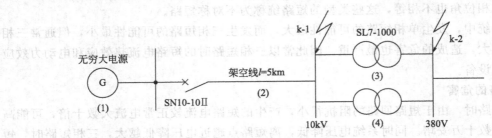

图 6-7　短路计算电路示意图

在计算电路图上将短路计算所需考虑的各个元件的额定参数表示在图上，并将各个元件依次编号，然后确定短路计算点，短路计算点要选择得使需要进行短路校验的电气元件有最大可能的短路电流通过。接下来要按所选择的短路计算点绘出等效电路图，如图 6-8 所示。

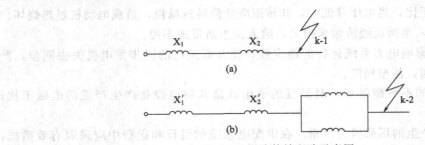

图 6-8　短路等效电路示意图

计算等效电路中各主要元件的阻抗。在等效电路图上，只需将被计算的短路电流所流经的一些主要元件表示出来，并标明其序号和阻抗值，一般是分子标序号，分母标阻抗值，既有电阻又有电抗时，用复数形式表示，然后将等效电路化简。对于工厂供电系统来说，由于将电力系统当作无限大容量电源，而且短路电路也比较简单，因此一般只需采用阻抗串、并联的方法即可将电路化简，求出其等效总阻抗，最后计算短路电流和短路容量。

短路计算中有关物理量一般采用以下单位。电流单位为 kA；电压单位为 kV；短路容量和断流容量单位为 MV·A；设备容量单位为 kW 或 kV·A；阻抗单位为 Ω 等。如果采用工程上常用的单位来计算，则应注意所用公式中各物理量单位的换算系数。

三、采用有名值法进行短路计算

因其短路计算中的阻抗都采用有名单位"欧姆"而得名。在无限大容量系统中发生三相短路时，其三相短路电流周期分量有效值可按式（6-48）计算。

$$I_k^{(3)} = \frac{U_C}{\sqrt{3}\,|Z_\Sigma|} = \frac{U_C}{\sqrt{3}\sqrt{R_\Sigma^2 + X_\Sigma^2}} \tag{6-48}$$

式中　U_C——短路点的短路计算电压，也称为平均额定电压。

由于线路首端短路时其短路最为严重，因此按线路首端电压考虑，即短路计算电压取为

比线路额定电压 U_N 高 5%。

在高电压的短路计算中，通常总电抗远比总电阻大，所以一般可只计电抗，不计电阻。在计算低压侧短路时，也只有当短路电路的电阻大于电抗的 1/3 时才需考虑电阻。

不计电阻时，三相短路电流的周期分量有效值为

$$I_k^{(3)} = \frac{U_C}{\sqrt{3}\,X_\Sigma} \tag{6-49}$$

三相短路容量为

$$S_k^{(3)} = \sqrt{3}\,U_C I_k^{(3)} \tag{6-50}$$

（1）电力系统的阻抗

电力系统的电阻相对于电抗来说很小，一般不予考虑。电力系统的电抗，可由电力系统变电所高压馈电线出口断路器的断流容量 S_{0C} 来估算，此 S_{0C} 可看作是电力系统的极限短路容量 S_k，因此电力系统的电抗为

$$X_S = U_C^2 / S_{0C} \tag{6-51}$$

式中　U_C——高压馈电线的短路计算电压，但为了便于短路电流总阻抗的计算，免去阻抗换算的麻烦，此式的 U_C 可直接采用短路点的短路计算电压；S_{0C} 是系统出口断路器的断流容量，可查有关手册或产品样品；如只有开断电流 I_{0C} 的数据，则其断流容量

$$S_{0C} = \sqrt{3}\,I_{0C} U_N \tag{6-52}$$

这里的 U_N 指的是额定电压。

（2）电力变压器的阻抗

① 变压器的电阻 R_T。可由变压器的短路损耗 ΔP_k 近似地计算。

因　　　　　　$\Delta P_k \approx 3 I_N^2 R_T \approx 3\,(S_N/\sqrt{3}\,U_C)^2 R_T = (S_N/U_C)^2 R_T$

所以　　　　　　$R_T \approx \Delta P_k\,(U_C^2/S_N)^2 \tag{6-53}$

式中　U_C——短路点的短路计算电压；

　　　S_N——变压器的额定容量；

　　ΔP_k——变压器的短路损耗，可查有关手册或产品样本。

② 变压器的电抗。变压器的电抗可由短路电压近似计算。因为

$$U_k\% \approx (\sqrt{3}\,I_N X_T/U_C) \times 100 \approx (S_N X_T/U_C^2) \times 100$$

故

$$X_T \approx \frac{U_k\%}{100} \frac{U_C^2}{S_N} \tag{6-54}$$

式中　$U_k\%$——变压器的短路电压百分值，可查有关手册或产品样本。

（3）电力线路的阻抗

① 线路的电阻 R_{WL}。可由导线、电缆的单位长度电阻 R_0 值求得。

即　　　　　　　　　　$R_{WL} = R_0 l \tag{6-55}$

式中　R_0——导线、电缆单位长度的电阻，可查有关手册或产品样本；

　　　l——线路长度。

② 线路的电抗 X_{WL}。线路的电抗 X_{WL} 可由导线、电缆的单位长度电抗 X_0 值求得。

即　　　　　　　　　　$X_{WL} = X_0 l \tag{6-56}$

式中　X_0——导线、电缆单位长度的电抗，可查有关手册或产品样本

l——线路长度。

如果线路的结构数据不详细时，X_0 可按表 6-9 取其电抗平均值，因为同一电压的同类线路电抗值变动幅度一般不大。

表 6-9　电力线路每相的单位长度电抗平均值　　　　　　　　　　　Ω/km

线路结构	线路电压	
	6~10kV	220V/380V
架空线路	0.38	0.32
电缆线路	0.08	0.066

求出短路电路中各个元件的阻抗后，就化简了短路电路，求出其总阻抗，然后计算短路电流周期分量 $I_k^{(3)}$。

必须注意：在计算短路电路的阻抗时，假如电路内含有电力变压器，则电路内各元件的阻抗都应统一换算到短路点的短路计算电压。阻抗等效换算的条件是元件的功率损耗不变。阻抗换算的公式为

$$R' = R \ (U_C'/U_C)^2 \tag{6-57}$$
$$X' = X \ (U_C'/U_C)^2 \tag{6-58}$$

式中　R、X 和 U_C——换算前元件的电阻、电抗和元件所在处的短路计算电压；

　　　R'、X' 和 U_C'——换算后元件的电阻、电抗和短路点的短路计算电压。

四、采用标幺值法进行短路计算

标幺值法又称相对单位值法，因其短路计算中的有关物理量是采用标幺值而得名。用相对值表示元件的物理量，称为标幺值。

任一物理量的标幺值 A_d^*，为该物理量的实际值 A 与所选定的基准值 A_d 的比值，即

$$A_d^* = \frac{A}{A_d} \tag{6-59}$$

式中的标幺值是一个无量纲的比数，按标幺值法进行短路计算时，一般是先选定基准容量 S_d 和基准电压 U_d。工程设计中通常取基准容量 $S_d = 100\text{MV·A}$；通常取元件所在处的短路计算电压为基准电压，即取 $U_d = U_C$。

选定了基准容量 S_d 和基准电压 U_d 以后，基准电流 I_d 按式（6-60）计算：

$$I_d = \frac{S_d}{\sqrt{3}U_d} = \frac{S_d}{\sqrt{3}U_C} \tag{6-60}$$

基准电抗 X_d 按式（6-61）计算：

$$X_d = \frac{U_d}{\sqrt{3}I_d} = \frac{U_d}{\sqrt{3}I_c} \tag{6-61}$$

一般来讲，基准值的选取是任意的，但为了计算方便，常取 100MV·A 为基准容量，取线路平均额定电压为基准电压，即取 $S_d = 100\text{MV·A}$，$U_d = U_C$。线路的额定电压和基准电压见表 6-10。

表 6-10　线路的额定电压和基准电压　　　　　　　　　　　　　　　　kV

额定电压	0.38	6	10	35	110	220	500
基准电压	0.4	6.3	10.5	37	115	230	550

　　由于基准容量从一个电压等级换算到另一个电压等级时，其数值不变，而基准电压从一个电压等级换算到另一个电压等级时，其数值就是另一个电压等级的基准电压。下面用如图6-9所示的多级电压的供电系统加以说明。

图 6-9　多级电压的供电系统示意图

　　假设短路发生在 WL_4，选基准容量为 S_d，各级基准电压分别为 $U_{d1} = U_{av1}$，$U_{d2} = U_{av2}$，$U_{d3} = U_{av3}$，$U_{d4} = U_{av4}$，则线路 WL_1 的电抗 X_{WL_1} 归算到短路点所在电压等级的电抗 X_{WL_1} 为

$$X'_{WL_1} = X_{WL_1} \left(\frac{U_{av2}}{U_{av1}}\right)^2 \left(\frac{U_{av3}}{U_{av2}}\right)^2 \left(\frac{U_{av4}}{U_{av3}}\right)^2$$

WL_1 的标幺值电抗为

$$X^*_{WL_1} = \frac{X'_{WL_1}}{Z_d} = X'_{WL_1} \frac{S_d}{U_{d4}^2} = X_{WL_1} \left(\frac{U_{av2}}{U_{av1}}\right)^2 \left(\frac{U_{av3}}{U_{av2}}\right)^2 \left(\frac{U_{av4}}{U_{av3}}\right)^2 \frac{S_d}{U_{av4}^2} = X_{WL_1} \frac{S_d}{U_{av1}^2}$$

即

$$X^*_{WL_1} = X_{WL_1} \frac{S_d}{U_{d1}^2}$$

　　以上分析表明，用基准容量和元件所在电压等级的基准电压计算的阻抗标幺值，和将元件的阻抗换算到短路点所在的电压等级，再用基准容量和短路点所在电压等级的基准电压计算的阻抗标幺值相同，即变压器的变比标幺值等于1，从而避免了多级电压系统中阻抗的换算。

　　可见，短路回路总电抗的标幺值可直接由各元件的电抗标幺值相加而得。这也是采用标幺制计算短路电流具有的计算简单、结果清晰的优点。

　　下面分别讲述供电系统中各主要元件的电抗标幺值的计算（取 $S_d = 100 MV \cdot A$，$U_d = U_c$）

　　① 电力系统的电抗标幺值的计算公式如下。

$$X^*_S = \frac{X_S}{X_d} = \frac{U_c^2/S_{0c}}{U_c^2/S_d} = \frac{S_d}{S_{0c}} \tag{6-62}$$

　　② 电力变压器的电抗标幺值的计算公式如下。

$$X^*_T = \frac{X_T}{X_d} = \frac{U_k\%}{100} \frac{U_c^2/S_N}{U_c^2/S_d} = \frac{U_k\%}{100} \frac{S_d}{S_N} \tag{6-63}$$

　　③ 电力线路的电抗标幺值的计算公式如下。

$$X^*_{WL} = \frac{X_{WL}}{X_d} = \frac{X_0 L}{U_c^2/S_d} = X_0 L \frac{S_d}{U_c^2} = X_0 L \frac{S_d}{U_d^2} \tag{6-64}$$

　　短路电路中各主要元件的电抗标幺值求出以后，即可根据其电路图进行电路化简，计算其总电抗标幺值 X^*_Σ。由于各元件电抗均采用相对值，与短路计算点的电压无关，因此不需要进行电压换算，这也是标幺值法的优越之处。

　　无限大容量系统三相短路电流周期分量有效值为

$$I_k^{(3)} = \frac{U_c}{\sqrt{3}\,X_\Sigma^* X_\Sigma} = \frac{U_c}{\sqrt{3}\,X_\Sigma^*} \times \frac{S_d}{U_c^2} = \frac{S_d}{\sqrt{3}\,U_c} \times \frac{1}{X_\Sigma^*} \tag{6-65}$$

有

$$I_k^{(3)} = I_k^{(3)*} I_d$$

所以，无限大容量系统三相短路电流周期分量有效值的标幺值可按下式计算。

$$I_k^{(3)*} = \frac{I_k^{(3)}}{I_d} = \frac{S_d/\sqrt{3}\,U_c X_\Sigma^*}{S_d/\sqrt{3}\,U_c} = \frac{1}{X_\Sigma^*} \tag{6-66}$$

三相短路容量的计算公式为

$$S_k^{(3)} = \sqrt{3}\,U_c I_k^{(3)} = \sqrt{3}\,U_c I_d / X_\Sigma^* = S_d / X_\Sigma^* \tag{6-67}$$

例 6-8　试用标幺值法计算图 6-7 所示供电系统中 k-1 点和 k-2 点的三相短路电流和短路容量。

解：（1）确定基准值

$$S_d = 100 MV \cdot A, \ U_{d1} = 10.5 kV; \ U_{d2} = 0.4 \ (kV)$$

$$I_{d1} = \frac{S_d}{\sqrt{3}\,U_{d1}} = \frac{100}{1.732 \times 10.5} \approx 5.50 \ (kA)$$

$$I_{d2} = \frac{S_d}{\sqrt{3}\,U_{d2}} = \frac{100}{1.732 \times 0.4} \approx 144 \ (kA)$$

（2）计算短路电路中各主要元件的电抗标幺值

① 电力线路查有关资料得 $S_{0c} = 500 MV \cdot A$，所以

$$X_1^* = S_d / S_k = 100/500 = 0.2$$

② 架空线路查有关资料得 $X_0 = 0.38 \Omega/km$，所以

$$X_2^* = X_o L S_d / U_d^2 = 0.38 \times 5 \times 100 / 10.5^2 \approx 1.72$$

③ 电力变压器查有关资料得 $U_k\% = 4.5$，所以

$$X_3^* = X_4^* = \frac{U_k\% S_d}{100 S_N} = \frac{4.5 \times 100 \times 10^3}{100 \times 1000} = 4.5$$

绘出短路等效电路如图 6-10 所示。

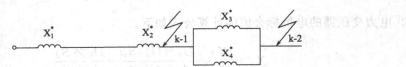

图 6-10　例 6-8 用标幺值法得出的短路等效电路图

（3）求 k-1 点的短路电路总电抗标幺值及三相短路电流和短路容量

① 总电抗标幺值

$$X_{\Sigma(k-1)}^* = X_1^* + X_2^* = 0.2 + 1.72 = 1.92$$

② 三相短路电流周期分量有效值

$$I_{k1}^* = \frac{1}{X_\Sigma^*} = \frac{1}{1.92} = 0.52$$

$$I_{k1} = I_{k1}^* I_{d1} = 0.52 \times 5.5 = 2.86 \ (kA)$$

③ 其他短路电流

$$I_{k-1}^{''(3)} = I_{\infty}^{(3)} = I_{k-1}^{(3)} = 2.86 \ (kA)$$

$$i_{sh}^{(3)} = K_{sh}I'' = 2.55 \times 2.86 \approx 7.29 \ (kA)$$

$$I_{sh}^{(3)} = K_{sh}I'' = 1.51 \times 2.86 \approx 4.32 \ (kA)$$

④ 三相短路容量

$$S_{k-1}^{(3)} = S_d / X_{\Sigma(k-1)}^* = 100/1.92 \approx 52.1 \ (MV \cdot A)$$

（4）求 k-2 点的短路电路总电抗标幺值及三相短路电流和短路容量

① 总电抗标幺值

$$X_{\Sigma(k-2)}^* = X_1^* + X_2^* + X_3^* // X_4^* = 0.2 + 1.72 + 4.5/2 = 4.17$$

② 三相短路电流周期分量有效值

$$I_{k-2}^{(3)} = I_{d2} / X_{\Sigma(k-2)}^* = 144/4.17 \approx 34.5 \ (kA)$$

③ 其他短路电流

$$I_{k-2}^{''(3)} = I_{\infty}^{(3)} = I_{k-2}^{(3)} = 34.5 \ (kA)$$

$$i_{sh}^{(3)} = K_{sh}I'' = 1.84 \times 34.5 \approx 63.5 \ (kA)$$

$$I_{sh}^{(3)} = K_{sh}I'' = 1.09 \times 34.56 \approx 37.6 \ (kA)$$

④ 三相短路容量

$$S_{k-2}^{(3)} = S_d / X_{\Sigma(k-2)}^* = 100/4.17 \approx 2 \ (MV \cdot A)$$

（5）两相短路电流的计算

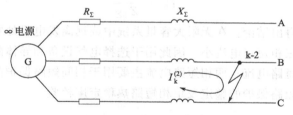

图 6-11 无穷大容量系统中的两相短路

在如图 6-11 所示无限大容量系统发生两相短路时，其短路电流可由下式求得

$$I_k^{(2)} = \frac{U_c}{2X_{\Sigma}} \tag{6-68}$$

式中 U_c——短路点的平均额定电压；

　　 X_{Σ}——短路回路一相总阻抗。

其他两相短路电流 $I''^{(2)}$、$I_{\infty}^{(2)}$、$i_{sh}^{(2)}$ 和 $I_{sh}^{(2)}$ 等，都可以按前面介绍的三相短路的对应短路电流的公式进行计算。

关于两相短路电流与三相短路电流的关系，可由 $I_k^{(2)} = \dfrac{U_c}{2|Z_{\Sigma}|}$ 和 $I_k^{(3)} = \dfrac{U_c}{\sqrt{3}|Z_{\Sigma}|}$ 两式比较看出，两相短路电流较三相短路电流小。

（6）单相短路电流的计算

在中性点接地电流系统中或三相四线制系统中发生单相短路时，根据对称分量法可求得其单相短路电流为

$$I_k^{(1)} = \frac{U_\varphi}{|Z_{\varphi-0}|}$$　　　　　　　　　　(6-69)

式中　U_φ——电源的相电压；

　$|Z_{\varphi-0}|$——单相短路回路的阻抗，通常可按式（6-70）求得。

$$|Z_{\varphi-0}| = \sqrt{(R_T + R_{\varphi-0})^2 + (X_T + X_{\varphi-0})^2}$$　　　　　(6-70)

式中　R_T 和 X_T——变压器单相的等效电阻和电抗；

　$R_{\varphi-0}$ 和 $X_{\varphi-0}$——相与零线或与 PE 线或 PEN 线的回路电阻和电抗，包括回路中低压断路器过流线圈的阻抗、开关触头的接触电阻及电流互感器一次绕组的阻抗等，可查有关手册或产品样本获得。

单相短路电流与三相短路电流的关系如下。

在远离发电机的用户变电所低压侧发生单相短路时，正序阻抗 $Z_{1\Sigma}$ 约等于负序阻抗 $Z_{2\Sigma}$，因此可得单相短路电流

$$I_k^{(1)} = \frac{3U_\varphi}{2Z_{1\Sigma} + Z_{0\Sigma}}$$　　　　　　　　(6-71)

式中　U_φ——电源相电压有效值；

　$Z_{0\Sigma}$——零序阻抗。

而三相短路时，三相短路电流为

$$I_k^{(3)} = \frac{U_\varphi}{Z_{1\Sigma}}$$　　　　　　　　　　(6-72)

比较上述两式可得出结论：在无限大容量系统中或远离发电机处短路时，两相短路电流和单相短路电流均较三相短路电流小，因此用于选择电气设备和导体的短路稳定度校验的短路电流，应采用三相短路电流；两相短路电流主要用于相间短路保护的灵敏度检验；单相短路电流主要用于单相短路保护的整定及单相短路热稳定度校验。

【技能训练】

画出供配电系统的等值电路，并计算其短路电流

① 画出设计方案中供配电系统的等值电路。

② 用标幺值法计算等值电路中各元件的等值电抗。

③ 在等值电路中确定短路点。

④ 计算变压器高压侧短路发生三相短路时的短路电流。

⑤ 计算变压器低压侧短路发生三相短路时的短路电流。

⑥ 计算各支路中流过的最大短路电流。

【思考与练习】

1. 短路故障的原因有哪些？有哪几种短路形式？它们各自的特点是什么？

2. 某供电系统如图 6-12 所示。试求工厂配电所 10kV 母线上 k-1 点短路，以及车间变电所低压 380V 母线上 k-2 点短路的三相短路电流和短路容量。

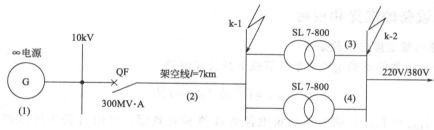

图 6-12　思考与练习的电路图

任务四　供配电系统电气设备的选择与校验

【任务概述】

电气设备按正常工作条件进行选择，就是要考虑电气设备装设的环境条件和电气要求。环境条件是指电气设备所处的位置（户内还是户外）、环境温度、海拔高度以及有无防尘、防腐、防火、防爆等要求；电气要求是指电气设备对电压、电流、频率等方面的要求，对开关类电气设备还应考虑其断流能力。

【知识准备】

一、电气设备选择校验的条件

电气设备按短路故障条件进行校验，就是要按最大可能的短路电流校验设备的动、热稳定度，以保证电气设备在短路故障时不致损坏。高、低压电气设备选择校验的项目及条件见表 6-11。

表 6-11　高、低压电气设备选择校验的项目及条件

电气设备名称	正常工作条件选择			短路电流校验	
	电压/kV	电流/A	断流能力/kA	动稳定度	热稳定度
高、低压熔断器	√	√	√	×	×
高压隔离开关	√	√	×	√	√
低压刀开关	×	√	√	—	—
高压负荷开关	√	√	√	√	√
低压负荷开关	√	√	√	×	×
高压断路器	√	√	√	√	√
低压断路器	√	√	√	—	—
电流互感器	√	√	×	√	√
电压互感器	√	×	×	×	×
电容器	√	√	×	×	×
母线	×	√	×	√	√
电缆、绝缘导线	√	√	×	×	√
支柱绝缘子	√	×	×	√	×
套管绝缘子	√	√	×	√	√
选择校验的条件	电气设备的额定电压应大于安装地点的额定电压	电气设备的额定电流应大于通过设备的计算电流	开关设备的断开电流或功率应大于设备安装地点可能的最大断开电流或功率	按三相短路冲击电流值校验	按三相短路稳态电流值校验

注：1. 表中"√"表示必须校验；"×"表示不必校验；"—"表示可以不校验。

2. 选择变电所高压侧的电气设备时，应取变压器高压侧额定电流。

3. 对高压负荷开关，最大断开电流应大于它可能断开的最大过负荷电流；对高压断路器，其断开电流或功率应大于设备安装地点可能的最大短路电流周期分量或功率。

二、电气设备的选择和校验

1. 短路动稳定度的校验条件

(1) 一般电器的动稳定校验条件需按下列公式校验

$$i_{max} \geqslant i_{sh}^{(3)} \text{ 或 } I_{max} \geqslant I_{sh}^{(3)} \tag{6-73}$$

式中，i_{max} 和 I_{max} 分别为动稳定电流的峰值和有效值，可由有关手册或产品样本中查出。

(2) 绝缘子的动稳定度校验条件

$$F_{aL} \geqslant F_C^{(3)} \tag{6-74}$$

式中，F_{aL} 为绝缘子的允许载荷，可由有关手册或产品样本中查出；$F_C^{(3)}$ 为三相短路电流作用在绝缘子上的计算力。

如果母线在绝缘子上平放，则 $F_C^{(3)} = F^{(3)}$，竖放则 $F_C^{(3)} = 1.4F^{(3)}$，而 $F^{(3)} = \sqrt{3} i_{sh}^{(3)2} \times \frac{L}{a} \times 10^{-7} \text{N/A}^2$，其中的 a 是两母线轴线间的距离；L 是导体的两相邻支撑点间的距离（即挡距）。

(3) 硬母线的动稳定度校验条件

按 $\sigma_{al} \geqslant \sigma_C$ 校验，其中 σ_{al} 是母线材料的最大允许应力。硬铜母线（TMY）$\sigma_{al} = 140\text{MPa}$，硬铝母线（LMY）的 $\sigma_{al} = 70\text{MPa}$，$\sigma_C$ 为母线通过 $i_{sh}^{(3)}$ 时所受到的最大计算应力，按下式计算。

$$\sigma_C = \frac{M}{W} \tag{6-75}$$

式中，M 为母线通过 $i_{sh}^{(3)}$ 时所受到的弯曲力矩。当母线挡距为 $1 \sim 2$ 时，$M = F^{(3)}L/8$；当母线挡距大于 2 时，$M = F^{(3)}L/10$，L 为母线的挡距；W 为母线的截面系数。当母线水平放置时，$W = b^2 h/6$；其中 b 为母线截面的水平宽度，h 为母线截面的垂直高度。

2. 短路热稳定度的校验条件

(1) 一般电器的热稳定度校验条件为：

$$I_t^2 t \geqslant I_\infty^{(3)2} t_{ima} \tag{6-76}$$

式中，I_t 为实际短路时间；t 为该设备的热稳定试验时间，两者均可在有关手册或产品样本中查出。

t_{ima} 为短路发热的假想时间，可由式（6-77）近似计算：

$$t_{ima} = t_k + 0.05\text{s} \tag{6-77}$$

式中，t_k 为实际短路时间，它是短路保护装置实际最长的动作时间 t_{op} 与断路器或开关的断开时间 t_{oc} 之和，即 $t_k = t_{op} + t_{oc}$。

对于一般高压油断路器，可取 $t_{oc} = 0.2\text{s}$；对于真空断路器可取 $t_{oc} = 0.1 \sim 0.15\text{s}$。

(2) 母线及绝缘导线和电缆等导体的热稳定度校验条件

$$A_{min} = I_\infty^{(3)} \frac{\sqrt{t_{ima}}}{C} \tag{6-78}$$

式中，$I_\infty^{(3)}$ 为三相短路稳态电流；C 为导体的热稳定系数，可由导体的热稳定系数表中查出，铜母线为 171，铝母线为 87 等。

3. 高压开关设备的选择与校验

高压开关设备的选择与校验，主要是指对高压断路器、高压隔离开关、高压负荷开关的选择与校验。下面通过例题介绍高压断路器选择与校验的具体方法，其余高压开关设备可参照进行。

例 6-9　试选择如图 6-13 所示电路中高压断路器的型号和规格。已知 10kV 侧母线短路电流为 5.3kA，控制 QF 的线路继电保护装置实际最长的动作时间为 1.0s。

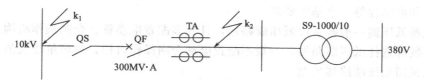

图 6-13　例 6-9 的电路图

解：变压器高压侧最大工作电流应按变压器的额定电流计算，即

$$I_{30} = I_{1NT} = \frac{S_N}{\sqrt{3}\,U_N} = \frac{1000}{1.732 \times 10} \approx 57.7 \ (\text{kA})$$

线路首端短路时，流过断路器的短路电流最大，而线路首端 k_1 点短路与母线 k_2 点短路，其短路电流相等，即短路电流冲击值

$$i_{sh} = 2.55 I'' = 2.55 \times 5.3 \approx 13.5 \ (\text{kA})$$

短路容量

$$S_k = \sqrt{3}\,I_k U_c = 1.732 \times 5.3 \times 10 \approx 91.8 \ (\text{MV} \cdot \text{A})$$

拟定选用高压真空断路器，断路时间 $t_{oc} = 0.1\text{s}$。故短路假想时间

$$t_{ima} = t_k = t_{op} + t_{oc} = 1.0 + 0.1 = 1.1 \ (\text{s})$$

根据选择条件和相关数据，可选用 ZN3-10 I /630 型高压真空断路器，其技术数据可由相关手册查出。高压断路器的选择和校验结果见表 6-12。

表 6-12　高压断路器选择和校验结果

序号	安装处的电气条件		短路电流校验		
	项目	数据	项目	技术数据	结论
1	U_N	10kV	U_N	10kV	合格
2	I_{30}	57.7A	I_N	630A	合格
3	$I_k^{(3)}$	5.3kA	I_N	16kA	合格
4	$I_h^{(3)}$	13.5kA	I_{max}	40kA	合格

由校验结果可知，所选高压真空断路器满足要求。

另外，高压开关柜和低压配电屏的选择，应满足变配电所一次电路供电方案的要求，依据技术经济指标，选择出合适的型式及一次线路方案编号，并确定其中所有一、二次设备的型号和规格。在向开关电器厂订购设备时，应注意向厂家索要一、二次电路图纸及有关技术资料。

4. 低压开关设备的选择与校验

低压一次设备的选择，与高压一次设备的选择一样，必须满足在正常条件下和短路故障条件下工作的要求，同时设备应工作安全可靠、运行维护方便，投资经济合理。低压一次设备的选择校验项目及条件可见表 6-12。

　　低压开关设备的选择与校验，主要是指对低压断路器、低压刀开关、低压刀熔开关以及低压负荷开关的选择与校验。本模块只重点介绍低压断路器的选择、整定与校验。

　　低压断路器与高压断路器不同，高压断路器自动跳闸要靠继电保护或自动装置控制其操作机构完成，选择高压断路器无需考虑保护整定计算等问题；而低压断路器结构本身具有保护自动跳闸的功能，因此，低压断路器的选择不仅要满足选择电气设备的一般条件，而且还要满足正确实现过电流、过负荷及失压等保护功能的要求。并且还应考虑是否选择电动跳、合闸操作机构。低压断路器各种保护功能也应同继电保护装置一样，必须满足选择性、迅速性、灵敏性和可靠性等 4 个基本要求。

　　在变压器低压侧一般都装设低压断路器，且大多配置电动跳、合闸操作机构；在低压配电出线上多数都选择低压断路器，一般不配置电动合闸操作机构；对容量较大的单个用电设备，往往也采用低压断路器控制。

　　(1) 低压断路器过电流脱扣器的选择、整定与校验

　　① 低压断路器过电流脱扣器的选择。过电流脱扣器的额定电流应大于或等于线路的计算电流，即 $I_{\text{N.OR}} \geqslant I_{30}$。

　　② 低压断路器过流脱扣器的整定

　　a. 瞬时过电流脱扣器动作电流应躲过和大于线路的尖峰电流，即

$$I_{\text{op(o)}} \geqslant K_{\text{rel}} I_{\text{pk}} \tag{6-79}$$

　　式中，K_{rel} 为可靠系数。对动作时间在 0.02s 以上的 DW 系列断路器可取 1.35；对动作时间在 0.02s 及以下的 DZ 系列断路器宜取 2～2.5。可见，断路器动作时间越短，越不易防止尖峰电流使其动作，所以可靠系数越要取大。

　　b. 短延时过电流脱扣器动作电流和时间的整定应使过流脱扣器的动作电流 $I_{\text{op(s)}}$ 躲过线路短时间出现的负荷尖峰电流 I_{pk}，即

$$I_{\text{op(s)}} \geqslant K_{\text{rel}} I_{\text{pk}} \tag{6-80}$$

　　式中，K_{rel} 为可靠系数，取 1.2。

　　过电流脱扣器的动作时间是指从流过过电流脱扣器的电流大于其整定的动作电流开始计时，至脱扣器脱扣的延时时间。短延时过电流脱扣器的动作时间分 0.2s、0.4S 及 0.6s 三级，通常要求前一级保护的动作时间比后一级保护的动作时间长一个时间级差 0.2s，以满足前后级保护选择性配合的要求。前后级保护配合的选择性要求还表现在前后级保护动作电流的差异上。

　　c. 长延时过电流脱扣器动作电流和时间的整定，一般用作过负荷保护，其动作电流只需躲过线路的计算电流 I_{30}，即

$$I_{\text{op(1)}} \geqslant K_{\text{rel}} I_{30} \tag{6-81}$$

　　式中，K_{rel} 为可靠系数，取 1.1。

　　长延时过电流脱扣器的动作电流，应躲过线路过负荷的持续时间，其动作特性通常为反时限，即过负荷电流越大，动作时间越短，一般动作时间为 1～2h。

　　d. 过电流脱扣器与被保护线路的配合，允许绝缘导线或电缆短时过负荷，过负荷越严重允许运行的时间越短。反之，过电流保护的动作时间越短，过电流保护的动作电流允许整定的越大；动作时间越长，动作电流整定的越小。只有这样，当线路过负荷或短路时，才能避免绝缘导线或电缆因过热烧毁而低压断路器不会跳闸的事故发生，因此要求

$$I_{\text{op}} \leqslant K_{\text{OL}} I_{\text{al}} \tag{6-82}$$

式中 I_{al}——绝缘导线或电缆的允许载流量；

　　　K_{OL}——绝缘导线或电缆的允许短时过负荷系数，对瞬时和短延时过电流脱扣器取
　　　　　　4.5；对长延时过电流脱扣器取 1；对保护有爆炸性气体区域内的线路，应
　　　　　　取 0.8。

　　③ 低压断路器过电流保护的灵敏度校验。为了保证低压断路器的瞬时或短延时过电流脱扣器在系统最小运行方式下在其保护区内发生最轻微的短路故障时就能可靠地动作，过电流脱扣器动作电流的整定值必须满足过电流保护灵敏度的要求。保护灵敏度可按下式进行校验。

$$K_{sen} = I_{k.min} / I_{op} \geqslant 1.3 \tag{6-83}$$

式中 I_{op}——低压断路器瞬时或短延时过流脱扣器的动作电流；

　　　$I_{k.min}$——被保护线路末端在系统最小运行方式下的最小短路电流。对 TT、TN 系统取
　　　　　　单相接地短路电流；对 IT 系统取两相短路电流。

　　（2）低压断路器热脱扣器的选择与整定

　　① 低压断路器热脱扣器的选择，应使其额定电流大于或等于线路的计算电流。即

$$I_{N.TR} \geqslant I_{30} \tag{6-84}$$

　　② 热脱扣器用作过负荷保护，其动作电流需躲过线路的计算电流，即

$$I_{op.TR} \geqslant K_{rel} I_{30} \tag{6-85}$$

　　式中，K_{rel} 是可靠系数，通常取 1.1，但一般应能通过实际测试进行调整。

　　（3）低压断路器与低压断路器或熔断器之间的选择性配合

　　① 前后级低压断路器之间的选择性配合。低压供电系统，前后两级低压断路器之间应满足前后级保护选择性配合的要求。是否符合选择性，宜按其保护特性曲线进行检验。考虑其有（±20%～30%）的允许偏差范围，即在后级断路器出口发生三相短路时，如果前级断路器保护动作时间在计入负偏差、后级断路器保护动作时间在计入正偏差的情况下，前一级的动作时间仍大于后一级的动作时间，则符合实际选择性配合要求。

　　一般为保证前后两级低压断路器之间能选择性动作，前一级低压断路器宜采用带短延时的过电流脱扣器，后一级低压断路器则应采用瞬时过电流脱扣器，而且动作电流也是前一级大于后一级，至少前一级的动作电流不小于后一级动作电流的 1.2 倍。对于非重要负荷，保护电器可允许无选择性动作。

　　② 低压断路器与熔断器之间的选择性配合。低压供电系统，遇有前后级为低压断路器与熔断器时，同样应满足前后级保护选择性配合的要求。要检验低压断路器与熔断器之间是否符合选择性配合，只有通过保护特性曲线。因前一级是低压断路器，可按 30% 的负偏差考虑，而后一级是熔断器，可按 50% 的正偏差考虑。在考虑这种可能出现的情况下，即等效将断路器保护特性曲线向下平移 30%，将熔断器保护特性曲线向上平移 50%。若前一级的曲线总在后一级的曲线之上，则前后两级保护可实现选择性的动作，而且两条曲线之间留有的裕量越大，则动作的选择性越有保证。

　　（4）低压断路器型号规格的选择和校验

　　选择低压断路器应满足如下条件。

　　① 低压断路器的额定电压应不低于安装处的额定电压。

　　② 低压断路器的额定电流应不低于它所安装的脱扣器额定电流。

　　③ 低压断路器的类型应符合安装条件、保护性能的要求，并应确定操作方式，即选择断路器的同时应选择其操作机构。

④ 低压断路器还应满足安装处对断流能力的要求。

低压断路器必须进行断流能力的校验。

a. 动作时间在 0.02s 以上的断路器，其极限分断电流 I_{oc} 应不小于通过它的最大三相短路电流周期分量有效值，即

$$I_{0c} \geqslant I_k^{(3)} \tag{6-86}$$

b. 对动作时间在 0.02s 及以下的断路器，其极限分断电流 I_{0c} 或 i_{0c} 应不小于通过它的最大三相短路冲击电流 $I_{sh}^{(3)}$ 或 $i_{sh}^{(3)}$，即

$$I_{0c} \geqslant I_{sh}^{(3)} \tag{6-87}$$

或

$$i_{0c} \geqslant i_{sh}^{(3)} \tag{6-88}$$

(5) 熔断器的选择和校验

企业供配电系统中，熔断器主要用于短路保护，也可用于过负荷保护。在小容量变压器高压侧，高压线路常装设 RN1-6、RN3-10、RN5-35、RW4-10（G）、RW10（F）-35 等型号熔断器，用作短路和过负荷保护；RN2-10、RW10-35 等型号熔断器专用于电压互感器作短路保护。对车间低压配电系统，应合理配置低压熔断器。熔断器的选择包括其本体选择及其熔体的选择。

① 熔体额定电流的选择。熔断器熔体额定电流 $I_{N\cdot FE}$ 应不小于线路的计算电流 I_{30}，使熔体在线路正常工作时不至熔断。即

$$I_{N\cdot FE} \geqslant I_{30} \tag{6-89}$$

熔体额定电流还应躲过尖峰电流 I_{pk}，由于尖峰电流的持续时间很短，而熔体发热熔断需要一定的时间。因此，熔体额定电流应满足式（6-90）的条件。

$$I_{N\cdot FE} \geqslant K \cdot I_{pk} \tag{6-90}$$

式中，K 为小于 1 的计算系数，当熔断器用作单台电动机保护时，K 的取值与熔断器特性及电动机启动情况有关。K 系数的取值范围见表 6-13。

熔断器保护还应考虑与被保护线路配合，在被保护线路过负荷或短路时能得到可靠的保护，还应满足式（6-91）的条件。

$$I_{N\cdot FE} \leqslant K_{OL} \cdot I_{al} \tag{6-91}$$

式中　I_{al}——绝缘导线和电缆允许载流量；

　　　K_{OL}——绝缘导线和电缆允许短时过负荷系数。

当熔断器作短路保护时，绝缘导线和电缆的过负荷系数取 2.5，明敷导线取 1.5；当熔断器作过负荷保护时，各类导线的过负荷系数取 0.8～1，对有爆炸危险场所的导线过负荷系数取下限值 0.8。熔体额定电流，应同时满足上述几个公式的条件。

表 6-13　K 系数的取值范围

线路情况	启动时间	K 值
单台电动机	3s 以下	0.25～0.35
	3～8s(重载启动)	0.35～0.5
	8s 以上及频繁启动、反接制动	0.5～0.6
多台电动机	按最大一台电动机启动情况	0.5～1
	I_{0c} 与 I_{pk} 较接近时	1

② 熔断器断流能力校验

a. 对限流式熔断器，（如 RT 系列）只需满足条件

$$I_{0c} \geqslant I''^{(3)} \tag{6-92}$$

b. 对非限流式熔断器应满足条件

$$I_{0c} \geqslant I_{sh}^{(3)} \tag{6-93}$$

③ 前后级熔断器选择性的配合。低压线路中，熔断器较多，前后级间的熔断器在选择性上必须配合，以使靠近故障点的熔断器最先熔断，如图 6-14 所示。

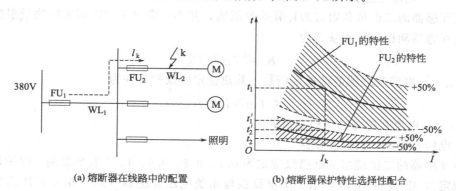

(a) 熔断器在线路中的配置　　　　　(b) 熔断器保护特性选择性配合

图 6-14　前后级熔断器的配置与选择性配合

如图 6-14（a）所示 FU₁（前级）与 FU₂（后级），当 k 点发生短路时 FU₂ 应先熔断，但由于熔断器的误差较大，一般为 ±30％～±50％，当 FU₁ 为负误差（提前动作），FU₂ 为正误差（滞后动作），如图 6-14（b）所示。则 FU₁ 可能先动作，从而失去选择性。为保证选择性配合，要求：

$$t_1' \geqslant 3t_2' \tag{6-94}$$

式中　t_1'——FU₁ 的实际熔断时间；

　　　t_2'——FU₂ 实际熔断时间。

一般前级熔断器的熔体电流应比后级的大 2～3 倍。

④ 两种简便快捷的校验方法

a. 一般只有前一级熔断器的熔体电流大于后一级熔断器的熔体电流 2～3 倍以上，才有可能保证动作的选择性。

b. 实验结果表明，如果能保证前后两级熔断器之间熔体额定电流之比为 1.5～2.4，就可以保证有选择性的动作（熔断）。

（6）电流互感器的选择和校验

电流互感器的选择与校验主要有以下几方面。

① 电流互感器型号的选择。根据安装地点和工作要求选择电流互感器的型号。

② 电流互感器额定电压的选择。电流互感器额定电压应不低于装设点线路额定电压。

③ 电流互感器变比选择。电流互感器一次侧额定电流有 20、30、40、50、75、100、150、200、300、400、600、800、1000、1200、1500、2000（A）等多种规格，二次侧额定电流均为 5A。一般情况下，计量用的电流互感器变比的选择应使其一次额定电流 I_{1N} 不小于线路中的计算电流 I_{30}。保护用的电流互感器为保证其准确度，可以将变比选得大一些。

④ 电流互感器准确度选择及校验。准确度选择的原则：计量用的电流互感器的准确度选 0.2～0.5 级，测量用的电流互感器的准确度选 1.0～3.0 级。为了保证准确度误差不超过规定值，互感器二次侧负荷 S_2 应不大于二次侧额定负荷 S_{2N}，所选准确度才能得到保证。准确度校验公式为

$$S_2 \leqslant S_{2N} \tag{6-95}$$

二次回路的负荷 S_2 取决于二次回路的阻抗 Z_2 的值，即

$$S_2 = I_{2N}^2 |Z_2| \tag{6-96}$$

式中　I_{2N}——电流互感器二次侧额定电流，一般取 5A；

　　　$|Z_2|$——电流互感器二次回路总阻抗。

电流互感器的二次负载阻抗为计算等效阻抗，并不一定等于二次侧实际测量阻抗。

电流互感器动稳定校验条件为

$$K_{es}\sqrt{2}\,I_{1N} \geqslant I_{sh}^{(3)} \tag{6-97}$$

式中　K_{es}——电流互感器的动稳定倍数。其热稳定度校验条件为

$$K_t I_{1N} \geqslant I_\infty^{(3)} \sqrt{t_{ima}} \tag{6-98}$$

式中　K_t——电流互感器的热稳定倍数。

（7）电压互感器的选择和校验

电压互感器的二次绕组的准确级规定为 0.1、0.2、0.5、1、3 五个级别，保护用的电压互感器规定为 3P 级和 6P 级，用于小电流接地系统电压互感器（如三相五芯柱式）的零序绕组准确级规定为 6P 级。

电压互感器的一二次侧均有熔断器保护，所以不需要校验短路动稳定和热稳定。

电压互感器的选择如下。

① 按装设点环境及工作要求选择电压互感器型号。

② 电压互感器的额定电压应不低于装设点线路额定电压。

③ 按测量仪表对电压互感器准确度要求选择并校验准确度。

计量用电压互感器准确度选 0.5 级以上，测量用的准确度选 1.0～3.0 级，保护用的准确度为 3P 级和 6P 级。

为了保证准确度的误差在规定的范围内，二次侧负荷 S_2 应不大于电压互感器二次侧额定容量，即

$$S_2 \leqslant S_{2N} \tag{6-99}$$

其中　　　　　　　　$S_2 = [(\sum P_u)^2 + (\sum Q_u)^2]^{\frac{1}{2}}$

式中，$\sum P_u = \sum(S_i \cos\varphi_i)$ 和 $\sum Q_u = \sum(S_i \sin\varphi_i)$ 分别为仪表、继电器电压线圈消耗的总有功功率和总无功功率。

【技能训练】

工厂供配电系统设计方案中各种元件的选择和校验

① 选择架空进线的材料，并确定其截面积大小。

② 选择高压断路器的型号，及开断能力。

③ 选择高压隔离开关的型号，并校验其热稳定性和动稳定性。

④ 选择低压母线的材料、截面形状、布置方式，并校验其热稳定性和动稳定性。

⑤ 选择低压断路器的型号，整定其过电流脱扣器、热脱扣器和欠电压脱扣器的动作值。

⑥ 选择低压隔离开关的型号。

⑦ 配置电压互感器，并选择互感器的型号、连接方式、误差等级。

⑧ 配置电流互感器，并选择互感器的型号、连接方式、误差等级。

【思考与练习】

一、问答题

1. 在低压断路器的选择中，为什么过电流脱扣器的动作电流要与被保护的线路相配合？
2. 高低压熔断器、高压隔离开关、高压负荷开关、高低压断路器，以及低压刀开关，在选择时哪些需校验断电流能力？
3. 在熔断器的选择中，为什么熔体的额定电流要与被保护线路相配合？

二、填空题

1. 电气设备选择的一般条件是（1）_____；（2）_____。
2. 某铝矩形母线额定载流量为 995A，环境温度为 35℃，长期工作电流为 600A，母线的允许长期发热温度规定为_____℃，此时母线的稳定温度为_____℃。
3. 减小矩形母线长期发热温度的有效措施至少有 3 种是：（1）_____；（2）_____；（3）_____。
4. 短路电流对电气设备的危害主要有_____破坏两种，产生短路的主要原因有_____两种。
5. 某铝矩形母线的额定载流量为 1100A，当周围环境温度为 35℃时，其最大允许工作电流为_____A。
6. 按短路条件校验电气设备的动、热稳定，以及开关开断能力时，必须采用流过设备的_____的短路电流。
7. 按短路条件校验电气设备的动、热稳定，以及开关开断能力时，一般按_____验算。
8. 计算短路电流的热效应是为了校验电气设备的_____性。
9. 计算三相短路电流的电动力是为了校验电气设备的_____性。
10. 电气设备均匀导体的发热分为_____和_____。

三、判断题

1. 同一地点发生三相短路产生的电动力总是大于两相短路产生的电动力。（　　）
2. 两平行母线通过电流产生的电动力的方向是：同向电流相吸，异向电流相斥。（　　）
3. 三相平行母线发生三相短路时，B 相所承受的电动力最大。（　　）
4. 母线通过持续恒定工作电流时，通流时间越长，温度越高。（　　）
5. 当周围环境温度一定且母线通过持续恒定工作电流时，母线发热温度为恒定值。（　　）
6. 载流导体均应按经济条件选择。（　　）
7. 同一地点发生两相短路产生的电动力可能大于三相短路产生的电动力。（　　）
8. 两相短路电流产生的热效应可能大于三相短路电流的热效应。（　　）
9. 电力电缆热稳定校验的条件是热稳定截面不大于标称截面。（　　）
10. 高压断路器必须进行开断能力的校验。（　　）

任务五　电气安全、接地与防雷设计

【任务概述】

供配电系统要实现正常运行，首先必须保证其安全性。接地和防雷是电气安全的主要措施。本次任务首先学习有关电气安全和电气接地的基本知识，并熟悉电气安全规程，了解雷电的形成和危害以及供配电系统的接地类型。学习电气接地装置的安装接线技术和接地电阻的测量方法，使学生掌握安装操作规程，学会选择接地点和接地线、正确连接接地体和接地线，规范安装接地体和接地带装置。

【知识准备】

所谓接地，就是将电力系统或电气装置的某一正常运行时不带电、而故障时可能带电的金属部分，或电气装置外露可导电部分，经接地线连接到接地极。

一、接地的类型和作用

电气接地按其接地的作用，可分为两大类：电气功能性接地和电气保护性接地。电气功能性接地主要包括电气工作接地、直接接地、屏蔽接地、信号接地等。电气保护接地主要包括防电击接地、防雷接地、防静电接地、防电化学腐蚀接地等。

1. 工作接地

为了保证电力系统的正常运行，防止系统振荡，保证继电保护的可靠性，在交直流电力系统的适当位置进行接地称为工作接地，如项目一中所述。

2. 保护接地

各种电气设备的金属外壳、线路的金属管、电缆的金属保护层、安装电气设备的金属支架等，由于导体的绝缘损坏可能带电，为了防止这些不带电金属部分产生过高的对地电压危及人身安全而设置的接地，称作保护接地。

3. 防雷接地

将雷电流导入大地，防止建筑物遭到雷电流的破坏，人身遭受雷击。此类接地称为防雷接地。

4. 屏蔽接地

将电气干扰源引入大地，抑制外来电磁干扰对信息设备的影响，同时减少自身信息设备产生干扰影响其他设备，采用接地是最有效的方式，此类接地称为屏蔽接地。

5. 防静电接地

将静电荷引入大地，防止由于静电积聚而对设备造成危害的接地。

6. 信号接地

信号回路中的电子设备，如放大器、混频器、扫描电路等，统一基准电位接地，保证信号有稳定的基准电路，不致引起信号量的误差。

7. 等电位接地

高层建筑中为了减少雷电流造成的电位差，将每层的钢筋网及大型金属物体连接成一体并接地，称作等电位接地。某些重要场所，如医院的治疗室、手术室，为了防止发生触电危险，将所能接触到的金属部分，相互连接成等电位体，并予以接地，称作局部等电位接地。

二、保护接地方式

供电系统中，不论其系统电压等级如何，一般均有两个接地系统：一种是系统内带电导体的接地，即电源工作接地；另一种接地为负荷侧电气装置外露可导电部分的接地，称为保护接地。

我国低压系统接地制式，采用国际电工委员会（IEC）标准，即 TN、TT、IT 三种接地制式。在 YN 接地制式中，因 N 线和 PE 线的组合方式的不同，又分为 TN-C、TN-S、TN-C-S 三种。其字母含义分别如下所示。

第一个字母表示电源端与地的关系：T——电源端有一点直接接地；I——电源端所有

带电部分不接地或有一点通过阻抗接地。

第二个字母表示电气装置的外露可导电部分直接接地，此接地点在电气上独立于电源端的接地点。

N——电气装置的外露可导电部分与电源端接地点有直接电气连接。

TN 接地制式中，后续字母的含义如下：

C——中性导体 N 和保护导体 PE 是合一的，合并成 PEN 线；

S——中性导体 N 和保护导体 PE 是分开的。

1. TN 制式系统

在建筑电气中应用较多的是 TN 系统。

（1）TN-C 制式系统

这种系统的 N 线和 PE 线合二为一，节省了一根导线。但当三相负载不平衡或中性线断开时，会使所有设备的金属外壳都带上危险电压。一般情况下，若保护装置和导线截面选择适当，该系统是能够满足要求的。

（2）TN-S 制式系统

其 N 线和 PE 线是分开的，中点为 N 相，即使断线也不会影响 PE 线的保护作用，所以常用于对安全及可靠性要求较高的场所。对新建的民用建筑、住宅小区，推荐使用 TN-S 制式系统。

（3）TN-C-S 制式系统

此种制式系统的 N 线和 PE 线有的部分是合一的，有的部分是分开的。这种系统兼有 TN-C 和 TN-S 两种制式的特点，常用于配电系统末端环境较差或对电磁干扰要求较严的场所。

2. TT 制式系统

电源端有一点直接接地，电气装置的外露可导电部分直接接地，此接地地点在电气上独立于电源端的接地点。

当发生相线对设备外露可导电部分或保护导体故障时，其电流较小，不能启动过电流保护电器动作，故应采用漏电保护器保护。

TT 制式系统适用于以低压供电、远离变电所的建筑物，对环境要求防火防爆的场所，以及对接地要求高的精密电子设备和数据处理设备等。如我国低压公用电，推荐采用 TT 接地制式。

3. IT 制式系统

系统的电源端带电部分不接地或有一点通过阻抗接地，电气装置的外露可导电部分直接接地。

因为 IT 系统为电源端不直接接地系统，故当发生相对其设备外露可导电部分短路时，其短路电源为该相对地电容电流，其值很小，也难计算，因此不能正确确定其漏电电流运作值，故该系统不应该使用漏电开关作为接地保护。

IT 制式系统适用于有不间断供电要求的场所和对环境有防火防爆要求的场所。

三、低压接地制式对接地安全技术的基本要求

① 系统接地后提供了采用自动切断供电电源这一间接接触防护措施的必要条件。

② 系统中应实施总电位连接。在局部区域当自动切断供电电源的条件得不到满足时，应实施辅助等电位联结。

③ 不得在保护回路中装设保护电器或开关,但允许装设只有用工具才能断开的连接点。

④ 严禁将可燃液体、可燃气体管道用作保护导体。

⑤ 电气装置的外露可导电部分不得用作保护导体的串联过渡接点。

⑥ 保护导体必须有足够的截面。

四、接地系统实例分析

例 6-10　某楼内附 10kV/0.4kV 变电站,该楼采用 TN-S 接地制式,该站提供与其相距 100m 外的后院一幢多层住宅楼 0.22kV/0.38kV 电源,因主楼采用了 TN-S 接地制式,故该住宅楼也只能采用 TN-S 制式,是否正确?

分析:对于该住宅楼的供电采用何种接地制式,其目的是为了安全,称保护性接地。如图 6-15 所示,这三种接地形式配上相应保护设备,均是可行的。但从图 6-15 (b) 中可以看出,该方案比较经济,同时在总 N 线因故拆断时,其 N 线已接地,不会因相负荷不平衡而造成基准电位大的漂浮,而烧坏家电,图 6-15 (c) 为 TT 系统,也是可行的、经济的,但必须设置漏电保护。

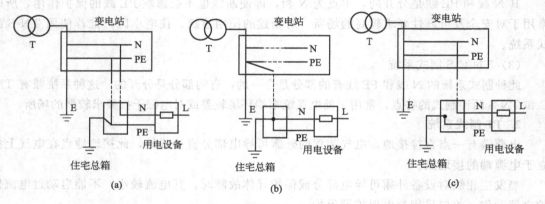

图 6-15　例 6-10 分析图

根据以上分析可知,认为该住宅楼只能采用 TN-S 接地形式是不全面的,而应该采用 TN-C-S 或 TT 接地形式。

例 6-11　在 TT 系统中,N 线和 PE 线接错后的危害是什么?

分析:在 TT 系统中,N 线和 PE 线的接地是互相独立的,因此绝对不允许接错。

如图 6-16 所示,假设在 1# 设备处接错,2# 设备接法正确,其结果是 1# 设备为一相一地运行,是不允许的,如果发生在 N 线 F 点断开,将造成 1# 设备金属外壳对地呈现危险电压,当然是极不安全的。

五、建筑电气安全技术

高层民用建筑的电气安全技术主要包括防雷保护技术、电涌保护技术和漏电保护技术。

1. 防雷保护技术

高层建筑的外部防雷系统装置与工厂供电系统的防雷装置基本相同,都是由接闪器、引下线、接地装置、过电压保护器及其他连接导体组成,是传统的避雷装置。内部防雷装置则主要用来减小高层建筑物内部的雷电流及其电磁效应。例如装设避雷器和采用电磁屏蔽、等

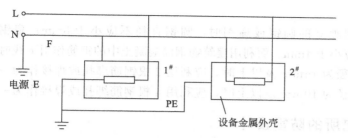

图 6-16　TT 系统接线错误情况

电位连接等措施，用以防止接触电压、跨步电压以及雷电电磁脉冲所造成的危害。高层建筑物的防雷设计必须将外部防雷装置和内部防雷装置作为整体统一考虑。

2. 接闪器、避雷针、引下线

（1）接闪器

接闪器是专门用来接受雷电的金属物体。接闪的金属杆称为避雷针。接闪的金属线，称为避雷线或架空地线。接闪的金属带、金属网，称为避雷带、避雷网。特殊情况下也可用金属屋面和金属构件作为接闪器，所有的接闪器都必须经过上、下线与接地装置相连。

（2）避雷针

避雷针一般用镀锌圆钢或镀锌焊接钢管制成。它通常安装在构架、支柱或建筑物上，其下端经引下线与接地装置焊接。

避雷针的作用实质上是引雷。由于避雷针高出被保护物，又和大地直接相连，当雷云先导接近时，它与雷云之间的电场强度最大，因而可将雷云放电的通路吸引到避雷针本身，并经引下线和接地装置将雷电流安全地泄放到大地中去，使被保护建筑物免受直接雷击。所以，避雷针实质上是引雷针，它把雷电波引入地下，从而保护了附近的线路、设备及建筑物等。

避雷针的保护范围，以它能防护直击雷的空间来表示。

避雷针的保护范围是人们根据雷电理论、模拟试验和雷击事故统计三种研究结果进行分析而规定的。

我国过去的防雷设计规范或过电压保护规程，对避雷针或避雷线的保护范围是按"折线法"确定的，而新定的国家标准 GB 50057—2016《建筑物防雷设计规范》则参照国际电工委员会 IEC 标准规定采用"滚球法"来确定。

滚球法就是选择一个半径为 h 的球体，沿需要防护直击雷的部位滚动，如果球体只触及接闪器或者接闪器和地面，而不触及需要保护的部位时，则该部位就在这个接闪器的保护范围内。滚球半径 h 就相当于闪击距离。滚球半径较小，相当于模拟雷电流幅值较小的雷击，保护概率就较高。滚球半径是按建筑物的防雷类别确定的：第一类防雷建筑物滚球半径为 30m；第二类防雷建筑物滚球半径为 45m；第三类防雷建筑物滚球半径为 60m。

接闪器布置规定及滚球半径的确定见表 6-14。

表 6-14　接闪器布置规定及滚球半径的确定

建筑物防雷类别	滚球半径 h/m	避雷网网格尺寸/m×m
第一类防雷建筑物	30	≤5×5 或≤6×4
第二类防雷建筑物	45	≤10×10 或≤12×8
第三类防雷建筑物	60	≤20×20 或≤24×16

（3）引下线

引下线若采用独立的圆钢或扁钢时，圆钢直径不应小于 8mm；扁钢截面积不应小于 45mm²，厚度不应小于 4mm。而利用建筑物钢筋混凝土中的钢筋作引下线时应注意以下事项。

① 当钢筋直径为 16mm 及以上时，应利用 2 根钢筋绑扎或焊接作为一组引下线。

② 当钢筋直径为 10mm 及以上时，应利用 4 根钢筋绑扎或焊接作为一组引下线。

六、35kV 变电所的防雷设计

1. 防雷设计原则

变电所的防雷设计应做到设备先进、保护动作灵敏、安全可靠、维护试验方便，在此前提下，力求经济合理的原则。

2. 主要防雷设备

防止雷电直击的主要设备有避雷针、避雷线；防止雷电波沿架空线路侵入电气设备和建筑物内部的主要设备有避雷器等。避雷针有单支、多支，等高和不等高之分；避雷器有阀型避雷器和金属氧化物避雷器等。

3. 变电所的防雷设计

（1）35kV 进线段的防雷设计

变电所防止雷电直击线路的措施是安装避雷线；根据线路的负荷性质、地形地貌特点，该地区雷电活动的强弱以及土壤电阻率高低等情况，合理选用。对于 35kV 送电线路不宜沿全线架设避雷线，通常采用的方法是在变电所的进线段架设 1～2km 的单根避雷线，其保护范围如图 6-17 所示。

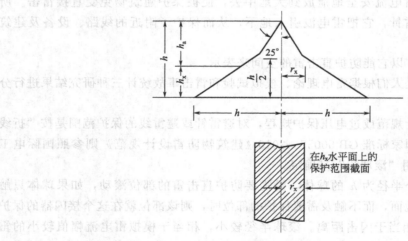

图 6-17　单根避雷线的保护范围

h—避雷线的高度；h_x—被保护物高度；h_a—避雷线的有效高度；r_x—避雷线每侧保护半径

单根避雷线的保护范围应按下列公式确定。

① 当 $h_x \geqslant h/2$ 时，$r_x = 0.47(h - h_x)p$。　　　　　　　　　　　　　　　（6-100）

式中，p——高度影响系数，当 $h \leqslant 30\text{m}$，$p = 1$；当 $30 \leqslant h \leqslant 120\text{m}$，$p = 5.5\sqrt{h}$。

② 当 $h_x < h/2$ 时，$r_x = (h - 1.53h_x)p$。　　　　　　　　　　　　　　　（6-101）

当保护范围较宽时，可采用两根平行等高避雷线联合保护。其保护范围可参阅有关设计手册。

（2）变电所防雷设计

防止雷电直击的主要设备是避雷针（图 6-18），避雷针由接闪器和引下线、接地装置等组成。避雷针位置的确定，是变电所防雷设计的关键步骤。首先应根据变电所设备平面布置图的情况而确定，避雷针的初步选定安装位置与电气设备的距离应符合各种规程规范的要求，初步确定避雷针的安装位置后，再根据下列公式进行计算，校验是否在保护范围之中。

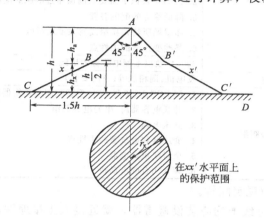

图 6-18　单支避雷针的保护范围

h—避雷线的高度；h_x—被保护物高度；h_a—避雷线本身的有效高度；r_x—避雷针在 h_x 高度水平面上的保护半径

① 单支避雷针在地面上的保护半径应按下式计算。

$$r = 1.5h$$

② 单支避雷针在被保护物高度 h_x 水平上的保护半径应接式（6-102）计算。

a. 当 $h_x \geqslant h/2$ 时，$r_x = (h - h_x) p = h_a p$。　　　　　　　　　　　（6-102）

式中　r_x——避雷针在 h_x 水平面上的保护半径；

　　　　h_a——避雷针的有效高度。

b. 当 $h_x < h/2$ 时，$r_x = (1.5h - 2h_x) p$。　　　　　　　　　　　（6-103）

当保护范围较大时，若用单支避雷针保护，则需架设很高，这不仅投资大，而且施工困难，所以应采用多支矮针进行联合保护。如采用两支、三支或更多支避雷针，其保护范围可参阅有关设计手册，此略。

（3）35kV 及 10kV 母线防雷设备的选择

根据《电力设备过电压保护设计技术规程》的要求，变电所的每组母线上，都应安装避雷器，作为防止高压雷电波沿架空线路、设备侵入变电所的最主要措施。在母线防雷设备选择上应尽量按以下三个方面选择。

① 按额定电压选择：避雷器的额定电压必须大于或等于安装处的电网额定电压。

② 按工作环境温度选择：选择工作环境温度在 −40～+40℃ 之间，适用高寒、高温工作环境设备。

③ 应首先采用高新技术产品，并有一定可靠运行记录的新产品。选用通流能力强，工频续流小，放电时间短，稳定性高，残压低的避雷器。

4. 避雷器的配置和选择

各种类型避雷器的应用范围见表 6-15。

表 6-15　各种类型避雷器的应用范围

型号	类型	应用范围
FS	配电用普通阀型	10kV 及以下的配电系统、电缆终端盒
FZ	电站用普通阀型	3～220kV 发电厂、变电所的配电装置
FCZ	电站用磁吹阀型	1. 330kV 及以上配电装置 2. 220kV 及以下需要限制操作过电压的配电装置 3. 降低绝缘的配电装置 4. 布置场所特别狭窄或高烈度地震区 5. 某些变压器的中性点
FCX	线路型磁吹阀型	330kV 及以上配电装置的出线上
FCD	旋转电机用磁吹阀型	发电机、调相机等（户内安装）
Y 系列	金属氧化物（氧化锌）阀型	1. 同 FCZ、FCX 与 FCD 型磁吹阀型避雷器的应用范围 2. 并联电容器组，串列电容器组 3. 高压电缆 4. 变压器和电抗器的中性点 5. 全封闭组合电器 6. 频繁切合的电动机

避雷器一般按以下的规定配置。

① 配电装置的每组母线上均应装设避雷器，就近接入主接地网，并加设集中接地装置。

② 35kV 及以下电缆进线段，在电缆与架空线的连接处应装设避雷器。

③ 下列情况的变压器中性点应装设避雷器。

a. 直接接地系统中，变压器中性点为分级绝缘且装有隔离开关时；

b. 直接接地系统中，变压器中性点为全绝缘，但变电所为单进线且为单台变压器运行时；

c. 不接地和经消弧线圈接地系统的中性点一般不必装设，但多雷区且单进线变压器中性点需装设。

硅橡胶金属氧化物避雷器是当前高新技术应用的代表性产品，具有良好的电气绝缘性能、防潮、抗老化性能。同时还具有使用寿命长，试验周期长，运行维护费用低，体积小、重量轻等优点，是当前使用较多的避雷器之一。

【技能训练】

避雷器的配置和选择

工厂供配电系统设计方案中避雷器的配置和选择如下：

① 架空进线上避雷器的配置和选择；

② 变压器中性点避雷器的配置和选择；

③ 低压侧母线上避雷器的配置和选择；

④ 低压侧出线上避雷器的配置和选择。

【思考与练习】

一、问答题

1. 为什么同一 380V/220V 系统的电气设备不允许一部分采用保护接地，另一部分采用保护接零？

2. 什么是保护接零？它是如何起保护作用的？采用保护接零方式的要点是什么？

3. 在 380V/220V 三相四线制系统中，电气设备采用接零保护应注意什么？

4. 有人认为，人体触及 6kV 中性点不接地系统的导线时，因电流无形成回路，故没有触电危险，对吗？

5. 低压设备采用保护接零好，还是采用保护接地好？

6. 在屋外配电装置发生接地短路故障时，现场工作人员是小步走动，还是大步走动，或者是跑步为好？

7. 为什么接有单相负荷的交流电源相线和零线有的均装设熔断器，而电气设备的接零导线却不允许加装熔断器？

8. 为什么不同用途和不同电压等级的电气设备可共用一个接地装置？使用时应注意什么？

9. 接地网的接地电阻不符合规定有何危害？

10. 电气上所说的"地"是什么意思？

二、判断题

1. 地线就是零线。（　　　）

2. 接地网均压带的根数越多，接触电压和跨步电压就越小。（　　　）

3. 电气设备有了保护接地，设备绝缘就安全了。（　　　）

4. 发电厂和变电所接地装置的设计应以实测的土壤电阻率为依据。（　　　）

5. 为防止触电危险，在低压电网中，严禁利用大地作为相线或零线。（　　　）

附　录

附录 A　导体的主要技术参数

附表 A-1　铜、铝及铜芯铝绞线的载流量（按环境温度＋25℃、最高允许温度＋70℃设定）

铜绞线			铝绞线			铜芯铝绞线	
导线型号	载流量/A		导线型号	载流量/A		导线型号	屋外载流量/A
	屋外	屋内		屋内	屋外		
TJ-4	50	25	U-10	75	55	UCJ-35	170
TJ-6	70	35	U-16	105	80	LGJ-50	220
TJ-10	95	60	U-25	135	110	LGJ-70	275
TJ-16	130	100	U-35	170	135	LGJ-95	335
TJ-25	180	140	U-50	215	170	LGJ-12	380
TJ-35	220	175	U-70	165	215	LGJ-150	445
TJ-50	270	220	U-95	325	200	LGJ-185	515
TJ-60	315	250	U-120	375	310	LGJ-240	610
TJ-70	340	80	LJ-150	440	370	LGJ-300	700
TJ-95	415	340	JL-185	500	425	LGJ-400	800
TJ-120	485	405	JL240	610		LGJQ-300	690
TJ-150	570	480	JL-300	680		LGJQ-400	825
TJ-185	645	550	JL-400	830		LGJQ-500	945
TJ-240	770	650	JL-500	980		LGJQ-600	1050
TJ-300	890		JL-625	1140		LGJJ-300	705
TJ-400	1085					LGJJ-400	850

附表 A-2　矩形铝母线长期允许载流量　　　　　　　　　　A

导体尺寸 $h \times b$ /(mm×mm)	单条		双条		三条		四条	
	平放	竖放	平放	竖放	平放	竖放	平放	竖放
50×4	565	594	779	820				
50×5	637	671	884	930				
63×6.3	872	949	1211	1319				
63×8	995	1082	1511	1644	1908	2075		
63×10	1129	1227	1800	1954	2107	2290		
80×6.3	1100	1193	1517	1649				
80×8	1249	1358	1858	2020	2355	2560		
100×10	1411	1536	2185	2375	2806	3050		
100×6.3	1363	1481	1840	2000				
108×8	1547	1682	2259	2455	2778	3020		
100×10	1663	1807	1613	2840	3284	3570	3819	4180
125×6.3	1693	1840	2276	2474				
125×8	1920	2087	2670	2900	3206	3485		
125×10	2063	2242	3152	3426	3906	4243	4560	4960

注：载流量按最高允许温度＋70℃、基准环境温度＋25℃，无风、无日照条件设定。

附录 B 变压器的主要技术参数

附表 B-1 S9 系列配电变压器的主要技术参数

变压器型号	额定电压/kV		连接组标号	损耗/kW		阻抗电压/%	空载电流/%
	高压	低压		空载	负载		
63				0.20	1.04		1.9
80				0.24	1.25		1.8
100	6			0.29	1.50		1.6
125	6.3			0.34	1.80		1.5
160	10			0.40	2.20	4.0	1.4
200	10.5	0.4	Yyn0	0.48	2.60		1.3
250	11			0.56	3.05		1.2
315	（±5%）			0.67	3.6		1.1
400	（±2×2.5%）			0.80	4.30		1.0
500				0.96	5.10		1.0
630				1.20	6.20		0.9
800				1.40	7.50		0.8
1000				1.70	10.30	4.5	0.7
1250				1.95	12.00		0.6
1600				2.40	14.50		0.6

附表 B-2 35kV 无载调压电力变压器的主要技术参数

变压器型号	额定容量/kV·A	额定电压/kV		连接组标号	损耗/kW		阻抗电压/%	空载电流/%
		高压	低压		空载	负载		
S9-50/35	50				0.21	1.22		2.2
S9-100/35	100				0.30	2.03		2.1
S9-125/35	125				0.34	2.39		2.0
S9-160/35	160				0.38	2.84		1.9
S9-200/35	2300	35±5%			0.44	3.33		1.8
S9-250/35	250				0.51	3.96		1.7
S9-315/35	315				0.61	4.77		1.6
S9-400/35	400		0.4	yn0	0.74	5.76	6.5	1.5
S9-500/35	500				0.86	6.93		1.4
S9-630/35	630				1.04	8.28		1.3
S9-800/35	800				1.23	9.99		1.1
S9-1000/35	1000				1.44	12.15		1.0
S9-1250/35	1250				1.76	14.67		0.9
S9-1600/35	1600				2.12	17.55		0.8

续表

变压器型号	额定容量/kV·A	额定电压/kV 高压	额定电压/kV 低压	连接组标号	损耗/kW 空载	损耗/kW 负载	阻抗电压/%	空载电流/%
S9-800/35	800		3.15		1.23	9.9	6.5	1.2
S9-1000/35	1000		6.3		1.44	12.2	6.5	1.1
S9-1250/35	1250	35±5%	10.5	Yd11	1.76	14.7	6.5	1.1
S9-1600/35	1600				2.12	17.6	6.5	1.0
S9-2000/35	2000				2.72	17.8	6.5	1.0
S9-2500/35	2500				3.20	18.4	6.5	0.9
S9-3150/35	3150		3.15		3.80	24.3	7.0	0.9
S9-4000/35	4000	35±5%	6.3		4.52	28.8	7.0	0.8
S9-5000/35	5000	38.5±5%	10.5		5.40	33.0	7.0	0.8
S9-6300/35	6300				6.56	36.9	7.5	0.7
S9-8000/35	8000		3.15		9.20	40.5	7.5	0.7
S9-10000/35	10000	35±2×	3.3	YNd11	10.88	47.7	7.5	0.7
S9-12500/35	12500	2.5%	6.3		12.80	56.7	8.0	0.6
S9-16000/35	16000		6.6		15.20	69.3	8.0	0.6
S9-20000/35	20000	38.5±2×	10.5		18.00	83.7	8.0	0.6
S9-25000/35	25000	2.5%	11		21.28	99.0	8.0	0.6
S9-31500/35	31500				25.28	18.8	8.0	0.5

附表 B-3　35V 有载调压变压器的主要技术参数

变压器型号	额定容量/kV·A	额定电压/kV 高压	额定电压/kV 低压	连接组标号	损耗/kW 空载	损耗/kW 负载	阻抗电压/%	空载电流/%
SZ9-1000/35	1000			Yynn0	1.55	12.78	6.5	1.2
SZ9-1250/35	1250	35±3 ×2.5%	0.4		1.88	15.41	6.5	1.2
SZ9-1600/35	1600				2.4	18.40	6.5	1.1
SZ9-2000/35	2000				2.88	18.72	6.5	1.1
SZ9-1600/35	1600				2.40	18.40	6.5	1.1
SZ9-2000/35	2000				2.88	18.40	6.5	1.1
SZ9-2500/35	2500		6.3	Yd11	3.40	19.32	6.5	1.1
SZ9-3150/35	3150		10.5		4.04	26.01	7.0	1.0
SZ9-4000/35	4000	35± 2.5%			4.84	30.69	7.0	1.0
SZ9-5000/35	5000	38.5± 2.5%			5.80	36.00	7.0	0.9
SZ9-6300/35	6300				7.04	38.70	7.5	0.9
SZ9-8000/35	8000		6		9.84	42.75	7.5	0.9
SZ9-10000/35	10000		6.3	YNd11	11.60	50.58	8.0	0.8
SZ9-12500/35	12500		10.5		13.68	59.85	8.0	0.8
SZ9-16000/35	16000		11		15.80	73.20	8.0	0.6
SZ9-20000/35	20000				20.15	91.00	8.7	0.4

附表 B-4　110kV 双绕组变压器的主要技术参数

变压器型号	额定容量 /kV·A	额定电压/kV		连接组标号	损耗/kW		阻抗电压 /%	空载电流/%
		高压	低压		空载	负载		
SZ9-6300/110	6300				7.6	36.9		0.67
SFZ9-8000/110	8000				9.1	45.0		0.63
SFZ9-10000/110	10000				11.0	53.1		0.60
SFZ9-12500/110	12500				12.7	63.0		0.56
SFZ9-16000/110	16000	110±8× 10.25%	6.3 6.6 10.5 11	YNd11	15.4	77.4	10.5	0.53
SFZ9-20000/110	20000				18.2	93.6		0.49
SFZ9-25000/110	25000				21.2	110.7		0.46
SFZ9-31500/110	31500				25.6	133.2		0.42
SFZ9-40000/110	40300				30.7	156.6		0.39
SFZ9-50000/110	50000				36.3	194.4		0.35
SFZ9-63000/110	63000				43.3	234.0		0.32
S8-6300/110	6300				8.0	41		0.72
SF8-8000/110	8000				9.6	50		0.68
SF8-10000/110	10000				11.2	59		0.64
SF8-12500/110	12500				13.2	70		0.60
SF8-16000/110	16000	110±2× 2.5%	6.3 6.6 10.5 11	YNd11	16.0	86	10.5	0.56
SF8-2000/110	20000				19.0	104		0.52
SF8-25000/110	25000				22.4	123		0.48
SF8-31500/110	31500				26.6	148		0.44
SF8-40000/110	40000				31.8	174		0.40
SF8-50000/110	50000				37.6	216		0.36
SF8-63000/110	63000				44.6	260		0.32
SFL1-6300/110	6300				9.76	52		1.1
SFL1-8000/110	8000				11.6	62		1.1
SFL1-10000/110	10000				14.0	72		1.1
SFL1-16000/110	16000		6.3 6.6 10.5 11		18.5	110		0.9
SFL1-20000/110	20000				22.0	135	10.5	0.8
SFL1-31500/110	31500	110±5%			31.05	190		0.7
SFL1-40000/110	40000	110+2× 2.5%			42	200		0.7
SFPL1-50000/110	50000			YNd11	48.6	250		0.75
SFPL1-63000/110	63000	121±5%			60	298		0.8
SFPL1-90000/110	90000	121±2× 2.5%			75	440		0.7
SFPL1-120000/110	120000				100	520		0.65
SSPL-20000/110	20000				22.1	135		0.8
SSPL-63000/110	63000		13.8		68	300	10.4	
SSPL-90000/110	90000				85	451	12.68	
SSPL-120000/110	120000				120	588		0.57
SSPL-15000/110	15000				204	646.25		1.73

附录 C　断路器的主要技术参数

型号	额定电压 /kV	最高工 作电压 /kV	额定电流 /A	额定开断 电流/kA	额定短时 耐热电流 /kA	额定峰值 耐热电流 /kA	额定关合 电流 /kA	额定合 闸时间 /s	全开断时间 /s
ZN12-12	10	12	1250/2000/ 2500/3500	31.5/ 40/50	31.5/ 40/50	80/100 /125	80/100 /125	0.06	0.03
ZN28-12	10	12	630/1250/ 1600/2000 2500/3150 /4000	20/25/31.5 40/50	20/25/ 31.5 40/50	50/63/ 80/ 100/125	50/63/ 80/ 100/125	0.06	0.03
ZN28A-12	10	12	1000-3150	16/20/25 31.5/40/50	16/25/31.5 40/50	40/50/63 80/100/ 125	40/50/63 80/100/125	0.06	0.03
ZN63A-12	10	12	630/1250/ 1600	31.5	31.5	80	80	0.06	0.03
VS1		12	630/1250/ 1600 2000/2500/ 3150	20/25/ 31.5/40	20/25/ 31.5/40	50/63/ 100/130	50/63/ 100/130	≤0.1	≤0.065
ZN23-40.5C	35	40.5	1600	25	25	63	63	0.1	0.06
ZN72-40.5	35	40.5	1600	31.5	80	80	31.5	0.07	0.09
ZW8-40.5	35	40.5	1600	20	20	50	50	0.1	0.06
ZW30-40.5	35	40.5	1250/1600/ 2000	31.5	80	80	31.5	0.06	0.1
LW3-12	10	12	400/630/ 1250	6.3/8/ 12.5/16	6.3/8/ 12.5/16	16/20/ 31.5/40	16/20/ 31.5/40	0.06	0.04
LW8-40.5	35	40.5	1600/2000	25/31.5	25/31.5	63/80	63/80	0.1	0.06
LW18-40.5	35	40.5	1600/2500/ 3150	25/31.5 /40	25/31.5/40	63/80/ 100	63/80/ 100	0.1	0.06
LW25-126	110	126	1250/2000/ 3150	31.5/40	31.5/40	80/100	80/100	0.1	0.06
LW24-126	110	126	1250/3150	31.5/40	31.5/40	80/100	80/100	0.1	0.06
LW2-252	220	252	2500	40/50	40/50	100/125	100/125	0.1	0.06
LW23-252	220	252	1250/3150	40/50	40/50	100/125	100/125	0.1	0.06
LW25-252	220	252	3150	40	40	100	100	0.1	0.06

附录 D 隔离开关的主要技术参数

型号	额定电压 /kV	最高工作电压 /kV	额定电流 /A	动稳定电流 /kA	热稳定电流 /kA
GN-8	10	11.5	400/600/1000	30/52/80	12/20/31.5(4s)
GN10-10T	10	11.5	3000/4000/5000/6000	160/160/200/200	75/85/100/105(5s)
GN22-10	10	11.5	2000/3150	100/105	40(4s)/50(4s)
GN30-10	10	11.5	400/630/1000	31.5/50/80	10.5/20/31.5(4s)
GW2-35	35	40.5	600/100	50	10(10s)
GW4-35	35	40.5	630/1250/2000/2500	50/80/100	20/31.5/40(4s)
GW5-35D(W)	35	40.5	630/1250/1600	50/80	20/31.5(4s)
GW4-110	110	126	630/1250/2000/2500	50/80/100	20/31.5/40(4s)
GW4-110(G)	110	126	630/1250	50/80	20/31.5(4s)
GW5-110D(W)	110	126	630/1250/1600	50/80	20/31.5(4s)
GW4-220	220	252	1250/2000/2500	80/100/125	31.5/40/50(4s)
GW6-220G(D)	220	252	1000	50	21(5s)
GW7-220(D)	220	252	600/1000/1600	80/100/125	31.5/40/50
GW8-35	35		400	15	5.6(5s)
GW8-110	110		600	15	5.6(5s)

附录 E 避雷器的主要技术参数

附表 E-1 FCZ 系列避雷器主要技术参数

产品型号	系统额定电压(有效值)/kV	避雷器额定电压(有效值)/kV	工频放电电压(有效值)/kV ≥	工频放电电压(有效值)/kV ≤	冲击放电电压(峰值)/kV 雷电冲击(1.5~20μs 和 1.5/40μs)	冲击放电电压(峰值)/kV 操作冲击(100~1000μs)	8/20μs 5kV 冲击电流残压(峰值)/kV ≤ 5kA	8/20μs 5kV 冲击电流残压(峰值)/kV ≤ 10kA	原件电压、电流 直流试验电压/kV	原件电压、电流 电流/μA	外形尺寸 外径/mm	外形尺寸 高度/mm
FCZ3-35	35	41	70	85	112		108	122	0	250~400	432	100
FCZ3-110J	110	100	170	195	260		260	285	110	250~400		1715
FCZ3-220J	220	200	340	390	520		520	570	110	250~400	850	3068

附表 E-2 Y5WZ 型无间隙氧化锌避雷器主要技术参数

型号 新型号	型号 旧型号	避雷器额定电压(有效值)/kV	系统额定电压(有效值)/kV	持续运行电压(有效值)/kV	标称电流下最大残压(有效值)/kV 陡坡	标称电流下最大残压(有效值)/kV 雷电波	通流容量 8/20μs 方波	通流容量 200μs 方波	通流容量 4/10μs 方波
Y5WZ-3.8	FYZ-3	3.8	3	2	15.5	13.5			
Y5WZ-7.6	FYZ-6	7.6	6	4	31.0	27.0	5kA	150kA	40kA
Y5WZ-12.7	FYZ-10	12.77	10	6.6	51.0	45			
Y5WZ-41	FYZ-3	41	35	23.4	154	134			

附表 E-3　Y10W5 型无间隙氧化锌避雷器主要技术参数

型号	系统额定电压(有效值)/kV	避雷器额定电压(有效值)/kV	持续运行电压(有效值)/kV	工频参考电压(峰值)/kV	8/20μs最大雷电冲击残压(峰值)/kV			30/60μs 24kA最大操作冲击残压(峰值)/kV	30/60μs24kA最大操作冲击残压(峰值)/kV	外绝缘耐受电压			高度/mm
					5kA	10kA	20kA			工频干、湿(有效值)/kV	1.5/50μs标准雷电波(峰值)/kV	1.5/50μs标准雷电波(峰值)/kV	
Y10W5-45/135	35	45		54	124	135				100	231		795
Y10W5-100/248	110	100	73	142		248	266		273	206	500		1375
Y10W5-192/476	220	192		272		476	510	414	524	395	950		
Y10W5-228/565	220	228		323		565	606	491	622	395	950		
Y10W5-300/693	330	300	210	425		693	740	602	755	460	1050	850	2936

附录 F　互感器的主要技术参数

附表 F-1　电压互感器的主要技术参数

型号		额定变化	在下列准确度等级下额定容量/V·A				最大容量/V·A	备注
			0.2级	0.5级	1级	3级		
单相(户内式)	JDG-3	1-3/0.1		30	50	120	240	
	JDJ-6	3/0.1		30	50	120	240	
	JDJ-6	6/0.1		50	80	240	400	
	JDJ-10	10/0.1		80	150	320	640	
	JDJ-15	13.8/0.1		80	150	320	640	
	JDJ-15	15/0.1		80	150	320	640	
	JDJ-15	18/0.1		80	150	320	640	
	JDJ-20	20/0.1		80	150	320	640	
三相(户外式)	JSJW-6	3/0.1/0.1/3		50	80	200	400	
	JSJW-6	6/0.1/0.1/3		80	150	320	640	
	JSJW-10	10/0.1/0.1/3		120	200	480	960	有辅助二次绕组,接成开口三角形
	JSJW-15	13.8/0.1/0.1/3		120	200	480	960	
	JSJW-15	15/0.1		120	200	480	960	
	JSJW-15	20/0.1		120	200	480	960	
单相(户内式)	JDZ-6	3/0.1		30	50	100	200	可代替 JDJ 型,用于三相绕组接成 Y 形($100/\sqrt3$)时使用,容量为额定容量的 1/3
	JDZ-6	6/0.1		50	80	200	300	
	JDZ-10	10/0.1		80	150	300	500	
	JDZ-35	35/0.1		150	250	500	500	
单相(户内式)	JDZJ-6	$\frac{6}{\sqrt3}/\frac{0.1}{\sqrt3}/\frac{0.1}{\sqrt3}$		40	60	150	300	
	JDZJ-10	$\frac{10}{\sqrt3}/\frac{0.1}{\sqrt3}/\frac{0.1}{3}$		40	60	150	300	
	JDZ9-35	35/0.1	60	180	360	1000	1800	
	JDZX9-35	$\frac{35}{\sqrt3}/\frac{0.1}{\sqrt3}$	30	90	180	500	600	环氧树脂全封闭结构

续表

	型号	额定变化	在下列准确度等级下额定容量/V·A				最大容量/V·A	备注
			0.2级	0.5级	1级	3级		
单相（户外式）	JCC6-110 JDC-220	$\frac{110}{\sqrt{3}}/\frac{0.1}{\sqrt{3}}/0.1$			500	1000	2000	
		$\frac{220}{\sqrt{3}}/\frac{0.1}{\sqrt{3}}/0.1$	300	500	500	2000		

附表 F-2　电流互感器的主要技术参数

型号	额定电流/A	级次组合	准确度等级或级号	二次负荷阻抗/Ω				10%倍数		1s热稳定倍数	动稳定倍数
				0.5级	1级	3级	D级	二次倍数	倍数		
	5/5										50
	7.5/5										75
	10/5								1.4		100
	15/5	0.5	0.5	0.6	1.3	3		0.6		75	155
	20～40/5										
	5～50/5, 300/5								15		165
	200/5, 400/5	0.5	0.5	0.6	1.2	3		0.6	14	75	75
LFC-10	5/5										105
	7.5/5									1.2	150
	10/5	1	1	0.6	1.6			0.6		80	200
	5～300/5										250
	400/5								14		
	5/5										105
	7.5/5									6	150
	10/5	3	3		1.2	2.4		1.2		80	200
	15～300/5										250
	400/5								7.5		250
	600/5								45		150
LDC-10	750～800/5	0.5	0.5	0.8	2			0.8	36	8	330
	1000/5								38		100
	1500/5	0.5	0.5	0.8	2			0.8	27		66
LDC-10	600/5								25	8	166
	750～800/5	1	1		0.8			0.8			133
LDC10	1000/5	1	1		0.8			2	20	80	100

续表

型号	额定电流/A	级次组合	准确度等级或级号	二次负荷阻抗/Ω				10%倍数		1s热稳定倍数	动稳定倍数
				0.5级	1级	3级	D级	二次倍数	倍数		
LMC-10	600/5	3	3			2		2	5	80	166
	750~800/5								6.5		133
	1000/5								6		100
	1500/5								9		66
	2000/5	0.5/3	0.5/3	1.2	3	2	10级	1.2/2	32/5	75	
	3000/5								26/8		
	4000/5						4		5/6		
	5000/5								30/8		
LA-10	5,10,15,20,30,40,50,75,100,150,200/5	0.5/3 及 1/3	0.5	0.4					<10	90	160
			1		0.4				<10		
			3			0.6			≥10		
	300~400/5	0.5/3 及 1/3	0.5	0.4					<10	75	135
			1		0.4				<10		
			3			0.6			≥10		
	500/5	0.5/3 及 1/3	0.5	0.4					<10	60	110
			1		0.4				<10		
			3			0.6			≥10		
	600~1000/5	0.5/3 及 1/3	0.5	0.4					<10	50	90
			1		0.4				<10		
			3			0.6			≥10		
LZZBJ-10 AZX-10	5/10/15/20/30/40/50/75/100/150/160/2000/300/315/600/630	1.5/10P	30					10	15		

附表 F-3　35kV 及以上 LB 系列电流互感器主要技术参数

型号	额定电流/A	级次组合	额定输出/V·A	10%倍数	20	40	50	75	100	150	200	300	400	500	600	800	1000	1200	1500
					\multicolumn{15}{c}{1s热稳电流/kA 动稳定电流/kA　　一次电流/A}														
LB-35	2×20/5 2×75/5 2×100/5 2×300/5 2×400/5 2×500/5	0.5/10P/10P 0.5/0.5/10P 10P/10P/10P	50	15 20	1.3/3.3	2.5/6.6		4.9/5.5	6.5/16.5	9.8/25	13/33	16.5/42	17/43.5	18/46	19/48.5	21/54	24/61	26/66	31/82
Lb1-110 LB1-110G	2×90/5 2×75/5 2×100/5 2×150/5 2×200/5 2×300/5	0.2/10P/10P/10P 0.5/10P/10P	40	15			3.75/8.9	5.5/14	7.5/17.8	11/28	15/36	21/50	21/55	95/-	35/89	42/110	42/110	42/110	
LBl1-110W2 LB1-110W1	2×400/5 2×500/5 2×600/5	0.5(0.1)/10P/10P/10P 10P/10P/10P																	
LB6-200	300/5	0.2/10P/10P/10P 0.5/10P/10P	0.5级:30 10P级:600	15							31.5/80	31.5/80			31.5/80	40/100	40/100	40/100	
LB6-200W	600/5 1200/5	10P/10P/10P	50	20															
L-35 LAB-35	20~1000 /5	0.5/10P 0.2/10P	50	20	1.5/3.4	2/5.1	2.6/6.6	3.3/8.4	4.9/12.5	6.5/17	9.8/25	13/34	16.5/42	16.5/42	16.5/42	16.5/42	16.5/42		
L-110 LIB1-110 LJB-110W2 LIB-110G	2×50/5 2×75/5 2×100/5 2×150/5 2×200/5 2×300/5	0.5/10P /10P	40	15				3.75/8.9	5.6/13.4	7.5/17.8	11.2/26.7	15/35.5	21/53.5	21/53.5	21/53.5				

参考文献

[1] 唐志平．工厂供配电．北京：电子工业出版社，2006．

[2] 陈化钢．企业供配电．北京：中国水利水电出版社，2006．

[3] 王心田，魏朝钰．变电站值班．北京：中国电力出版社，2003．

[4] 柳春生．实用供配电技术问答．第2版．北京：机械工业出版社，2006．

[5] 孙琴梅．工厂供配电技术．北京：科学出版社，2006．

[6] 顾坚，郭建文．变电运行及设备管理技术问答．北京：中国电力出版社，2005．

[7] 国家电力调度通信中心．电力系统继电保护实用技术问答．北京：中国电力出版社，2000．

[8] 沈胜标．二次回路．北京：高等教育出版社，2006．

[9] 王京伟．供电所电工图表手册．北京：中国水利水电出版社，2005．

[10] 张莹．工厂供配电技术．第2版．北京：电子工业出版社，2006．

[11] 宋继成．电气接线设计．北京：中国电力出版社，2006．

[12] 张朝英．供电技术．北京：机械工业出版社，2005．

[13] 孙成普．供配电技术．北京：北京大学出版社，2006．

[14] 王玉华，赵志英．工厂供配电．北京：北京大学出版社，2006．

[15] 沈培坤，刘顺喜．防雷与接地装置．北京：化学工业出版社，2006．

[16] 李友文．工厂供电．第二版．北京：化学工业出版社，2012．

[17] 廖自强，余正海．变电运行事故分析及处理．北京：中国电力出版社，2004．

[18] 刘介才．工厂供电．第6版．北京：机械工业出版社，2015．

[19] 李颖峰，官正强，付艮秀．工厂供电．第2版．重庆：重庆大学出版社，2014．

[20] 肖艳萍，谭绍琼，周田．发电厂变电站电气设备．北京：中国电力出版社，2014．

[21] 吴靓，常文平．电气设备运行与维护．北京：中国电力出版社，2012．

[22] 郭琳．发电厂电气部分设计．北京：中国电力出版社，2009．